无机非金属材料工厂工艺设计概论

主　编：刘晓存
副主编：邵明梁　李艳君

中国建材工业出版社

图书在版编目（CIP）数据

无机非金属材料工厂工艺设计概论/刘晓存主编. —北京：中国建材工业出版社，2008.8（2021.1 重印）

ISBN 978 - 7 - 80227 - 442 - 6

Ⅰ. 无…　Ⅱ. 刘…　Ⅲ. 无机材料：非金属材料-建筑材料厂-建筑设计-高等学校-教材　Ⅳ. TU728

中国版本图书馆 CIP 数据核字（2008）第 122353 号

内 容 简 介

本书是高等学校材料科学与工程专业的教学用书。本书共分五章：基本建设程序和前期工作，工厂总平面布置及运输设计，工艺计算及工艺设备选型，工艺设计及车间工艺布置，工艺设计所需的其他专业知识。内容较为基础，适合高等学校师生作为专业课教材使用。

无机非金属材料工厂工艺设计概论

主　编：刘晓存

副主编：邵明梁　李艳君

出版发行：中国建材工业出版社

地　　址：北京市海淀区三里河路 1 号

邮　　编：100044

经　　销：全国各地新华书店

印　　刷：北京雁林吉兆印刷有限公司

开　　本：787mm×1092mm　1/16

印　　张：16.75

字　　数：412 千字

版　　次：2008 年 8 月第 1 版

印　　次：2021 年 1 月第 10 次

书　　号：ISBN 978 - 7 - 80227 - 442 - 6

定　　价：58.00 元

本社网址：www. jccbs. com. cn

本书如出现印装质量问题，由我社发行部负责调换。联系电话：（010）88386906

前　言

《无机非金属材料工厂工艺设计概论》是根据国家教育部对高等学校教材改革的要求，为适应 21 世纪高等教育的发展而编写的。本书是高等学校材料科学与工程专业的教学用书。

传统的无机非金属材料通常包括水泥、陶瓷和玻璃，因此过去有水泥、陶瓷和玻璃三个专业方向，分别开设有《水泥厂工艺设计概论》、《陶瓷厂工艺设计概论》和《玻璃厂工艺设计概论》。随着专业的调整，形成了覆盖面广的无机非金属材料科学与工程专业。为适应教学的需要，编写《无机非金属材料工厂工艺设计概论》教材十分必要。

《无机非金属材料工厂工艺设计概论》是无机非金属材料科学与工程专业的一门专业课，在已学过"无机非金属材料工艺学"、"粉体工程"、"机械设备"、"热工窑炉"、"流体力学、泵与风机"等专业课、专业基础课及进行过生产实习的基础上讲授。学生通过本课程的学习，可以了解工厂设计的基本内容和步骤，掌握工厂设计的基本方法，培养工厂设计的实际能力，为将来从事工厂设计打下一定的基础。

本教材由济南大学材料科学与工程学院刘晓存主编，邵明梁、李艳君任副主编。其中邵明梁编写有关陶瓷方面内容，李艳君编写有关玻璃方面内容，其余部分内容由刘晓存编写并负责统稿，并由王琦、侯宪钦、刘世权主审。

本教材的编写主要参考了金容容主编、武汉工业大学出版社出版的《水泥厂工艺设计概论》，吴晓东主编、武汉工业大学出版社出版的《陶瓷厂工艺设计概论》，杨保泉主编、武汉工业大学出版社出版的《玻璃厂工艺设计概论》，以及中国硅酸盐学会陶瓷分会建筑卫生陶瓷专业委员会编、盛厚兴等主编、中国建材工业出版社出版的《现代建筑卫生陶瓷工程师手册》等。

由于编者水平有限，书中难免有缺点和错误，敬请读者批评指正。

刘晓存
2008. 3

目　　录

1

3

绪　　论

　　设计工作是基本建设和技术改造的一个重要环节。工厂设计的任务是按期提供质量优良的设计文件，使工厂建设或技术改造得以顺利进行，并为投入生产创造有利条件。设计的全过程包括前期准备、设计、施工驻厂、参加试运转和试生产。

　　基本建设是指利用国家预算内基建拨款、自筹资金、国内外基本建设贷款以及其他专项资金进行的以扩大生产和再生产能力为主要目的的新建、扩建、改建工程及有关工作，即指建筑、购置和安装固定资产的活动以及与此相联系的其他工作。技术改造是指在坚持科学进步的前提下，把国内科学技术成果和国外先进技术、设备应用于企业生产的相关环节，用先进的技术改造落后的技术，用先进的工艺装备代替落后的工艺装备，实现以内涵为主的扩大再生产，达到增加品种、提高质量、节约能源、降低原料和材料消耗、提高技术水平和劳动生产率、改善环境保护和安全生产条件、全面提高社会综合经济效益的目的。

　　总的说来，工程项目的好坏首先取决于设计。设计工作要做到技术先进、经济合理、安全适用。工厂发展依靠技术进步，因此要尽量吸取国内外先进技术，但是绝不能拿设计做试验，不成熟的技术不能用于工厂的设计，以免迟迟不能过关造成损失。设计中要时时刻刻考虑到国情，注重经济效益、劳动保护和环境保护。要使得工厂在建成或改造后不但产品质量优异、产品市场广阔，而且原料、材料、燃料消耗少，劳动生产率高，成本低，投资回收期短，投资效益高，对环境的影响小。

　　工厂设计往往是由各种专业人员共同完成的，包括工艺、总图、运输、电气、动力、土建、卫生工程和技术经济等专业。其中工艺设计是主体，工艺专业是主体专业，它的主要任务是确定工艺流程、进行工艺设备的选型和布置，以及向其他专业提供设计依据和要求。因此工艺设计专业人员还必需具有其他专业的基本知识，并与其他专业人员互相配合，共同研究，达成共识，才能产生较好的设计方案。

第一章 基本建设程序和前期工作

第一节 基本建设程序

一、基本建设程序的概念

基本建设程序是指基本建设全过程中各项工作必须遵循的先后顺序。这个顺序是基本建设中的客观规律的反映，与基本建设自身的特点分不开。基本建设涉及面广、协作环节多，完成一项基本建设工程，要进行多方面的工作，而这些工作必须按照一定的顺序依次进行，才能达到预计的效果。

二、基本建设程序

根据基本建设的特点，基本建设的程序一般分为三个阶段。

（一）基本建设前期工作阶段

通常包括：环境影响评价；安全与评价；可行性研究；项目申请报告；设计文件编制。

政府对于投资项目的管理分为审批、核准和备案三种方式。对于政府投资的项目，实行审批制；对于企业不使用政府性资金投资建设的项目，则分别按照不同情况实行核准制和备案制。

首先由建设单位或工业企业编制环境影响评价报告、安全与评价报告、可行性研究报告，而后编制项目申请报告，报经政府审批或核准或备案。本阶段还要完成对选定的厂区和矿区进行工程地质、水文地质的勘察和地形的测量；收集与设计有关的基础资料，并取得与设计有关的各种协议书和证明文件。

在完成准备工作的基础上，即可开展设计工作。设计人员要到生产和建厂现场调查研究，完成设计，按期提交设计说明书和图纸，以满足订货和施工的要求。

（二）施工阶段

包括内容：建设准备；组织施工。

施工图设计完成后才能施工，设计人员驻到现场，介绍设计内容和意图，协助筹建部门和施工部门协调处理与设计有关的问题，发现和修正设计方面存在的不足与错误。施工结束后参加试运转、试生产并总结设计中的经验和教训。

（三）竣工投产阶段

包括内容：生产准备；竣工验收和交付使用。

三、基本建设的客观规律

基本建设的客观规律与基本建设自身所具有的技术经济特点有着密切的联系。主要表现于：

1. 任何建设项目，都要根据其使用目的进行建设。为此，不论建设项目的规模大小、工程结构的繁简，都要根据使用目的提出技术要求作为营建的基本依据，并以此先进行设计而后施工。

2. 建设项目的选点工作，要根据技术要求对工程建设地址进行地形、地质、地貌的勘察，调查勘测其资源、原料、燃料、水文地质、动力、运输等情况。因为建设工程的位置是固定的，定在哪里建设，就在哪里形成生产能力，所以要搞好选点工作。

3. 施工工作必须在设计完成并获批准之后才能进行。因为基本建设施工活动要求投入大量的人力、物力和财力，稍有失误和不慎，就会造成重大的损失。由此看出基本建设前一阶段的工作是后一阶段的基础。没有勘察、勘探，就无法定点，也无法进行设计；没有设计就无法施工；不经验收，就不允许交付使用。这就是基本建设客观规律的反映。

第二节　环境影响评价

依据《环境影响评价法》，环境影响评价是指对规划和建设项目实施后可能造成的环境影响进行分析、预测和评估，提出预防或者减轻不良环境影响的对策和措施，进行跟踪监测的方法与制度。环境影响评价在项目的可行性研究阶段进行。环境评价报告是项目申请报告的重要参考依据之一。

建设对环境有影响的项目，不论投资主体、资金来源、项目性质和投资规模，应当依照《环境影响评价法》和《建设项目环境保护管理条例》的规定，进行环境影响评价，并向有审批权的环境保护行政主管部门报批环境影响评价文件。

实行审批制的建设项目，建设单位应当在报送可行性研究报告前完成环境影响评价文件报批手续；实行核准制的建设项目，建设单位应当在提交项目申请报告前完成环境影响评价文件报批手续；实行备案制的建设项目，建设单位应当在办理备案手续后和项目开工前完成环境影响评价文件报批手续。

一、环境影响评价工作的程序

1. 建设单位依据拟建项目，按规定的审批权限送交相应的环保部门，由环保部门根据项目的规模及其对环境的影响程度，确定编报环境影响报告书或填报环境影响报告表，并提出编制意见。

2. 建设单位委托持有"建设项目环境影响评价（综合）资格证书"的单位，承担环境影响评价工作，并按环保部门的要求提供环境影响报告书。批准的环境影响报告书（表）是编制项目申请报告书并核准建设项目的重要依据材料之一。

3. 承担环境影响评价工作的单位，应根据建设单位的要求，按照项目的具体情况、建设地点和环境状况以及建设项目对环境的危害程度等写出评价大纲，在与建设单位正式签订合同前，经负责审批的环保部门审查同意后，方能开展评价工作，并对评价结论负责。

二、环境影响评价工作的审批

由国务院投资主管部门核准或审批的建设项目，或由国务院投资主管部门核报国务院核准或审批的建设项目，其环境影响评价文件原则上由国家环境保护总局审批。

对环境可能造成重大影响的建设项目，其环境影响评价文件由国家环境保护总局审批。对环境可能造成轻度影响的建设项目，其环境影响评价文件由省级环境保护行政主管部门审批。

第三节　可行性研究

一、可行性研究的作用

为了防止和减少投资失误、保证投资效益，企业在进行自主决策时，应编制可行性研究报告，对项目的市场前景、经济效益、资金来源、产品技术方案等内容进行分析论证，作为投资决策的重要依据。可行性研究报告的主要功能是满足企业自主投资决策的需要，其内容和深度可由企业根据决策需要和项目情况相应确定。

可行性研究报告主要从企业内部角度、从企业自身的需要出发，研究项目的厂址选择、工程技术方案、产品方案、市场前景、赢利能力等，这些都是属于企业自主投资决策的内部事项。

二、可行性研究的内容

可行性研究（报告）的内容一般包括以下方面：

1. 项目总论。作为可行性研究报告的首要部分，要综合叙述研究报告中各部分的主要问题和研究结论，并对项目的可行与否提出最终建议。

2. 项目背景和发展概况。主要应说明项目的发起过程、提出的理由、前期工作的发展过程、投资者的意向、投资的必要性等可行性研究的工作基础。为此，需将项目的提出背景与发展概况作系统叙述，说明项目提出的背景、投资理由，在可行性研究前已经进行的工作情况及其成果，重要问题的决策和决策过程等情况。在叙述项目发展概况的同时，应能清楚地提示出本项目可行性研究的重点和问题。

3. 需求预测和拟建规模。任何一个项目，其生产规模的确定，技术的选择，投资估算甚至厂址的选择，都必须在对市场需求情况有了充分了解以后才能决定。而且市场分析的结果，还可以决定产品的价格、销售收入，最终影响到项目的赢利性和可行性。在可行性研究报告中，要详细阐述市场需求预测、价格分析，并确定建设规模。

4. 资源、原料、材料、燃料及公用设施情况。主要是指经过储量委员会正式批准的资源储量、品位、成分、开采、利用的评述和对原料、材料、燃料的种类、数量、来源的供应性；对公用设施的数量、供应方式及供应条件情况的允许性等。

5. 建厂条件和厂址方案。主要包括建厂的地理位置、气象、水文、地质、地形、地貌及社会经济状况；交通运输；水、电、气的现状与发展前景；厂址比较及选择意见等。

根据前面部分中关于产品方案与建设规模的论证与建议，在这一部分中按建议的产品方案和规模来研究资源、原料、燃料、动力等需求和供应的可靠性，并对可供选择的厂址作进一步技术和经济分析，确定新厂址方案。

6. 设计方案。主要研究项目应采用的生产方法、工艺和工艺流程，重要设备及其相应的总平面布置，主要车间组成及建（构）筑物形式等技术方案。并在此基础上，估算土建工程量和其他工程量，进行公用辅助设施和厂内外交通运输方式的比较、选择。在这一部分中，除文字叙述外，还应将一些重要数据和指标列表说明，并绘制总平面布置图、工艺流程示意图等。

7. 环境保护与劳动安全。在项目建设中，必须贯彻执行国家有关环境保护和职业健康安全方面的法规、法律，对项目可能对环境造成的近期和远期影响，对影响劳动者健康和安全的因素，都要在可行性研究阶段进行分析，提出防治措施，并对其进行评价，推荐技术可行、经济，且布局合理，对环境的有害影响较小的最佳方案。按照国家现行规定，凡从事对环境有影响的建设项目都必须执行环境影响报告书的审批制度；同时，在可行性研究报告中，对环境保护和劳动安全要有专门论述。

8. 企业组织、劳动定员及人员培训计划。根据项目规模、项目组成和工艺流程，研究提出相应的企业组织机构、劳动定员总数和劳动力来源及相应的人员培训计划。

9. 工程实施进度建议。所谓工程实施时期亦可称为投资时间，是指从正式确定建设项目到项目达到正常生产的这段时间。这一时期包括项目实施准备、资金筹集安排、勘察设计和设备订货、施工准备、施工和生产准备、试运转直到竣工验收和交付使用等各工作阶段。这些阶段的各项投资活动和各个工作环节，有些是相互影响的，前后紧密衔接的，也有些是同时开展、相互交叉进行的。因此，在可行性研究阶段，需将项目实施时期各个阶段的各个工作环节进行统一规划，综合平衡，做出合理又切实可行的安排。

10. 投资估算和资金筹措。包括主体工程和协作配套工程所需的投资；生产流动资金的估算；资金来源方式和筹措渠道；贷款的偿付方法等。

11. 经济效果、社会效果评价。本部分就可行性研究报告中财务、经济与社会效益评价的主要内容做一概要说明，并进行项目财务与敏感性分析。在建设项目的技术路线确定以后，必须对不同的方案进行财务、经济效益评价，判断项目在经济上是否可行，并对比选出优秀方案。本部分的评价结论是建议方案取舍的主要依据之一，也是对建设项目进行投资决策的重要依据。

12. 项目可行性研究结论与建议。对推荐的拟建方案的结论性意见、主要的对比方案进行说明；对可行性研究中尚未解决的主要问题提出解决办法和建议；对应修改的主要问题进行说明，提出修改意见；对不可行的项目，提出不可行的主要问题及处理意见，可行性研究中主要争议问题的结论。

13. 附件：

（1）产品的产需调查资料和产品生产发展趋势预测依据；

（2）矿产资源储量勘探报告；

（3）交通运输条件调查资料；

（4）厂址选择所需水文、工程地质初勘资料；

（5）建设地区地形图和建厂地点概况；

（6）主要原料、材料、燃料、动力、水源、机修和交通运输等的协作意见或协议文件；

（7）建设或技术改造方案的初步技术经济对比资料；

（8）改建、扩建项目对原有固定资产利用程度、生产能力的综合平衡、技术装备水平和生产潜力等情况。

14. 附图及附表：

（1）区域位置图（1∶50000 或 1∶100000）；

（2）工厂总平面图（1∶1000 或 1∶2000）；

（3）矿山总平面图（1∶2000）；

（4）生产车间平剖面图（或工艺流程图）（1∶200 或 1∶400）；

（5）供电系统图；

（6）供水系统图；

（7）全厂主要设备表；

（8）全厂投资估算表；

（9）经济计算附表。

对于走核准制的企业投资项目，政府不再审核企业的可行性研究报告，企业可以自行编制可行性研究报告或者委托相关咨询机构编制，也可以委托相关评估机构对该报告进行评估。

第四节　项目申请报告

项目申请报告，是企业投资建设应报政府核准的项目时，为获得项目核准机关对拟建项目的行政许可，按核准要求报送的项目论证报告。项目申请报告应重点阐述项目的外部性、公共性等事项，包括维护经济安全、合理开发利用资源、保护生态环境、优化重大布局、保障公众利益、防止出现垄断等内容。编写项目申请报告时，应根据政府公共管理的要求，对拟建项目从规划布局、资源利用、征地移民、生态环境、经济和社会影响等方面进行综合论证，为有关部门对企业投资项目进行核准提供依据。至于项目的市场前景、经济效益、资金来源、产品技术方案等内容，不必在项目申请报告中进行详细分析和论证。

一、项目申请报告的内容

按照"项目申请报告通用文本"规定，包括如下内容：

（一）申报单位及项目概况

1. 项目申报单位概况。包括项目申报单位的主营业务、经营年限、资产负债、股东构成、主要投资项目、现有生产能力等内容。

2. 项目概况。包括拟建项目的建设背景、建设地点、主要建设内容和规模、产品和工程技术方案、主要设备选型和配套工程、投资规模和资金筹措方案等内容。

全面了解和掌握项目申报单位及拟建项目的基本情况，是项目核准机关对拟建项目进行分析评价以决定是否予以核准的前提和基础。如果不能充分了解有关情况，就难以做出正确的核准决定。因此，对项目申报单位及拟建项目基本情况的介绍，在项目申请报告的编写中占有非常重要的地位。

通过对项目申报单位的主营业务、经营年限、资产负债、股东构成、主要投资项目情况和现有生产能力等内容的阐述，为项目核准机关分析判断项目申报单位是否具备承担拟建项目的资格、是否符合有关的市场准入条件等提供依据。

通过对项目的建设背景、建设地点、主要建设内容和规模、产品和工程技术方案、主要设备选型和配套工程、投资规模和资金筹措方案等内容的阐述，为项目核准机关对拟建项目的相关核准事项进行分析、评价奠定基础和前提。

（二）发展规划、产业政策和行业准入分析

1. 发展规划分析。拟建项目是否符合有关的国民经济和社会发展总体规划、专项规划、区域规划等要求，项目目标与规划内容是否衔接和协调。

2. 产业政策分析。拟建项目是否符合有关产业政策的要求。

3. 行业准入分析。项目建设单位和拟建项目是否符合相关行业准入标准的规定。

发展规划、产业政策和行业准入标准等，是加强和改善宏观调控的重要手段，是核准企业投资项目的重要依据。本章编写的主要目的，是从发展规划、产业政策及行业准入的角度，论证项目建设的目标及功能定位是否合理，是否符合与项目相关的各类规划要求，是否符合相关法律法规、宏观调控政策、产业政策等规定，是否满足行业准入标准、优化重大布局等要求。

在发展规划方面，应阐述国民经济和社会发展总体规划、区域规划、城市总体规划、城镇体系规划、行业发展规划等各类规划中与拟建项目密切相关的内容，对拟建项目是否符合相关规划的要求、项目建设目标与规划内容是否衔接和协调等进行分析论证。

在产业政策方面，阐述与拟建项目相关的产业结构调整、产业发展方向、产业空间布局、产业技术政策等内容，分析拟建项目的工程技术方案、产品方案等是否符合有关产业政策、法律法规的要求，如贯彻国家技术装备政策提高自主创新能力的情况等。

在行业准入方面，阐述与拟建项目相关的行业准入政策、准入标准等内容，分析评价项目建设单位和拟建项目是否符合相关规定。

（三）资源开发及综合利用分析

1. 资源开发方案。资源开发类项目，包括对金属矿、煤矿、石油天然气矿、建材矿以及水（力）、森林等资源的开发，应分析拟开发资源的可开发量、自然品质、赋存条件、开发价值等，评价是否符合资源综合利用的要求。

2. 资源利用方案。包括项目需要占用的重要资源品种、数量及来源情况；多金属、多用途化学元素共生矿、伴生矿以及油气混合矿等的资源综合利用方案；通过对单位生产能力主要资源消耗量指标的对比分析，评价资源利用效率的先进程度；分析评价项目建设是否会对地表（下）水等其他资源造成不利影响。

3. 资源节约措施。阐述项目方案中作为原料、材料的各类金属矿、非金属矿及水资源节约的主要措施方案。对拟建项目的资源消耗指标进行分析，阐述在提高资源利用效率、降低资源消耗等方面的主要措施，论证是否符合资源节约和有效利用的相关要求。

合理开发并有效利用资源，是贯彻落实科学发展观的重要内容。对于开发和利用重要资源的企业投资项目，要从建设节约型社会、发展循环经济等角度，对资源开发、利用的合理性和有效性进行分析论证。

对于资源开发类项目，要阐述资源储量和品质勘探情况，论述拟开发资源的可开发量、自然品质、赋存条件、开发价值等，分析评价项目建设方案是否符合有关资源开发利用的可持续发展战略要求，是否符合保护资源环境的政策规定，是否符合资源开发总体规划及综合利用的相关要求。在资源开发方案的分析评价中，应重视对资源开发的规模效益和使用效率分析，限制盲目开发，避免资源开采中的浪费现象；分析拟采用的开采设备和技术方案是否符合提高资源开发利用效率的要求；评价资源开发方案是否符合改善资源环境及促进相关产业发展的政策要求。

对于需要占用重要资源的建设项目，应阐述项目需要占用的资源品种和数量，提出资源供应方案；涉及多金属、多用途化学元素共生矿、伴生矿以及油气混合矿等情况的，应根据资源特征提出合理的综合利用方案，做到物尽其用；通过单位生产能力主要资源消耗量、资源循环再生利用率等指标的国内外先进水平对比分析，评价拟建项目资源利用效率的先进性和合理性；分析评价资源综合利用方案是否符合发展循环经济、建设节约型社会的要求；分析资源利用是否会对地表（下）水等其他资源造成不利影响，以提高资源利用综合效率。

在资源利用分析中，应对资源节约措施进行分析评价。本项目申请报告主要阐述项目方案中作为原料、材料的各类金属矿、非金属矿及水资源节约的主要措施方案，并对其进行分析评价。有关节能的分析评价进行单独阐述。对于耗水量大或严重依赖水资源的建设项目，以及涉及主要金属矿、非金属矿开发利用的建设项目，应对节水措施及相应的金属矿、非金属矿等原料、材料节约方案进行专题论证，分析拟建项目的资源消耗指标，阐述工程建设方案是否符合资源节约综合利用政策及相关专项规划的要求，就如何提高资源利用效率、降低资源消耗提出对策措施。

（四）节能方案分析

1. 用能标准和节能规范。阐述拟建项目所遵循的国家和地方的合理用能标准及节能设计规范。

2. 能耗状况和能耗指标分析。阐述项目所在地的能源供应状况，分析拟建项目的能源消耗种类和数量。根据项目特点选择计算各类能耗指标，与国际国内先进水平进行对比分析，阐述是否符合能耗准入标准的要求。

3. 节能措施和节能效果分析。阐述拟建项目为了优化用能结构、满足相关技术政策和设计标准而采用的主要节能降耗措施，对节能效果进行分析论证。

能源是制约我国经济社会发展的重要因素。解决能源问题的根本出路是坚持开发与节约并举、节约优先的方针，大力推进节能降耗，提高能源利用效率。为缓解能源约束，减轻环境压力，保障经济安全，实现可持续发展，必须按照科学发展观的要求，对企业投资涉及能源消耗的重大项目，尤其是钢铁、有色、煤炭、电力、石油石化、化工、建材等重点耗能行业及高耗能企业投资建设的项目，应重视从节能的角度进行核准，企业上报的项目申请报告应包括节能方案分析的相关内容。

用能标准和节能规范，应阐述项目所属行业及地区对节能降耗的相关规定，项目方案应遵循的国家和地方有关合理用能标准，以及节能设计规范。评价所采用的标准及规范是否充分考虑到行业及项目所在地区的特殊要求，是否全面和适宜。

能耗状况和能耗指标分析。应阐述项目所在地的能源供应状况，项目方案所采用的工艺技术、设备方案和工程方案对各类能源的消耗种类和数量，是否按照规范标准进行设计。应根据项目特点，选择计算单位产品产量能耗、万元产值能耗、单位建筑面积能耗、主要工序能耗等指标，并与国际国内先进水平进行对比分析，就是否符合国家规定的能耗准入标准进行阐述。

节能措施和节能效果分析。应根据国家有关节能工程实施方案及其他相关政策法规要求，分析项目方案在节能降耗方面存在的主要障碍，在优化用能结构、满足相关技术政策、设计标准及产业政策等方面所采取的节能降耗具体措施，并对节能效果进行分析论证。

（五）建设用地、征地拆迁及移民安置分析

1. 项目选址及用地方案。包括项目建设地点、占地面积、土地利用状况、占用耕地情况等内容。分析项目选址是否会造成相关不利影响，如是否压覆矿床和文物，是否有利于防洪和排涝，是否影响通航及军事设施安全等。

2. 土地利用合理性分析。分析拟建项目是否符合土地利用规划要求，占地规模是否合理，是否符合集约和有效使用土地的要求，耕地占用补充方案是否可行等。

3. 征地拆迁和移民安置规划方案。对拟建项目的征地拆迁影响进行调查分析，依法提出拆迁补偿的原则、范围和方式，制定移民安置规划方案，并对是否符合保障移民合法权益、满足移民生存及发展需要等要求进行分析论证。

土地是极其宝贵的稀缺资源，节约土地是我国的基本国策。项目选址和土地利用应严格贯彻国家有关土地管理的法律法规，切实做到依法、科学、合理、节约用地。因项目建设而导致的征地拆迁和移民安置人口，是项目建设中易受损害的社会群体。为有效使用土地资源，保障受征地拆迁影响的公众利益，应制定项目建设用地、征地拆迁及移民安置规划方案，并进行分析评价。

项目选址和用地方案，应阐述项目建设地点、场址土地权属类别、占地面积、土地利用状况、占用耕地情况、取得土地方式等内容，为项目用地的合理性分析和制定征地拆迁及移民安置规划方案提供背景依据。在选择项目场址时，还应考虑项目建设是否会对相关方面造成不利影响，对拟建项目是否压覆矿床和文物、是否影响防洪和排涝、是否影响通航、是否影响军事设施安全等进行分析论证，并提出解决方案。

土地利用合理性分析，应分析评价项目建设用地是否符合土地利用规划要求，占地规模是否合理，是否符合保护耕地的要求，耕地占用补充方案是否可行，是否符合因地制宜、集约用地、少占耕地、减少拆迁移民的原则，是否符合有关土地管理的政策法规的要求。

如果因项目建设用地需要进行征地拆迁，则应根据项目建设方案和土地利用方案，进行征地拆迁影响的相关调查分析，依法制定征地拆迁和移民安置规划方案。要简述征地拆迁和移民安置规划方案提出的主要依据，说明征地拆迁的范围及其确定的依据、原则和标准；提出项目影响人口和实物指标的调查结果，分析实物指标的合理性；说明移民生产安置、搬迁安置、收入恢复和就业重建规划方案的主要内容，并对方案的可行性进行分析评价；说明征地拆迁和移民安置补偿费用编制的依据和相关补偿政策；阐述地方政府对移民安置规划、补偿标准的意见。

（六）环境和生态影响分析

1. 环境和生态现状。包括项目场址的自然环境条件、现有污染物情况、生态环境条件和环境容量状况等。

2. 生态环境影响分析。包括排放污染物类型、排放量情况分析，水土流失预测，对生态环境的影响因素和影响程度，对流域和区域环境及生态系统的综合影响。

3. 生态环境保护措施。按照有关环境保护、水土保持的政策法规要求，对可能造成的生态环境损害提出治理措施，对治理方案的可行性、治理效果进行分析论证。

4. 地质灾害影响分析。在地质灾害易发区建设的项目和易诱发地质灾害的项目，要阐述项目建设所在地的地质灾害情况，分析拟建项目诱发地质灾害的风险，提出防御的对策和措施。

5. 特殊环境影响。分析拟建项目对历史文化遗产、自然遗产、风景名胜和自然景观等可能造成的不利影响，并提出保护措施。

为保护生态环境和自然文化遗产，维护公共利益，对于可能对环境产生重要影响的企业投资项目，应从防治污染、保护生态环境等角度进行环境和生态影响的分析评价，确保生态环境和自然文化遗产在项目建设和运营过程中得到有效保护，并避免出现由于项目建设实施而引发的地质灾害等问题。

环境和生态现状。应通过阐述项目场址的自然环境条件、现有污染物情况、生态环境条件、特殊环境条件及环境容量状况等基本情况，为拟建项目的环境和生态影响分析提供依据。

拟建项目对生态环境的影响。应分析拟建项目在工程建设和投入运营过程中对环境可能产生的破坏因素以及对环境的影响程度，包括废气、废水、固体废弃物、噪声、粉尘和其他废弃物的排放数量，水土流失情况，对地形、地貌、植被及整个流域和区域环境及生态系统的综合影响等。

生态环境保护措施的分析。应从减少污染排放、防止水土流失、强化污染治理、促进清洁生产、保持生态环境可持续能力的角度，按照国家有关环境保护、水土保持的政策法规要求，对项目实施可能造成的生态环境损害提出保护措施，对影响环境治理和水土保持方案的工程可行性和治理效果进行分析评价。治理措施方案的制定，应反映不同污染源和污染排放物及其他环境影响因素的性质特点，所采用的技术和设备应满足先进性、适用性、可靠性等要求；环境治理方案应符合发展循环经济的要求，对项目产生的废气、废水、固体废弃物等，提出回收处理和再利用方案；污染治理效果应能满足达标排放的有关要求。涉及水土保持的建设项目，还应包括水土保持方案的内容。

对于建设在地质灾害易发区内或可能诱发地质灾害的项目，应结合工程技术方案及场址布局情况，分析项目建设诱发地质灾害的可能性及规避对策。通过工程实施可能诱发的地质灾害分析，评价项目实施可能导致的公共安全问题，是否会对项目建设地的公众利益产生重大不利影响。对依照国家有关规定需要编制的建设项目地质灾害及地震安全评价文件的主要内容，进行简要描述。

对于历史文化遗产、自然遗产、风景名胜和自然景观等特殊环境，应分析项目建设可能产生的影响，研究论证影响因素、影响程度，提出保护措施，并论证保护措施的可行性。

（七）经济影响分析

1. 经济费用效益或费用效果分析。从社会资源优化配置的角度，通过经济费用效益或费用效果分析，评价拟建项目的经济合理性。

2. 行业影响分析。阐述行业现状的基本情况以及企业在行业中所处地位，分析拟建项目对所在行业及关联产业发展的影响，并对是否可能导致垄断等进行论证。

3. 区域经济影响分析。对于区域经济可能产生重大影响的项目，应从区域经济发展、产业空间布局、当地财政收支、社会收入分配、市场竞争结构等角度进行分析论证。

4. 宏观经济影响分析。投资规模巨大、对国民经济有重大影响的项目，应进行宏观经济影响分析。涉及国家经济安全的项目，应分析拟建项目对经济安全的影响，提出维护经济安全的措施。

企业投资项目的财务评价，主要是进行财务赢利能力和债务清偿能力分析。而经济影响分析，则是对投资项目所耗费的社会资源及其产生的经济效果进行论证，分析项目对行业发展、区域和宏观经济的影响，从而判断拟建项目的经济合理性。

对于产出物不具备实物形态且明显涉及公众利益的无形产品项目，如水利水电、交通运输、市政建设、医疗卫生等公共基础设施项目，以及具有明显外部性影响的有形产品项目，如污染严重的工业产品项目，应进行经济费用效益或费用效果分析；对社会为项目的建设实施和运营所付出的各类费用以及项目所产生的各种效益，进行全面地识别和评价。如果项目的经济费用和效益能够进行货币量化，应编制经济费用效益流量表，计算经济净现值ENPV、经济内部效益率 EIRR 等经济评价指标，评价项目投资的经济合理性。对于产出效果难以进行货币量化的项目，应尽可能地采用非货币的量纲进行量化，采用费用效果分析的方法分析评价项目建设的经济合理性。难以进行量化分析的，应进行定性分析描述。

对于在行业内具有重要地位、影响行业未来发展的重大投资项目，应进行行业影响分析，评价拟建项目对所在行业及关联产业发展的影响，包括产业结构调整、行业技术进步、行业竞争格局等主要内容，特别要对是否可能形成行业垄断进行分析评价。

对区域经济可能产生重大影响的项目，应进行区域经济影响分析，重点分析项目对区域经济发展、产业空间布局、当地财政收支、社会收入分配、市场竞争结构等方面的影响，为分析投资项目与区域经济发展的关联性及融合程度提供依据。

对于投资规模巨大、可能对国民经济产生重大影响的基础设施、科技创新、战略性资源开发等项目，应从国民经济整体发展角度，进行宏观经济影响分析，如对国家产业结构调整和升级、重大产业布局、重要产业的国际竞争力以及区域之间协调发展的影响分析等。

对于涉及国家经济安全的重大项目，应从维护国家利益、保证国家产业发展及经济运行免受侵害的角度，结合资源、技术、资金、市场等方面的分析，进行投资项目的经济安全分析。内容包括：（1）产业技术安全，分析项目采用的关键技术是否受制于人，是否拥有自主知识产权，在技术壁垒方面的风险等；（2）资源供应安全，阐述项目所需要的重要资源来源，分析该资源受国际市场供求格局和价格变化的影响情况，以及现有垄断格局、运输线路安全保障等问题；（3）资本控制安全，分析项目的股权控制结构，中方资本对关键产业的资本控制能力，是否存在外资的不适当进入可能造成的垄断、不正当竞争等风险；（4）产业成长安全，结合我国相关产业发展现状，分析拟建项目是否有利于推动国家相关产业成长、提升国际竞争力、规避产业成长风险；（5）市场环境安全，分析国外为了保护本地市场，采用反倾销等贸易救济措施和知识产权保护、技术性贸易壁垒等手段，对拟建项目相关产业发展设置障碍的情况；分析国际市场对相关产业生存环境的影响。

（八）社会影响分析

1. 社会影响效果分析。阐述拟建项目的建设及运营活动对项目所在地可能产生的社会影响和社会效益。

2. 社会适应性分析。分析拟建项目能否为当地的社会环境、人文条件所接纳，评价该项目与当地社会环境的相互适应性。

3. 社会风险及对策分析。针对项目建设所涉及的各种社会因素进行社会风险分析，提出协调项目与当地社会关系、规避社会风险、促进项目顺利实施的措施方案。

对于因征地拆迁等可能产生重要社会影响的项目，以及扶贫、区域综合开发、文化教育、公共卫生等具有明显社会发展目标的项目，应从维护公共利益、构建和谐社会、落实以人为本的科学发展观等角度，进行社会影响分析评价。

社会影响效果分析，应阐述与项目建设实施相关的社会经济调查内容及主要结论，分析项目所产生的社会影响效果的种类、范围、涉及的主要社会组织和群体等。重点阐述：（1）社会影响区域范围的界定，社会评价的区域范围应能涵盖所有潜在影响的社会因素，不应受行政区划等因素的限制；（2）影响区域内受项目影响的机构和人群的识别，包括各类直接或间接受益群体，也包括可能受到潜在负面影响的群体；（3）分析项目可能导致的各种社会影响效果，包括直接影响效果和间接影响效果，如增加就业、社会保障、劳动力培训、卫生保健、社区服务等，并分析哪些是主要影响效果，哪些是次要影响效果。

社会适应性分析，应确定项目的主要利益相关者，分析利益相关者的需求，研究目标人群对项目建设内容的认可和接受程度，评价各利益相关者的重要性和影响力，阐述各利益相关者参与项目方案确定、实施管理和监测评价的措施方案，以提高当地居民等利益相关者对项目的支持程度，确保拟建项目能够为当地社会环境、人文条件所接纳，提高拟建项目与当地社会环境的相互适应性。

社会风险及对策分析，应在确认项目有负面社会影响的情况下，提出协调项目与当地的社会关系，避免项目投资建设或运营管理过程中可能存在的冲突和各种潜在社会风险，解决相关社会问题，减轻负面社会影响的措施方案。

二、利用外资项目申请报告的编写

外商投资项目申请报告的编写，除遵循项目申请报告通用文本的一般要求外，在项目概况介绍中还应包括经营期限、产品目标市场、计划用工人数、涉及的公共产品或服务价格、出资方式、需要进口的设备及金额等内容，以满足项目核准机关对市场准入、资本项目管理等事项进行核准的需要。

对于外商并购境内企业项目，如不涉及扩大生产及投资规模，不新占用土地、能源和资源消耗，不形成对生态和环境新的影响，其项目申请报告可以适当简化，但应重点论述以下内容：境内企业情况（包括企业现状、财务状况、资产评估和确认情况，并购目的和选择外商情况等）；外商情况（包括近三年企业财务状况、在中国大陆投资情况及拥有实际控制权的同行业企业产品或服务的市场占有率、公司业绩等）；并购安排（包括职工安排、原企业债权债务处置）；并购后企业的经营方式、经营范围和股权结构；融资方案；中方通过并购所得收入的使用安排；有关法律规章要求的其他内容。

借用国际金融组织和外国政府贷款的项目申请报告的编写，按照《国际金融组织和外国政府贷款投资项目管理暂行办法》的规定，除遵循项目申请报告通用文本的一般要求外，在项目概况介绍中还应包括国外借款类别或国别、贷款规模、贷款用途、还款方案、申报情况等内容，以满足项目核准机关对外债管理等事项进行核准的需要。

第五节 厂址选择

厂址选择是否合理直接影响到建厂速度、建设投资、产品成本、生产发展和经营管理等各个方面，所以厂址选择是工业建设前期工作的重要环节，也是一项政策性和科学性很强的综合性工作。

厂址选择一般分两个阶段进行，即选择建厂的地区位置和选择建厂的具体厂址。建厂的地区位置根据国民经济的远景规划和技术经济论证，确定工厂的所在地区或几个大概的地点，并且要在可行性研究报告和项目申请报告中加以注明。工厂的具体厂址则由设计单位会同该企业所属的工业部门和主管机关的代表或建设单位共同选定。

一、建厂地区的选择

水泥、陶瓷、玻璃等建材产品附加值低，不适宜远销，而且其对原料、燃料及动力等有较高要求，工厂最好尽可能靠近销售地区和原料基地，并应考虑到有良好的燃料供应和电力来源。对于水泥及体积小、产量大和运输较方便的建筑陶瓷、一般电瓷制品和日用陶瓷等，则应力求靠近原料基地；对于那些体积较大，运输过程中易于损坏的卫生陶瓷、化工陶瓷和大型高压电瓷以及玻璃等，应以靠近销售地区为宜。平板玻璃产品比重大，性脆易碎，因此产品销售半径要尽量小，不适合中间倒运（如车、船倒运或火车、汽车倒运）。据近年商业部门的一些统计资料，平板玻璃长距离运输的破损率高达30%以上，可见破损率是相当严重的。平板玻璃工厂的生产运输量中，玻璃成品的运输量占全部货物运输量的三分之一左右（一个年产一百万重箱平板玻璃的工厂，在其全部货运量中，成品的运输量约占34%，各种矿物原料约占30%，化工原料约占8%，燃料、包装材料等约占28%），占货运量的第一位。在各种货物的运输费用中，玻璃成品的运输价格最高、费用最大。可见，尽量使玻璃厂的厂址靠近产品的主要销售地区，无论是从生产还是从消费的观点来考虑都是很必要的。

在确定建厂地区时，还应考虑整体的工业布局，以满足各个地区的需要。在规划地区的工业布局时，应考虑建厂的规模。但工厂应具有相当的规模，以保证规模效益。

二、建厂厂址的选择

在厂址选择工作中应注意以下几点：

1. 厂址需靠近原料基地或销售地区。原料既要满足数量要求，也要满足质量要求。因为原料的矿物组成、化学组成、物理性能和工艺性能对生产工艺和产品质量起决定性的作用。选址时必须对原料的储量、质量、矿区距厂远近、运输条件和价格等进行周密调查研究，从技术经济的观点出发，正确选择。

2. 良好的交通运输条件。厂址位置应能很方便地连接最近车站或最近的其他企业铁路专用线。铁路专用线要避免有大量土方工程和昂贵的桥梁、隧道等构筑物，对专用线及编组站等应考虑与其他企业协作的可能性。铁路专用线长度超过5km时，应进行技术经济比较。如能利用水运比较理想。年运输量少于4万t时，一般不修建铁路专用线。如在经济上合理或有特殊要求者条件可以放宽。

3. 厂址有可靠的电力来源。高温设备的突然停机会造成极大的破坏，因此必须有备用电源。

4. 良好的工程地质条件。不需修建昂贵的地基，即可建造大型的建筑物、构筑物和安装大型机械设备。厂址土壤深度在 1.5 ~ 2m 处的地耐力最好在 200kPa 以上。没有活断层，并应尽量避免死断层、溶洞、滑坡。

5. 厂址地形。厂址地形最好是宽阔平坦，并稍带倾斜，以利于简化工厂的竖向布置与减少平整场地的土石方量，并利于排水。一般地形坡度横向以 1% ~2% 较好，2% ~4% 尚好，5% 以上布置即有困难，需作阶梯式布置。厂地面积和外形应使建筑物和构筑物的布置能满足工艺生产流程的要求。

6. 厂址应有丰富的水源。工厂用水量较大，必须具有可靠的水源。

7. 厂址应有良好的水文地质条件。工厂一般有较深的地坑和地下工程，如水文地质条件不佳，则将使施工及生产管理困难，故地下水位在地表以下 5m 为好。厂内主要建筑物和构筑物的地坪标高应较洪水计算水位高出 0.5m，还要考虑流速、浪高、泥水冲击以及由于淤塞使得水位上涨等因素。一般以 50 年周期洪水水位作为计算水位。厂址还应尽量避免设置在水库的下游地带，以免堤坝决口而遭水淹。地下水对混凝土没有腐蚀性等。

8. 雨水、污水排出的可能。必须考虑工厂的雨水、污水排出厂外的方便条件，并注意环保要求。

9. 地震。选择厂址时必须确定该地区的地震烈度，我国地震烈度是按 12 度分级的。一般 6 度以下地区可不考虑防震措施，6 度以上地区要考虑设防和抗震措施，9 度以上地区不宜建厂。

10. 大件设备的运输。随着工厂的大型化，设备的规格越来越大。如水泥厂的窑、磨等的单件长度及质量有可能超过铁路单节车辆的运载能力或高度超过桥、涵、隧道的净空高度，必须考虑合适的运输方式。一般火车每节装载量 60t、长 12m，特殊车辆装载量 90t、长 13m。在厂址选择时，必须落实大件设备的运输问题。

11. 厂址应尽可能靠近居住区。一般将居住区设置在工厂与附近城镇之间。在不占良田、少占农田、免受工厂烟尘污染、免受设备噪声干扰的前提下，居住区应尽量靠近工厂。

12. 厂址应有动力供应和给排水等的便利条件。如能与其他企业或城镇居民点在修建道路、煤气、给水、排水、工程管道、原料综合利用和生活福利等方面相互协作，则更为有利。

13. 厂址不应靠近堆置有机废料、化学废料及对人体或生产不利的其他废料的地方。不应靠近传染病的发源地。如果必须在这些地区建厂，应首先消除污染源和传染病源或采取必要预防措施。

14. 应考虑卫生、防火、防震和人防等方面的要求。配置在同一工业区内的工业企业，相互间不应有危害卫生的不良影响。工厂应位于城镇及居民区的下风向，窝风的盆地不适于建厂。

三、工作程序

厂址选择的工作程序，一般可分为三个阶段。

（一）预备阶段

1. 制订选厂指标：由设计总工程师组织总图、运输、工艺和技术经济等方面的设计人员对设计任务书进行研究。根据估算或参照类似工厂的指标，拟定出本次选厂的各项指标，供到现场选择厂址的需要。选厂指标一般包括以下内容：

（1）生产规模和建设年限；

（2）全厂总人数和工人数；

（3）全厂设备容量；

（4）全厂用电量；

（5）全厂用水量；

（6）全厂原料用量；

（7）全厂材料用量；

（8）全厂燃料用量；

（9）全厂废料量；

（10）全厂总运输量；

（11）全厂建筑面积；

（12）生产中需要其他企业配合协作的项目和条件等。

2. 根据类似工厂的资料和选厂指标，拟定工厂组成、主要车间的面积和外形。

3. 估算出堆场面积等。

4. 收集建厂地区地形图、城市规划图，交通运输、地质、气象、水文和该地区工业建设及居民点等资料。

5. 了解与有关单位和其他企业在生产和运输上协作的可能性。

6. 了解水、电、燃料和原料、材料供应的可能性。

7. 编制总平面略图。

8. 估测全厂用地面积及外形。

9. 总投资估算数。

10. 施工期间建筑材料、用水、用电及劳动力的数量。

11. 拟定收集资料提纲。

（二）现场阶段

在此阶段，选厂工作直接在现场进行，由设计单位、建设单位和专业部门的代表组成选厂委员会，必要时还须吸收有关单位，如城市建设局、铁路管理局和航运局等部门参加工作。另外要注意依靠当地群众，因为他们最熟悉情况，能提供我们在文献上找不到的宝贵资料。本阶段要完成的工作任务有：

1. 对初步选定的厂址进行实地察看，察看的厂址数量和范围按实际需要决定。

2. 收集建厂区域的技术经济和设计基础资料。为了了解地质条件，对合适的厂址，需要进行初步勘测。

3. 分析研究厂址的优缺点、合理性，了解和解决与建厂有关的问题。

4. 取得建厂有关的各种协议或证明文件。

（三）结束阶段

本阶段应对所选的几个厂区进行优缺点分析和技术经济对比，确定最经济合理的厂址，编写选厂报告，送交审批。

1. 选厂报告内容

（1）概述选厂依据、主要原则、人员组成和工作过程，几个厂址简述，推荐其中一个作为厂址；

（2）主要选厂指标；

（3）区域位置及厂址概况；

（4）占地及迁民情况；

（5）工程地质及水文地质情况；

（6）地震及洪水情况；

（7）气象资料；

（8）交通运输；

（9）给水排水；

（10）供电及通讯；

（11）原料、材料和燃料供应；

（12）施工条件；

（13）社会经济、文化等情况；

（14）方案比较；

（15）厂址鉴定意见；

（16）附件：

①厂址区域位置图（1：50000 或 1：100000）。

②总平面规划示意图（1：2000 或 1：5000）。

③当地领导部门同意在该地建厂的文件或会议纪要等。

④有关单位的同意文件、证明材料或协议文件。

2. 厂址方案比较

比较的内容为：

（1）厂区情况的比较：包括位置、地形、地面、地下、气象、水、电、交通、地震、防洪、卫生、劳力、施工、经营、管理、与城市和居民点的联系，与其他企业的联系和协作等。

（2）建设费用的比较：包括征地、拆迁、土石方工程、厂外运输线及设施、工程管网和建筑施工等费用。

（3）企业经营费用的比较，包括原料、材料、燃料价格、运输费用，给水、排水、电力、动力费用和劳动力费用等。

在比较建筑费用和经营费用时，可按扩大的指数计算。经济对比可以按各项因素的全部费用加以比较，也可以按不同方案费用的差异加以比较，由此可以发现各个方案在经济上的优点或缺点。

但是任何厂址不可能十全十美，仅就一项经济指标并不能作为判断某一方案是否有利的完全根据。例如，某一方案由于运输距离较远或水站扬程的提高增加了生产经营费用，而另一方案由于土方工程较大增加了建筑费用。某一方案经济指标有利，但是职工生活条件较差。又如某一方案条件较好，但需占用部分良田；而另一方案条件稍差，但却不需占用农田等。因此选择厂址时，必须根据全部技术经济因素的总和加以综合研究。这就要求善于辨明某些因素只有局部的、个别意义，而某些因素却具有重大的、决定性意义。在各种条件中应当特别注意的是区域开拓时与其他企业协作的可能性和加速建设完成时间的可能性。

为了便于方案比较，有时可以采用列表的方式。厂址方案技术经济比较表见表1-1。

表1-1　厂址方案技术经济比较表

比较项目	方案Ⅰ	方案Ⅱ	方案Ⅲ
1. 区域位置			
2. 面积、地形、地貌			
3. 总图布置条件			
4. 土石方工程			
5. 占地、迁民			
6. 工程地质、水文地质			
7. 地震、防洪			
8. 交通运输			
9. 给水、排水			
10. 电力、通讯			
11. 原料、材料、燃料供应			
12. 协作条件			
13. 施工条件			
14. 建设费用和企业经营费用			
15. 综合分析			
①优点			
②缺点			
16. 地方领导部门意见			
17. 结论			

第六节　设计资料

在正式开展设计前，设计单位应注意收集有关的设计基础资料和设计资料，为顺利进行设计创造条件。

一、设计资料的分类

1. 设计依据资料。国家有关基本建设的文件；经有关部门批准的项目建议书、可行性研究报告、厂址选择报告、环境影响报告、征用土地等文件；原料、燃料供应协议；供电、供水协议；交通、公用福利设施协作协议等。

2. 设计基础资料。如气象条件、水文地质、工程地质、地形测量、交通运输资料等。

3. 设计技术资料。如总图运输、工艺设备、公用工程、建筑结构、技术经济等专业技术参数、数据、图样、样本等资料；先进工艺设备和技术的样本资料、概预算定额、指标、价格等；现行各专业设计规程、规范、规定，施工作业、建设条件等。

二、设计基础资料

(一) 气象

气象资料可向中央或当地气象台取得。一般取近 20 年的，如条件限制可取近 10 年的资料。少于 10 年时需取得附近地区的气象资料供参考。

1. 气温：历年平均最高、最低温度，绝对最高温度、最低温度；

2. 湿度：历年平均相对湿度和最高、最低相对湿度；

3. 气压：历年逐月平均气压，绝对最高、最低气压；

4. 风向和风速：年、季、月平均风速，最大风速（风级），冬季、夏季和年主导风向及其频率，附风玫瑰图，当地有无台风及有关台风的资料；

5. 雷、雨和雪量：年平均降雨量和最大降雨量，月平均降雨量和最大降雨量，1d、1h 和 10min（5min）内最大降雨量，年雷电日数或是否雷击区，雷电活动季节和事故发生情况，最大积雪深度和积雪持续天数，降雹记录及其破坏程度；

6. 云雾、日照及其他：历年年平均晴、阴、雨、雪等的天数，每日日照小时数，冬季日照率（%），历年雾天日数及每天小时数，历年逐月平均最大和最小蒸发量，地基土冻结深度。

(二) 地质、地震

1. 地质资料

(1) 一般概况及特殊变化；

(2) 地层构造与分布，有无滑坡、崩塌、陷落、喀斯特和断层等现象；

(3) 岩石钻孔柱网剖面图和地质剖面说明；

(4) 厂区及其附近有无有用矿藏或地下文物；

(5) 厂区地层是否有人为破坏情况，如战壕、土坑、废矿坑、枯井或地洞等；

(6) 各层土的物理化学性质，如地耐力、酸碱度，颗粒分析、天然含水量，体积密度、重度、液限、塑限、内摩擦角、粘聚力、压缩系数、压缩模量和自由膨胀率等。当液限大于 40%、自由膨胀率大于 40%，并参照其他指标认为是膨胀土时，还应进一步收集：不同压力下的膨胀率及试后含水量、体缩率、线缩率和收缩系数等，并进一步测定黏土的矿物组成、硅铝比和 pH 值，还要了解膨胀土的分布范围和不同深度的变化情况；

(7) 地下水埋藏深度、流向，静止水位、常年最高水位、水质、化学成分及其对混凝土的侵蚀性等。

2. 地震资料

（1）发震背景、地震的活动性和地震频率；

（2）地震的基本烈度。

（三）地形地貌

1. 厂址及周围地形、地貌，厂址位置坐标，平均海拔高度等。

2. 地形图。

（1）区域位置地形图用 1:10000 或 1:5000 比例，包括地理位置、交通联系、矿藏分布、电力电讯线路、水源或供水网、污水处理排放、防洪排洪、河流、湖泊、山脉以及现有企业和居民区的位置等；

（2）厂区地形、地势图用 1:500 或 1:1000 比例；

（3）城市规划图，图上附有电力、上下水系统和企业分布等；

（4）铁路、公路、供水及供电等所需地形图，用 1:500 或 1:1000 比例，水源地或取水构筑物取附近地形图，交通和管线则沿中心线测绘带状地形图，均要与厂区地形图相接；

（5）防洪所需地形图用 1:2000 或 1:10000 比例。

（四）交通运输

1. 一般概况

（1）原料、燃料和材料供应地点到厂区的距离和分布图，运输的方式和运价；

（2）生活区到厂区的距离和交通运输情况；

（3）厂区周围道路进入厂区的方向和连接处的标高。

2. 铁路运输

（1）铁路管理局名称或专用线所有单位；

（2）靠近厂址的铁路连接点或车站；

（3）可能接轨地点的里程、路基与其上的建筑物；

（4）接轨点及接轨点附近的纵断面及横断面图；

（5）铁路系统的水准基点及标高；

（6）机车种类、牵引能力、通过时的最大空间尺寸，货车种类、车长、吨位和最大空间尺寸。

3. 公路运输

（1）厂区道路和厂外道路接线点的位置和标高；

（2）邻近铁路车站名称、到厂距离、装卸汽车的方式和时间；

（3）各种原料、材料和燃料到厂距离、运输方式、装卸车方法和时间；

（4）成品和废料出厂的运输方式，装卸车方法和时间；

（5）附近公路桥梁的最大载重量；

（6）雨季和冰雪期间公路的路面情况；

（7）运输价格和装卸费用。

4. 水运

（1）河道通航情况及通航条件、船只形式、吨位、吃水深度、使用码头及装卸设施；

（2）码头到厂区的运输距离和装卸方式、装卸时间；

（3）枯水期的周期、枯水时间、能否通航和运输吨位；

（4）洪水期的周期、洪水时间和运输吨位；

（5）河道的冰雪封冻周期和时间，冰封期的运输可能性和运输方式；

（6）水运价格和装卸费用。

5. 空运及其他

（1）附近机场的名称、位置、类型、等级和允许降落的机型及吨位；

（2）公共汽车、电车、地铁、人力车及畜力车等其他运输系统情况。

（五）水文和水源

1. 地面水

（1）河水

①河流的最大、最小和平均流速，最大、最小和平均流量，最高、最低和平均水位；

②水质的化学和卫生分析资料，用以判断能否作为生产和生活用水；

③水源上游10~15km和1.5km处的企业、居民点的数量及其排污情况，建立水源时可能采取的安全措施；

④水源地上游和下游现有的水源构筑物位置及其用水情况，可能用来修建水源构筑物的具体位置及取水量。

（2）湖水

①湖泊的位置、所在水系、年补给水量；

②湖泊的最高、最低、平均水位和水深；

③现有储水容量，已有取水设施、取水量及其发展规划，今后可供的水量；

④湖水水质情况。

（3）水库

①水库位置、所在水系、控制流域面积、水库性质和运行方式；

②总库容、兴利库容和死库容，最高、正常和死水位，年径流量、补给量和可供水量；

③水质情况及水价。

2. 地下水水源

（1）地下水水层深度及厚度，取得水源地钻探的地质剖面资料；

（2）地下水流向、流速、水温及其波动范围；

（3）水质、侵蚀性及其他特性；

（4）扬水试验报告，包括枯水时出水量、动水位、静水位、影响半径和渗透系数；

（5）最近5~10年内地下水位升降记录，最高水位、最低水位及平均水位（以绝对标高表示）；

（6）判断本区域内是否适宜修建地下水源供水点；

（7）附近地区地下水源参考资料。

3. 城市自来水或附近工矿企业供水资料

（1）供水能力、可供水量，能否满足生产、生活及消防用水的需要；

（2）水质分析资料；

（3）本厂区最高、最低和平常水压标高；

（4）消防供水量及其水压标高；

（5）管道位置、管径、管材、管底和地面标高，允许接管点的位置；

（6）城市及其他工矿企业发展后，能否满足本厂发展的需要；

（7）供水价格。

4. 污水排入水体

除上述地面水资料外，还需收集以下资料：

（1）当地居民和公共事业对水体的利用情况和对水质的要求；

（2）工厂上游区域的工业企业和居民区污水处理方案，净化水的构筑物名称、规格及运行情况；

（3）下游有关工业企业和居民区供水水源离本厂排污口的距离及其对水质的要求；

（4）污水排入河、湖水体的可行性和合理性判据资料；

（5）当地卫生机关对污水排入水体时水质的要求和处理意见。

5. 污水排入城市下水道

（1）城市下水道的容水能力，城建部门是否同意排入下水道；

（2）城市对本厂排出污水的处理方法和水质要求，如果无需处理即可直接排入下水道，应在协议文件中注明；

（3）工厂扩建后，城市下水道是否还能容纳所增加的污水量；

（4）单独净化与附近居民区或企业联合净化的方案比较资料；

（5）排水管道穿越城市地下设施的情况及可行性；

（6）如需对原有下水道干线进行改建、扩建，应收集新建排水系统和利用原有干线加以改建的技术经济比较资料；

（7）现有拟改建、扩建后利用的下水道管网系统和构筑物的潜在能力、修建年限及其他有关历史资料；

（8）污水排入干线区域内的排水系统发展远景或城市的排水系统修建规划；

（9）与城市管网相接的有关技术资料，如窨井位置、管道埋深、管径、管材、管底标高、充满度、管道坡度和地面标高等。

6. 消防用水

（1）厂区附近是否有消防机关，与工厂的距离，对工厂消防设施的要求；

（2）邻近企业的消防系统，能否协作。

（六）原料、辅助材料、燃料

1. 原料

根据试验室配方报告或半工业试验报告收集下列资料：

（1）按照不同种类工厂进行所用各种原料和辅助原料的外观鉴定、化学成分和物理性能。

（2）各种原料的储量和开采情况，包括开采单位、开采方法，能否保证供应和矿藏能供应若干年等。

（3）各种原件的质量及稳定性，经过选矿处理能否达到质量要求。

（4）各种原料的产地、售价、运输方法和每一段的运费。

（5）专用化工原料来源、质量、价格和运输等情况。

2. 辅助材料

（1）供应情况：包装材料、耐火材料等辅助材料的品种、规格、质量、供应地点、售价和运输价格等。

（2）协作情况：生产用具、机修零配件、辅助原料等的协作供应、规格、质量、价格和运输价格等。

3. 燃料

（1）供应情况：供应地点、数量、售价、运输方法和运输价格，燃料保证供应的程度和储备量等。

（2）燃料质量：

①重油：元素组成、恩氏黏度（100℃，90℃，80℃，70℃和50℃时）、闪点、凝固点、灰分、水分、硫分、机械杂质、残炭、重度和低热值。

②重柴油：恩氏黏度（100℃，80℃和50℃时）、运动黏度（50℃）、残炭、灰分、硫分。水溶性酸和碱、机械杂质、水分、闪点、凝固点和低热值。

③轻柴油：恩氏黏度（20℃）、运动黏度（20℃）、蒸余物残炭、灰分、硫分、水分、机械杂质、闪点、酸度、凝固点、水溶性酸和碱、实际胶质、腐蚀性和低发热值。

④煤：元素分析、颗粒粒度、工业分析（水分、灰分、挥发分和硫分）、热值、机械强度、热稳定性和灰分熔点（变形温度、软化温度和熔化温度）。如用于制造发生炉煤气，还应有汽化试验报告。

⑤煤气：煤气成分、水分、发热量、温度、压力、管道位置、管径和标高。

⑥天然气：成分、水分、发热量、压力、管道位置、管径和标高。

（七）动力供应

1. 供电

（1）附近电力系统的发电总装机容量、年发电量、发展装机规划、允许增加的用电容量及电量。

（2）附近输电线路或变电所的电压等级、供电容量、电源回路数、电路敷设方式、位置、与工厂的距离和新建的供电工程设施和费用。

（3）电网的频率和电压波动范围。

（4）最低功率因素要求、允许继电器的最大动作时间。

（5）电价和计费方式。

（6）备用电源的情况。

2. 其他动力

（1）对煤气、压缩空气等可能供应的情况，质量、参数和供应量等。

（2）可能供给的热源位置、与工厂的距离、接管点坐标、标高、管径和价格。

（八）厂区附近情况

1. 厂区内现有房屋、良田、种植物、坟墓、灌溉渠、道路和高压线等情况；

2. 邻近城镇的社会、经济、文化概况，生活区的规划和位置；

3. 当地的住房条件、主食种类、主要副食品种、文化教育、娱乐场所、商业设施、生活福利、医疗卫生和邮电交通等市政建设情况和发展远景；

4. 邻近企业的生产性质、规模、发展远景、与本企业在生产、生活等方面协作的可能性；

5. 当地农业生产概况，与本企业生产的有利和不利因素；

6. 当地居民参加工厂建设和生产的可能性。

（九）施工条件

1. 附近有无施工场地、面积大小和位置；

2. 地方建筑材料，如砖、瓦、砂、石、石灰、水泥和水泥制品以及新型建材等的生产、供应、距离和价格等；

3. 地方施工能力、人员配备、建筑机械数量、最大起重能力和预制构件等的制作能力等；

4. 施工运输条件，如利用铁路、公路、水运及其他运输工具的条件及运价；

5. 施工劳动力的来源，一般文化、技术水平、工资及其生活安排；

6. 施工用水、用电等供应条件。

（十）概预算

1. 建厂地区的建筑概预算定额、设备安装定额、材料价格和材料差价；

2. 当地的机械和电气产品目录和价格；

3. 当地的土地征购费，青苗、树木和菜园的赔偿费，坟墓的迁移费，房屋的拆迁费等。

（十一）技术经济

1. 各种原料、材料和燃料的价格和运价；

2. 水、电等的价格；

3. 工人和技术管理人员的平均工资、附加工资、以及奖金水平；

4. 当地类似工厂的综合折旧率、大修费率、固定资产留成比例、固定资产占用费的费率、流动资金数及利率；

5. 当地工商税率和地方附加税率；

6. 资金来源、利率和偿还年限的要求。

（十二）改建、扩建工程

1. 现有工厂情况；

2. 现有工厂总平面布置图，与改建扩建工程有关部分的现有车间工艺布置图（竣工图），建筑物、构筑物的施工图（竣工图）以及有关的技术资料；

3. 现有工厂的电力电讯、给水排水、采暖通风、压缩空气动力管线的布置图和施工图（竣工图），以及有关的技术资料。

（十三）协议及证明文件

1. 同意建厂的证明——由主管单位及当地有关部门提供；

2. 厂区及附近没有地下矿藏的证明——由地质局等提供；

3. 厂区及附近没有古墓等地下文物的证明——由文化局等提供；

4. 拨地、购地的协议——由城建局及有关单位提供；

5. 铁路专用线接轨及机车使用协议——由铁路局提供；

6. 同意水运、建立码头及选取水源地点的协议——由航运部门和卫生机关提供；

7. 水源的卫生防护地带和允许取水的证明——由卫生机关提供；

8. 城市供水协议——由自来水公司提供；

9. 污水排入城市下水道或水体的协议——由城建部门、卫生机关提供；

10. 电力、电讯供应协议——由电力局和邮电局提供；

11. 原料、燃料供应协议——由有关机关单位提供；

12. 与其他有关单位协作的协议——由城镇有关单位及企业提供；

13. 建设地区地震烈度的证明——由地震部门提供。

第七节　设计步骤和设计阶段

一、设计步骤

就整个工厂设计工作的内容来看，设计步骤是由多种专业技术分工协作的一个综合性设计，包括工艺、土建、电力、动力、卫生工程、总图、运输和技术经济等专业。它们彼此之间必须紧密配合，如果其中某部分发生错误，势必影响其他部分的设计，特别是工艺设计发生改变时，对其他专业设计的影响最大。为了尽量避免设计中出现错误和返工，保证设计质量和进度，一般可按以下步骤进行设计工作：

1. 各专业对各项建厂原始资料作详细研究；

2. 按资源勘察报告和工艺试验报告确定配方组成、生产方式和生产流程；

3. 按照生产纲领和生产流程进行物料平衡和设备选型计算；

4. 按照基础资料和生产工艺流程进行总图和运输设计；

5. 根据工艺流程和设备选型计算结果进行车间工艺布置设计；

6. 工艺提供资料和要求后先进行土建设计；

7. 工艺和土建提供资料和要求后再进行电力、动力、卫生工程和技术经济等专业设计。

在整个设计过程中，各专业必须互相协调，紧密配合，服从大局，从整体出发，共同努力完成设计任务。

二、设计阶段

设计工作应该由浅入深，一般分三个阶段进行，即初步设计、技术设计和施工图设计。初步设计主要解决重大原则、方案和总体规划方面的问题。技术设计则是实现初步设计的意图，进一步研究各车间之间及车间内部的技术方案问题。施工图设计是根据前两个设计阶段的结果绘制出详细的工艺、建筑、结构、水、暖、通风、动力、电力和总图等专业的施工图，供作施工的依据。对于一些大型、复杂和采用新工艺、新设备较多的工程，要按三阶段进行设计，但是对规模不大、技术上比较成熟、设备已经定型和设计经验积累较多的工程，可以将上述的三阶段设计合并为初步设计和施工图设计两个阶段进行。目前，工厂基本上采用两阶段设计法，内容如下：

（一）初步设计

1. 设计目的

初步设计应满足以下几方面的需要：

（1）确定设计原则、技术方案和主要技术经济指标，以便上级机关进行审查并指导下一阶段的设计；

（2）满足建设单位进行土地征购、设备订货和人员培训等工作的需要；

（3）为施工单位创造施工条件，例如了解工程的内容、准备施工机械和所需材料以及安排施工进度等；

（4）提出概算，作为计划和财务部门确定工程投资的依据。

2．设计任务

初步设计必须完成以下几方面的任务：

（1）工厂总平面布置和运输设计：包括确定厂区的位置、生产车间、辅助车间、公用设施、仓库和堆场等的平面布置和竖向布置以及厂内外的交通运输；

（2）生产工艺流程、物料平衡计算、主要机械设备的选型与配置；

（3）主要生产车间工艺布置；

（4）建筑物和构筑物的结构形式；

（5）选择水和电的供应系统；

（6）辅助车间和生活福利设施的设计原则；

（7）环境保护、三废治理和劳动安全措施；

（8）全厂劳动定员；

（9）主要建筑材料需要量；

（10）工程总概算；

（11）主要技术经济指标：包括厂区占地面积、建筑系数、厂地利用系数，产品产量、质量，劳动生产率，原料、燃料、材料和水、电等的消耗量，单位产品成本和投资额，投资回收期和投资收益率等。

3．设计成果

初步设计的最后成果包括说明书、图纸、职工人员表、设备明细表、主要材料表和工程总概算等。初步设计的成品图纸包括厂区位置图，工厂总平面布置图，工厂鸟瞰图，各车间的工艺、建筑平面、立面图，全厂供电、供水系统图等。初步设计说明书着重表达各项建厂条件、设计依据、设计原则、方案选择、装备水平、生产过程和主要技术经济指标等。

说明书的具体内容有以下几部分：

（1）总论：综述所建工厂的全面情况，包括设计依据，生产方法，工厂规模，产品品种和数量，厂址概况，原料、材料、燃料、水和电的供应情况，交通概况，自然条件，企业协作情况，设备水平，新技术的采用，主要技术经济指标，存在的问题和建议等；

（2）总平面、运输：厂区地理位置和地形，工厂的组成和分区，工厂总平面布置，工厂竖向布置，雨水排除和防洪措施，土方工程量，全厂运输量，厂内外交通运输方式，厂内外道路形式和各项技术经济指标等；

（3）生产工艺：全厂生产工艺过程，采用新技术，新工艺和新设备的说明，原料品种、化学组成和工艺性能，配方，燃料种类、工业分析和热值，原料和燃料来源，全厂物料平衡表，主要设备规格、数量、小时产量和利用率，原料仓库的规格、数量和储存期，车间的划分和工作制度，机械化、自动化程度和检修、搬运等情况；

（4）土建：主要厂房和民用建筑的结构和建筑处理。主要建筑物、构筑物特征一览表，附建厂地区的工程地质、地下水，地震烈度、气象资料等设计基础资料；

（5）电气及控制测量仪表：供电方式、动力设备、照明、通讯和控制测量仪表等；

（6）给水排水：给、排水的设计依据和说明；

（7）采暖通风：采暖、通风、除尘的设计依据和说明；

（8）动力：煤气站、供油站、空气压缩机站、锅炉房和厂区动力管网等设计说明；

（9）环境保护：环保措施的设计依据，环保的要求和措施，环境影响报告书或环境影响表，防治污染的处理工艺预期效果；对资源开采引起的生态变化所采取的防范措施；绿化设计，监测手段和环保投资的概、预算等；

（10）劳动安全：劳动安全措施的设计依据，从生产、交通运输和防火、防灾等方面说明对厂区、车间、机械设备和电气设备等所采取的安全措施；

（11）技术经济：各专业在技术经济上的概括，包括建厂的必要性、厂址的合理性、设计中重大方案确定的依据及其合理性。主要技术经济指标的综合分析，如总投资、单位产品投资、设备自重、电机容量、全厂职工人数、劳动生产率、厂区占地面积、厂地利用系数、投资回收期和回收效益等。还应附有相应的图表，如产品成本表、劳动定员表、投资回收期和收益率计算表等。还要对本设计做出技术经济评价，并得出结论。

在初步设计阶段要重视方案比较，应对不同方案从技术和经济等角度进行分析论证，优选最佳方案，以达到技术先进、经济合理和安全生产的要求。

（二）施工图设计

施工图是根据批准的初步设计绘制的，施工图上必需确定所有设备、建筑物、构筑物、道路和管线等的确切位置及其相互之间的关系尺寸，施工图的深度应能满足建筑厂房、安装设备、修筑通路和敷设管线等各项施工要求。

1. 施工图内容

施工图设计的主要成果是施工图纸，内容如下：

（1）总平面布置和竖向布置图，并要注明地下管线；

（2）建筑物、构筑物的平面、立面和结构详图，并附有材料明细表；

（3）工艺平面图和剖面图（比例：1:50，1:100和1:200），并附有设备和材料明细表。图上应注明柱网、设备的定位尺寸、地坑、地面、楼板、平台、烟囱顶、轨道面、建筑物和构筑物等的标高。车间内每层平面的设备及其基础的布置尺寸。检修孔和设备、管线及非标准件穿过楼板、隔墙和屋面的孔洞位置及大小，保安栏杆、门窗、楼梯、走道和平台的位置，检修用起重设备和吊钩并注明起重量，大型设备如窑、磨和干燥机等的名称和规格，非标准件名称和外形尺寸。所有的设备、电机和非标准件均须按流程和主次进行编号，并附有设备一览表及备注；

（4）工艺设备安装图（比例：1:5，1:10，1:20和1:50）：凡工艺平面图、剖面图不能表达清楚的部分均应给出局部基础图、设备安装图、非标准件与设备连接图和料仓口位置图等；

（5）室内管线汇总图（比例：1:50，1:100和1:200）：比例尺寸应与工艺平面图一致，可直接绘制在工艺平面图上，也可单独绘制管线图。图上需标示出管线的规格、定位尺寸、管线系统起止点、弯头角度和半径、架设固定方法等；

（6）非标准件图：例如料仓、连接管和支架等施工图；

（7）热工构筑物施工图：热工设备平面图、剖面图、结构施工图、管通图、轨道图和异形砖等；

（8）卫生工程施工图：包括采暖、通风、供热、给排水等工种的施工图，必须具有管线布置图。标注出全部所需的尺寸，并附有设备和材料明细表。对未能表达清楚的局部如通风室、检查井和引入口等部位应绘制详图；

（9）电气施工图：包括供电、照明、信号和通讯等方面的设备和线路施工图，并附有设备和材料明细表。

2. 施工图与初步设计图的区别

施工图与初步设计图纸的不同之处是：施工图的平面、剖面图较完整、详细，尺寸标注详尽，必要时还应附有局部放大图。施工图有设备安装图和非标准件图，而初步设计则没有。施工图设计一般没有说明书，只在图纸上对施工和安装中的注意事项作必要的说明。但如果施工图对初步设计有比较大的修改和变动，应对变动部分、变动原因和新设计方案的确定等问题予以说明，并做出修正概算和修正设备表。

第二章 工厂总平面布置及运输设计

第一节 任务和程序

工厂的总平面及运输设计，是根据工厂的生产性质、规模、生产过程的组织及特点，在已选定的厂址上，对合理地布置厂区内的建筑物、构筑物、堆场、道路、工程技术管网、生活福利设施、管理保卫机构和厂区的美化绿化等所进行的总体设计和竖向布置，并全面地解决它们互相间的协调问题。

一、设计任务

1. 在满足生产要求的条件下，经济合理地进行厂区划分，并确定厂区内各建筑物、构筑物、堆场及其他设施之间的相互位置；

2. 选定厂外与厂内的交通运输系统，合理地组织人流及货流；

3. 确定竖向布置方案，包括场地平整、厂区防洪和排水，选择所有建筑物、构筑物、堆场及各种管线、铁路和道路的标高；

4. 布置地上和地下的各种工程技术管道；

5. 完善卫生防火条件，进行厂区的绿化和美化，为工人创造良好的工作条件和休息场所；

6. 合理地布置厂前区，使之与居住区和城市有较好的联系，并选择合适的建筑物形式，组成完整的建筑群体。

为了完成上述任务，设计人员必须很好地掌握和研究建厂的原始资料，包括工厂的生产工艺流程、工厂组成。生产特点和各个建筑物、构筑物、堆场及其他设施之间的生产联系、厂址场地地形、工程地质、水文地质和气象、厂区周围环境、居住区、交通运输、电力、动力、水源以及卫生、防火、地震等方面的资料，然后进行总平面及运输设计工作。

二、设计程序

1. 根据工厂的生产性质和规模确定工厂的组成，在深入研究工厂生产过程和生产特点的基础上，根据总平面设计的原则进行厂区的划分，并确定它们之间的位置；

2. 根据工艺生产要求绘制各建筑物、构筑物和堆场的面积和形状；

3. 根据厂内外和各车间之间运输量大小及其他条件，选定厂内外和车间相互之间的运输方式和运输设施；

4. 在以上各项基础上，绘制总平面布置图的设计方案；

5. 按照总平面设计方案，编制运输线路并确定竖向布置的方式和方法；

6. 进行方案的分析比较，在所考虑的各种方案中选定经济合理的最佳方案；

7. 在已选定的方案基础上，做进一步详尽的总平面及运输设计，即具体的总平面布置、交通运输和竖向布置。

第二节　总平面布置的原则

一、基本原则

工厂总平面的布置必须遵循下列基本原则：

1. 厂区内的建筑物、构筑物及交通运输线路的布置应使工艺流程顺捷，并保证合理的生产作业线；

2. 原料、燃料、半成品和成品的运输应当是连续的短距离运输，避免交叉和往返；

3. 适当地把厂区划分成几个地段，把生产性质、防火、卫生条件、动力要求和交通运输等同类的建筑物、构筑物布置在一个地段，按生产作业线分布于工厂的厂区内；

4. 建筑物、构筑物的外形应简单，布置应紧凑，以便厂区利用率达到最大限度；

5. 辅助车间及仓库应尽可能地靠近它所服务的主要车间；

6. 动力设施应尽量靠近负荷中心；

7. 厂内人行道距离应最短，并尽可能避免与货运线路交叉，特别是在工作紧张及行人往返多的地段内；

8. 厂区的管线网，除必须转弯外，应尽可能取直，不应在铁路和道路路基下面敷设各种管线，集中埋放地下管线地带应位于建筑物和道路之间；

9. 布置建筑物时应考虑日照方位及主导风向，保证室内天然采光、自然通风及防止日照辐射热的投入，若有往大气中大量排出煤气、烟、灰尘及不良气体的建筑物，当主导风向非常明显时，该建筑物须布置在其他建筑物的下风侧；

10. 必须根据工厂的发展预先考虑将来扩建的可能，以便在用少量的投资，不影响工厂的正常生产、不改变原有总平面图的设计意图和不拆毁较大建筑物、构筑物的条件下，达到扩建的目的；

11. 根据地形起伏、工程地质和水文地质等条件，把主要建筑物、构筑物布置在条件好的地段，以节约建设投资；

12. 应满足运输线路、防火卫生条件及工程技术管线的要求；

13. 应使厂内外铁路、公路、动力线路、卫生工程线路和本地区的其他设施连接合理、工厂与住宅区联系方便；

14. 易燃、可燃和燃料仓库必须布置在生产性建筑物和构筑物的下风侧，经常散出大量火花以及有明火源的车间，均应布置在易燃、可燃和燃料仓库的下风侧；

15. 合理选择建筑形式，使之便于生产并缩小工厂占地面积，缩短工程技术管线及运输线路；

16. 厂区内不允许修建医疗所、消防、警卫人员宿舍和运动设施等，但某些设施可设在厂区外的防护区内；

17. 规模较大的企业分期建设时，必须尽量缩减第一期工程的占地面积和生产作业线长度，以降低工厂的建设投资和经营费用；

18. 工厂总平面图应有合理的艺术性，建筑物和构筑物应与周围的环境及建筑物相配合，外观轮廓和道路系统平直整齐，各个建筑物相互协调，适当地美化、绿化，使工厂成为一个建筑艺术的整体；

19. 建筑物、构筑物应作行列式或节间式布置，并应与建设场地的长轴或短轴线平行或呈一小角度。

二、主要措施

在总平面布置的工作中，为了满足各种要求并达到经济合理的目的，需要采取相应的措施。常采用的基本措施有以下几个方面：

（一）按功能划分厂区

合理规划厂区，可以节约用地，建立良好的建筑整体，保证必要的防火卫生要求，合理地组织人流和货流，减少相互干扰。工厂的厂区可分为以下几个部分：

1. 主要生产区：放置生产的主要车间，是整个工厂的生产中心，所以本区常布置于工厂场地的中央部分。一般要求场地较平坦，运输方便。本区为全厂工人集中之处，要靠近厂前区，并满足防火、卫生要求。

2. 辅助生产区：放置辅助车间，如耐火材料、石膏模、金工、木工等。布置方法有两种：一种是与主要生产区明显分离；另一种是根据要求，将辅助车间布置在主要生产车间的附近。后一种方式难以明显划分辅助生产区和主要生产区。

3. 仓库、堆场区：要求有较大的面积作为各种原料、燃料、包装材料和废料等的堆存之用。本区的运输量很大，应该处于交通运输方便之处。一般仓库和堆场常沿道路或铁路两旁进行布置，并靠近使用部门。本区较为零乱，常位于工厂的厂后部分。

4. 动力区：由锅炉房、煤气站等组成。由于产生有害气体和消耗大量的燃料，排出大量废料，所以一般布置在厂区的后部或是周边外的一个独立区域，并应考虑交通运输方便问题。

5. 厂前区：为行政管理、技术研究、文化福利设施集中之处，对外、对内联系很密切，所以布置于工厂主要出入口和与城市较近的方位，形成工厂与居住区的联系枢纽。

（二）合理组织人流、货流

为了合理安排货物的运输，需要研究货流分布与方向是否合理，线路是否最短、快捷等问题。通过货运组织图可以更合理地确定车间的相对位置及正确地布置运输线路。工厂上下班时有大量的工人出入厂区，形成较大的人流，最合理的人流组织是线路最短，及与货运的交叉最少或避免交叉。

总平面设计中应规划出最简单、方便的道路供工人进出厂之用。当居住区布置在厂区的四周时，为了上下班方便，可以在厂区的四周布置仅在上下班开放的出入口，但其数目应力求最少。设计中一般是将货流集中在厂后区，人流集中到厂前区，使两者的交叉、干扰最少，并尽量地避免工人上下班时跨越铁路线。

工厂的人流不仅往返于主要出入口与工作地点之间，而且也在其他方面流动。例如工作地点与饭厅、休息室和医务所等处。所以合理地布置生活福利网，也是解决人流、货流组织的任务之一。

正确地组织人流、货流，对工厂的正常生产，提高劳动生产率，消灭事故，便利工人的通行和货运的畅通等问题都起着很重要的作用，设计中应认真妥善地解决。

（三）选择建筑形式

工厂的厂房可分为两大类：单层厂房与多层厂房。多层厂房占地面积较小，可以缩短物料的运输线路，生产工序联系较紧密。可以按照生产工艺要求适当选用，如立体空间工艺设施较多的车间。

单层厂房的形式又可以分为分离式和联合式两种。

分离式厂房是将一个车间或一个工段布置于一个建筑物中，整个工厂形成了一组整齐的建筑行列群，分离式厂房的特点是：

1. 通风采光良好，尤其在热带地区更显得突出；

2. 建筑结构简单，对施工技术的要求较低，扩建较容易和灵活；

3. 可以避免生产之间的相互影响和干扰；

4. 火灾不易蔓延，建筑标准可以降低。

但分离式厂房增加了工厂占地面积，延长了生产线和运输线路，对组织机械化连续生产有一定的困难，同时也延长了管道线路，增加了这方面的基建费用。

为了缩短工艺生产线路，合理地组织运输，有时将生产车间合并在一个厂房内，这就是联合式厂房。整个厂地上形成一片完整的大型建筑物和若干配置于大型建筑物附近的建筑物或构筑物。联合式厂房的特点是：

（1）占地面积比分离式小，因为它不像分离式厂房那样，要留有很多建筑间距，故厂地的建筑系数可以提高；

（2）运输线路短，便于组成机械化连续生产线，也便于生产流水线的组合和联系；

（3）可大大缩短各种技术管道线路，节约建设和经营费用。

联合式厂房的缺点是：车间通风采光较差，车间之间容易互相影响，加之热、烟气和粉尘等的扩散，使车间的卫生条件恶化。厂房建筑较复杂，建筑标准、建筑技术要求较高，防火条件不如单层分离式厂房好等。

以上两种建筑形式的厂房各有特点和要求，可以根据生产规模、生产性质、机械化程度、地区的气候条件和地形条件确定采用的形式。

（四）布置紧凑

在进行工厂总平面布置时，除了满足各车间生产的基本要求和建筑防火卫生要求外，还应该注意节约厂区用地。在设计实践中积累了很多宝贵的经验。

1. 建筑物轮廓力求简单规正

建筑物外形轮廓的简单规正是总平面及车间设计达到经济合理的条件之一，不整齐的车间外形不仅会给总平面布置带来困难，同时也增加了管线的长度并浪费大量的土地。

车间平面外形的简化，可以保证建筑结构标准化，扩大车间的有效面积，大大节省厂地面积。由于厂区的道路网要求平直规正，因而凸凹不一的建筑物使厂区土地面积浪费很大，所形成空地不能利用。所以对于车间变电所、生活间等应尽可能布置于厂房的内部，不要在规正的建筑物外再接连一个小的建筑物，以免造成厂地的损失。

2. 沿建筑红线布置建筑物

布置时，应使建筑物的外墙位置在平面图上形成一条直线，这条直线称为建筑红线。当违背建筑红线规则时，就会降低布置的紧凑程度。在同一区段中各建筑物的平面轮廓不按建筑红线布置时，就会造成厂区用地的浪费。

（五）考虑扩建与改建

1. 扩建

在总平面设计时，应该注意到以后工厂发展扩建的可能。扩建时要以最少的投资，不影响整个工厂的生产，不打乱原有的生产线，并尽量注意到新生产线和原生产线的联系。以不损坏原有总平面设计和不违反建筑的规范为原则。

根据各工厂生产特点的不同，常有不同的扩建形式，但通常是沿生产线的外侧进行。在进行总平面布置时，应该预留扩建的场地位置。

在总平面设计时，除了正确地选择扩建方式外，还应该重视扩建的施工程序。应将第一期工程尽量集中，以便于组织生产。连续式厂房的扩建方式不像分离式厂房那样方便，其扩建方法与主厂房内部的流水线的具体安排有关，只有在总平面设计时就给予充分考虑，才能够使扩建部分和现有部分的生产保持合理联系。

2. 改建

由于科学技术的不断发展，新设备逐渐代替了旧设备，先进工艺代替了落后工艺，因此工厂经过一定时期后，很可能要进行改建。

改建前，应充分详细地研究原有的生产工艺条件，厂区原有建筑物使用情况，原有设备以及原有地下管线等的利用情况，然后提出多种方案进行全面技术经济分析。力求改建方案不拆毁或少拆毁原有建筑物，尽量以少量投资使工厂生产有较大发展。

在改建工厂时，必须考虑生产的连续性，研究整个工厂的建筑物、构筑物以及工程技术管网的改建方案，要充分利用场地内现有的建筑物、构筑物和工程技术管网，尽量做到不影响或少影响现有的生产，同时决定今后必须拆除的旧建筑物、构筑物以及合理地利用空地来布置新建筑物等。总之，要对改建的企业进行全面的总平面规划。如果无计划地在旧厂房上贴建新厂房，将会给以后的企业发展造成很大的损失。

改建和扩建企业时，应考虑充分利用原有生产设备、建筑物、构筑物、道路管线和围墙等，以节约投资，并需考虑不因基建施工而停止生产。

（六）防火卫生要求

在总平面设计中按建筑设计防火原则和卫生标准要求，在厂区的建筑物、构筑物等设施与居住区之间要保持必要的距离，以免相互影响。烟尘的排放应符合环保要求，对易产生粉尘飞扬的物料堆场等应布置于厂区的下风方位。

工业企业总平面建筑物和构筑物的布置应遵照国家卫生标准的规定，厂区内的排水、日照、自然通风等方面都应满足卫生要求。

第三节　工厂组成及总平面布置图的内容

一、工厂的组成

工厂的组成大致可分为以下几部分。

（一）主要生产车间

1. 水泥厂

（1）石灰石破碎车间　将矿山开采的石灰石经破碎机进行破碎达到入生料磨的粒度要求；

（2）黏土烘干车间　水泥厂所用的硅质原料通常主要为黏土，由矿山开采的黏土一般含水较高，必须进行烘干或预烘干才能满足下一工序喂料及计量的需要；

（3）生料粉磨车间　制备生料。生料粉磨通常采用烘干兼粉磨系统；

（4）熟料烧成车间　将生料经高温煅烧为熟料，通常采用预热器窑或预分解窑；

（5）混合材烘干车间　将混合材烘干，满足水泥磨对入磨水分的要求；

（6）水泥粉磨车间　将熟料添加适量石膏及混合材等磨制成水泥；

（7）水泥包装车间　将水泥装包以备发运或进行散装发运。

2. 陶瓷厂

（1）坯料制备车间　将进厂的陶瓷原料进行加工而制备出合格的泥浆、可塑性泥料或干压粉料；

（2）成型车间　将制泥车间送来的泥料进行成型加工，供应焙烧车间合格的坯体；

（3）焙烧车间　将已经上釉或未上釉的坯体烧成陶瓷制品；

（4）上釉及彩饰车间　对坯体上釉和美化彩饰；

（5）检查和装配车间　检查的主要工作是对出窑后的瓷件或成品进行检查；装配的主要任务是将金属附件和陶瓷进行胶装。

3. 玻璃厂

（1）原料车间　将进厂的大块原料进行破碎及精选；

（2）熔制成型联合车间　将配合料熔制成玻璃液，进行成型、退火；

（3）切裁及包装车间　将平板玻璃切裁为要求的尺寸并将产品进行包装。

（二）辅助生产车间

1. 陶瓷厂的匣钵、耐火材料车间

本车间是陶瓷生产中较大的辅助车间，包括原料储存、破碎、配料、粉碎、混合、成型、干燥和烧成等工序。本车间生产的匣钵和耐火材料主要供焙烧车间装载坯体和检修窑炉，所以应靠近焙烧车间。一般有两种布置方式：

（1）将匣钵车间与制泥车间放在同一建筑物内，共同利用运输线路、运输设备和原料仓库。共用多层结构建筑，能够提高匣钵、耐火材料车间的机械化程度，减少设备投资和备用数量，但是在总图布置时就复杂了些。

（2）将匣钵车间独立在一个厂房内进行生产，有一套完整的原料仓库、破碎、成型、干燥和焙烧设备。一般对于匣钵、耐火材料产量较大时，采用这种方式在总平面布置时较灵活。匣钵生产所用的熟料，常部分地采用废钵料，故在匣钵车间附近原料堆场外还应有一个废匣钵堆场。匣钵车间生产时易产生粉尘，故不宜布置在上风侧。

现代化的陶瓷厂已在淘汰自制匣钵的做法，而是从专业厂定做匣钵（棚板），仅设一简单匣钵堆放处，保证一定周转即可。

2. 陶瓷厂的石膏模车间

本车间供应成型车间用的各种石膏模，包括石膏原料的粉碎、炒石膏和石膏模的成型。

现代化的陶瓷厂已在淘汰单独用生石膏自行炒制石膏粉的做法，而是从专业厂购入熟石膏粉。石膏的粉碎和炒制会产生大量有害的粉尘，故应配置于下风侧，避免石膏粉尘污染陶瓷原料。石膏原料应和陶瓷原料分别堆放，不宜靠近。可将石膏堆场配置在工厂的厂后区靠近运输线。

本车间应靠近成型车间以便石膏模的供应。一般石膏模较重、容易碰损，所以不宜长距离运输。为了布置灵活起见，可以将石膏原料的制备和石膏模的成型分成两部分，将石膏原料制备布置于厂后区，而将石膏模成型布置于邻近成型车间。

3. 实验室及试制工场

实验室的主要任务是原料、材料的检验分析、成品半成品的性能检验、配方实验、科学研究和新产品试制等。一般包括物理试验、化学试验、热工计量检定和试制工场等，可以布置在厂前区且尽量靠近生产区，有时将试制工场布置于生产区内。

实验室的周围环境应安静、清洁。为使精密仪器不受灰尘之害，应布置于烟囱、原料粉碎和原料堆场的上风侧，并保持一定的距离。在其附近进行适当的绿化，要与铁路及震动较大的车间或设备，如球磨机、机修车间的汽锤等保持一定的距离，以免精密仪器受到震动。

4. 金工车间

金工车间的主要任务是加工金属附件供瓷件装配或设备维修。电瓷工厂金属附件占瓷重的一半左右，为了便于运输，金工车间应靠近装配车间。

5. 铸锻车间

铸锻车间主要是供应本厂设备检修时必需的附件。生产出的金属附件也可供应金工车间。铸锻车间是个热车间，布置时应特别注意通风良好。本车间要消耗大量的金属、煤或焦炭，所以应靠近铁路运输线并有较大的堆放场地。

金工车间、铸锻车间生产时有大量的铁屑，对陶瓷质量不利，故不宜靠近原料堆场，以防铁质混入陶瓷原料。

6. 木工车间

木工车间主要是生产包装用的木箱和供应成型车间的木架坯板和铸造车间的木模等。木工车间附近要有一个较大场地以供堆放木材之用。木工车间是个火险性较大的车间，应与产生明火和暗火的车间，如焙烧、铸锻等车间保持一定的距离。木工车间附近应该进行适当的绿化，以减少火灾危险。

本车间最好靠近使用单位，如包装车间。又由于车间厂房结构较差，附近较零乱，为了保证总平面图的美观及靠近木材场，常将本车间布置于工厂的厂后区或边沿。

（三）动力设施

1. 锅炉房与煤气站

锅炉房主要供给工厂生产和取暖用蒸汽，锅炉房应该布置在靠近蒸汽用量较多的车间，以缩短热力管网长度和减少蒸汽压力降。锅炉房用煤量较大，附近应该考虑布置较大面积的煤堆场和灰堆场，且要考虑运输方便，还应尽量布置在厂区较低的地区以便于回水。锅炉房应布置在厂区下风向，以减少烟囱灰尘的污染。煤气站供应热工设备所需的煤气。陶瓷工厂常采用冷煤气，特点是从发生炉出来的煤气经过冷却和清洗，除去灰粉和焦油。煤气站的布置应该靠近消耗煤气最大的焙烧车间，以保证煤气管路最短。当工厂采用热煤气时，因为所生产的煤气只经过粗略地除灰，同时还要保持较高温度，不能利用排风机增高压力，因此更要尽量靠近用户，管道长度不宜大于35m。因为煤气站与锅炉房对燃料的供应、运输与灰渣的排除有共同的要求，锅炉房还可以燃烧煤气站筛出的煤屑，因此将锅炉房与煤气站的布置统一考虑安排是经济合理的。

锅炉房和煤气站一般应配置在厂后区。这样对燃料的运输、堆存及灰渣的运出都较便利。同时因为煤气站较脏，构筑物多而乱，放在工厂的前部有碍美观。此外，由于它们常放出大量有害的气体和灰尘，所以要布置在工厂的下风向，以免恶化厂区卫生条件。

2. 变电所和配电房

工厂内变电构筑物分为三类：主降压变电所、配电站和车间变电所。

主降压变电所的任务是将厂外输送进来的高压电源降低成6～10kV，分送到配电站，再降压到220～380V，分送到各车间。当进厂的电压为35～110kV时，通常建露天配电装置；电压为10kV以下时，可建室内配电装置。变电所应成为一个独立区域，四周修筑围墙，增加安全设施。变电所地区应有消防和运输道路，以供变压器之安装、修理和防火。变电所的位置应考虑电源进线方便和靠近负荷中心，使线路较短，能有效地输送电源。

有露天变电设施时应布置于原料、燃料和废料堆场的上风侧，并保持一定的距离，以避免灰尘的影响。一般堆场在露天变电所的下风位时，其距离应为60～80m，上风位时为100～120m。露天变电装置的围栅距地上油池的间距不得小于20m。

当进厂电压为6～10kV时，厂内可以只设立配电站，将电压降到220～380V，分送到各车间去。

配电站为室内建筑时可独立建筑，也可附设于车间建筑物内，不采用木结构。为了供电方便，车间变电所常设在车间之内，同时也避免在大建筑物外再加小建筑物。

（四）仓库设施

1. 总材料库

总材料库是存放生产备件、配件、五金器材、电工材料、工具、福利劳保和办公用品以及其他生产上所用材料。总材料库存放的材料杂而多，供应面向全厂，故在布置时应该考虑靠近道路进厂处，并便于与全厂各车间联系。

2. 金属材料库

金属材料库存放各种黑色、有色金属材料。其对象是供应铸锻车间和工具机修车间。对于电瓷厂，金属零件用量很大，故应该尽量考虑靠近金工、工具、锻工、铸工车间，而且附近最好有个金属材料堆放场。本仓库应该布置在靠近铁路线或汽车运输便利之处。

3. 油库和危险品库

油库和危险品库主要储存生产用变压器油、煤油、汽油和化学危险品等，属于易燃危险仓库，故应布置在工厂的边缘，用围墙围成一个独立区。常布置于低洼地区，油库周围要留出不小于10m的空旷地带，该地带内不得放任何材料。附近若有高压线，则高压线路距油库边缘不得小于高压输电线架高度的1.5倍。

4. 成品库和半成品库

成品库主要是堆放已经包装好的合格产品，准备运出厂外。成品库常和包装车间合并在一起，陶瓷制品、玻璃制品常用木箱、纸箱、竹篓和稻草等包装材料，所以仓库应邻近包装材料的堆场。陶瓷成品和半成品易于破损，堆放时不宜堆叠，所以应该有较大的堆放场地。经过包装后的制品堆放高度一般也不宜超过 2m。成品库应该靠近成品的检验车间和靠近汽车、火车的交通道。常将它布置于铁路的一边，与仓库之站台和铁路线互相平行。

水泥成品库堆放包装好的水泥，亦靠近汽车、火车的交通道，常将它布置于铁路的一边，和铁路线互相平行。

5. 废料堆场

陶瓷厂、玻璃厂废料堆场用来堆放废瓷、废匣钵、废石膏模及废玻璃等生产废物。废料堆场在工厂生产中应给予应有的重视，要留有适当的面积，否则会影响工厂的环境卫生，甚至阻碍生产的正常进行。废料堆场通常布置于工厂的厂后区。

（五）行政管理和生活设施

1. 厂部办公楼

厂部办公部门常由厂部行政管理机构和工程技术部门组成，可布置于厂前区的中心地区，以便于对内管理和对外联系。

厂部办公部门应该在有害气体和生产粉尘车间的上风侧，并与铁路和有噪声、震动的车间有适当的距离。

在厂部办公部门的建筑物周围应该较好地绿化、美化，建筑物要经过一定的艺术处理，使之满足城市规划的要求，并和市区的建筑物相协调。

2. 食堂

食堂等布置于厂前区，用围墙与厂区隔开成独立部分。食堂应布置在靠近人数较多的车间和全厂工人上下班的主要入口处。

食堂离开人数较多车间的距离是：三班制午饭时间不超过 30min 者，为 200m 以内；两班制午饭时间为 1h 者，为 600m。若厂区面积较大，而工人人数较多，可以考虑第二食堂的设置。

（六）运输设施

1. 汽车库

汽车库是专为本厂汽车停放、保养及维修之用，所以汽车库应该包括：车库、露天广场、汽车栈桥和加油站等。

厂外原料运输专用汽车的汽车库应布置在厂区内出车方便之处。若邻厂可协作共同使用汽车库，则宜布置在厂前区或防护地带内，或是双方使用便利的地方。

为汽车库用的汽车出入口，不应设立在交通频繁的地方，如工人上下班之人流主干道、与城市人行道交叉的地方或是厂内铁路线交叉的地方等。布置车库时应保证有较好的自然采光。在严寒地区不应使冬季主导风向和车库门相对。车库前应留有足够的场地做停车广场，在门前 20m 之内不应该有任何障碍物。

在厂内布置汽车库时如条件许可，可与电瓶车库合并在同一区域或同一建筑物内，以便在保养及修理工作上合作并减少管理人员。

2. 电瓶车库

电瓶车库专供本厂各种电瓶车的充电、停放、保养与修理之用。电瓶车库一般布置在工厂厂区的中心地带，如果仓库电瓶车较多时，可将电瓶车库设立在企业的仓库附近，也可将小型电瓶车库分散设在有关的车间和仓库内，只解决充电和存放，检修可与汽车库合并，为出入车方便，可根据工艺布置设立两条通道供出入。

二、总平面布置图的内容

(一) 初步设计

1. 工厂总平面轮廓图（资料图）

工艺专业人员根据与有关专业人员商定的各项建筑物设想的外形轮廓尺寸，并结合所选厂址的厂区地形、主导风向、铁路专用线及公路布置、电源等具体条件，给出生产车间总平面轮廓资料图。在布置过程中应考虑厂内外道路及预留各种管线位置。

工厂总平面轮廓图，实质上是对工厂总平面布置的初步设想，还需通过各专业的进一步布置设计加以校正，充实和调整，使之趋于完善。

2. 工厂总平面布置图（初步设计成品图）

在调整、补充、完善工厂总平面轮廓图的基础上，绘制工厂总平面布置图（比例一般为：1∶500，1∶1000 或 1∶2000），作为初步设计主要附图之一，由总图专业人员完成。

图面内容主要包括：厂区地形测量坐标网和等高线；厂区设计坐标网；所有建筑物和堆场的平面位置、名称、设计地坪标高，铁路和道路的平面布置和设计标高等；图上标注工厂总平面设计的主要技术指标和风向玫瑰图。

在选定厂址及进行总平面图设计时，必须对风向予以足够的重视，图上用风向玫瑰图表示，如图 2-1 所示。风向玫瑰图是根据各地气象台站多年对风向频率统计资料绘制的，通常呈多边形。所示风向系由外边吹向中心，向心线最短的风向，即表示最小频率风向。风玫瑰图可分为全年风向玫瑰图及夏季风向玫瑰图。一般在选择厂址及作总平面布置设计时，往往以夏季主导风向为依据，因为夏季气温较高，建筑物大多门窗敞开，因而灰尘及废气的污染较冬季更为严重。应对所选厂址局部地区风向作详细的调查研究，以便在选择厂址及进行工厂总平面设计时，尽量避免或减轻对附近城镇居民点及本厂区的污染。

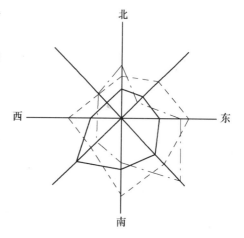

图 2-1 风向玫瑰图
—— 全年风频率；----- 夏季风频率；
----- 风速频率

工厂总平面图的主要技术指标一般包括：

（1）厂区面积（m^2）；（2）建筑面积（m^2）；（3）厂区建筑系数（％）；（4）厂区利用系数（％）；（5）铁路长度（km）；（6）道路长度（km）；（7）围墙长度（km）；（8）绿化面积（％）。

厂区的建筑系数是指建筑物、构筑物和堆场的面积总和占全厂面积的百分数，它可以反映厂内建筑的密度。建筑系数太高，表示建筑分布太密，可能对防火、卫生和生产经营管理有不利影响；建筑系数太低，表示建筑物分布太疏，既浪费用地，又增加车间之间运输和管线等的投资和经营管理费用。工厂的建筑系数，一般在 22％ ~ 30％ 之间；工厂扩建后，一般在 27% ~ 35% 之间。

厂区的利用系数是指建筑物、构筑物、堆场、铁路、道路、地下管线的总占地面积占全厂面积的百分数，它反映厂区面积有效利用的程度。

初步设计文件中，工厂总平面布置设计还需绘制厂区位置图（区域地形图），以表达工厂的位置（图纸比例 1∶2000 或 1∶5000）。主要表示：建厂地区的地形地物、铁路、车站、道路、河流、城镇、乡村、厂区外廓、资源矿山、住宅区以及设计的厂外工程（如铁路、道路、管线等）。

（二）施工图设计

1. 工厂总平面资料图

根据初步设计审批意见，调整工厂总平面布置，绘制工厂总平面资料图，规定各项建筑物、构筑物、交通道路、管线的相对位置及标高，作为各专业人员绘制施工图的依据。

2. 工厂总平面布置施工图

工厂总平面布置施工图是施工放线的依据，它必须具体表示设计坐标网与测量坐标网的关系数字和铁路、公路及所有建筑物、构筑物的坐标和标高数字。此外，还需绘制下列各项施工图：

（1）竖向布置图：具体表示厂区设计标高的关系和边坡处理。

（2）土方工程图：具体表示厂区场地平整土石方的调拨和工程量。

（3）铁路专用线施工图：表示铁路专用线坐标、标高、桥涵、纵横剖面等施工要求。

（4）厂区道路及雨水排除施工图：具体表示厂内公路、道路和雨水排除明沟、暗管的坐标、标高、纵横剖面等。

（5）管线汇总施工图：表示厂区内地上、地下各种管线的关系位置。

如果厂区内有绿化设计，还应另外给出绿化设计施工图。

以上各项文件，均由总图专业技术人员设计完成，但必须与工艺技术人员密切配合进行。

第四节　总平面布置的竖向布置

一、竖向布置设计任务

竖向布置的任务是对厂区的天然地形进行改造，使之适合企业的建设和生产经营要求；合理地确定建筑物、构筑物、铁路和道路的标高，使相互之间的关系协调满足生产和运输技术的要求；合理地组织场地排水，确定排水措施，保证及时排出厂区的积水，不受雨水和洪水的危害。在完成上述任务时，要最大限度地节约土石方工程量，以节省投资、缩短建设周期，力求填方、挖方，能就近平衡。确定建筑场地标高时，应避免大挖、大填。

二、竖向布置的方法

（一）竖向布置的方式

竖向布置有连续式、重点式和混合式三种方式。

1. 连续式竖向布置

这种方式是将整个厂区的地面进行全面平整，如图 2-2 所示。适用于厂区建筑密度大，建筑系数大于25%，地下管线较复杂，有密集的铁路或道路，厂区面积不大和地形比较平坦的工厂。

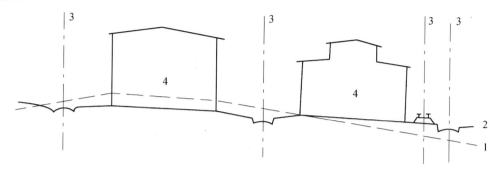

图 2-2　连续式竖向布置
1—自然地面；2—整平地面；3—道路中心；4—厂房

2. 重点式竖向布置

这种布置方式只是平整建筑物、构筑物及其他工程有关地段和为了排水所必须整平的区域。厂区的其余部分仍保留自然地形，如图 2-3 所示。采用重点式竖向布置的厂区上，道路一般为郊区型，且有明沟排水。这种布置方式一般适用于厂区建筑密度不大，建筑系数小于15%，运输线路及管线较简单且自然地形起伏较大的工厂。

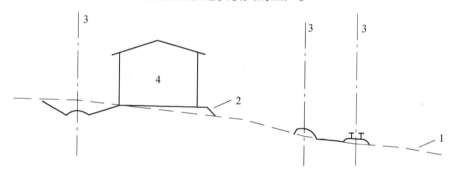

图 2-3　重点式竖向布置
1—自然地面；2—整平地面；3—道路中心；4—厂房

3. 混合式竖向布置（又称区段式竖向布置）

在整个厂区内预先按地段分出连续和重点两种布置方式。这种竖向布置方式可以在大中型工厂中采用。因场地大，可按上述两种系统分区布置。

上述三种布置方式应视厂区自然地形及生产工艺特点而定。

厂址的地质构造对竖向布置方式有很大影响。在有岩石类土壤的厂区上，土石方工程费用很高，这时采用重点竖向布置，用明沟排水是合理的。当地下水位很高时，不允许采用明沟排水，同时要设法提高建筑物的地坪标高以及铁路、公路标高。如采用重点式竖向布置，低洼地段未能进行填补，将变成沼地，从而使厂区环境卫生恶化。

（二）地面的连接方法

工业企业的设计地面，一般具有若干个与平面成倾角的整平面，各整平面的连接方法基本上有以下两种：

1. 平坡法

将设计地形整平为向一个方向或几个方向倾斜的整平面。在各个主要平面连接处,设计坡度与设计标高没有急剧的变化,如图2-4所示。此法一般适用于厂区较宽和自然地形坡度不大于2%的地面。当厂区宽度很小,自然地形坡度虽然达到3%~4%也可采用平坡法。

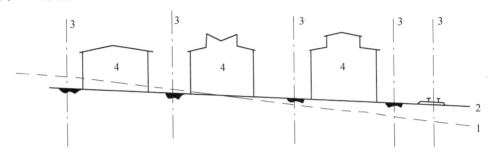

图2-4 平坡法

1—自然地面;2—整平地面;3—道路中心;4—厂房

2. 阶梯法

两个连接的整平面高差较大,整平面的连接处采用陡坡式挡土墙,如图2-5所示。一般适用于厂区布置在自然地形坡度大于3%~4%的地区。当厂区宽度超过500m和自然地形坡度大于2%时,也可考虑采用此法。它的主要优点是可以节省土方工程量。

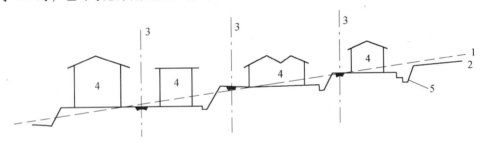

图2-5 阶梯法

1—自然地面;2—整平地面;3—道路中心;4—厂房;5—挡水沟

采用阶梯式布置方法时,阶地的最小宽度要根据建筑物本身和为其服务的道路、管线等所要求的宽度来决定。阶梯法竖向布置使得平面布置、运输线路和管线系统复杂化。因此,在工厂中若是自然地形条件可能采用平坡法时,最好不要采用阶梯法竖向布置。当必须采用阶梯法竖向布置时,可以根据自然地形的具体条件,在设计中结合工艺的要求进行布置,能得到较好的效果。例如可以利用挡土墙作建筑物的外墙,以节约投资。如果利用阶梯形的高差来自行卸货,挡土墙就成为料仓的一部分。

(三) 竖向标高的选择

竖向布置设计中选择标高的根据是:所采用的竖向布置方式、主要整平面的连接方法以及竖向布置所涉及的其他各种因素,例如建筑物和构筑物的地坪标高、城市干道标高、交通运输的联系条件和附近地段的整平情况等。厂区的铁路、道路的标高要与国家铁路和附近公路的标高相适应,与厂内建筑物、构筑物及其他设施的标高相协调。还要满足各种运输设备允许的坡度,如电瓶车4%、手推车1.5%,汽车8%和火车2%(如果条件困难时,不得大于8%）。建筑物和构筑物在总平面上的位置及其相互间的运输联系对设计标高的选择有很大影响。建筑间距越大，建筑物之间的允许高差愈大。间距一定，中间有铁路或道路时，允许的高差减小。选择标高时，要保证最少的土方工程量，尽可能使挖、填方就近达到平衡，使设计整平标高尽量接近于自然标高。

场地的水文地质条件也是决定挖、填方的依据之一。在挖方地带使地下水接近地面，而在填方地带则加深了地下水的深度，在设计竖向布置时，应研究地下水的变化、车间性质和房屋结构等情况。在有地下室、深坑和设备基础较深的车间，当地下水位很高时，降低天然地形标高是不合适的，因为构筑物在地下水位以下修筑时需进行排水，地下室及深坑要铺设防水层。土壤被水浸湿使地耐力降低而需要加大基础断面等，这将增加地下构筑物施工的复杂性和建设投资。所以当地下水位高时，应尽可能地提高场地标高，也就是进行填方。例如，陶瓷厂为了便于设置隧道窑和圆窑的基础，焙烧车间要求地下水位最好在 3 ~ 5m 以下，地下水位很深的地段可以进行挖方，以便利用地耐力更好的下层土质作基础，以减少基础的深度和土方工程量。

当厂区在岩石质地段应尽量减少挖方，以减少艰巨的石方工程量。在需要设置大型基础的地段，如陶瓷厂隧道窑部分，应尽量避免填方，以免在填土上建造基础增加建设工程量。所以对于隧道窑车间，应布置于地下水位较低，且工程地质条件较好的地段。

第五节　工厂总平面布置实例

一、新型干法水泥厂

在现代化干法水泥厂中，普遍利用350℃左右的窑尾废气来烘干原料，或利用冷却机的热风来烘干混合材。因此，常将原料烘干及粉磨设备布置在窑的预热器附近，以缩短高温废气管道的长度。用预均化堆场、圆形库或环形库等储存物料。

现代水泥厂总平面布置的特点是设置中央控制室，主机机组和喂料点都围绕中心控制室集中布置。

图 2-6 为某日产2500t熟料的现代化干法生产水泥厂的总平面布置。场地较小且不规整，生产线的布置受到一定限制。总体呈 L 形布置，中央控制室布置在窑头的附近，生料粉磨、窑系统、熟料库直线排布；水泥粉磨、水泥库、水泥包装及成品库一字排列。窑尾预热分解系统、生料粉磨、废气收尘器及生料库有机联系，充分体现了新型干法水泥生产原料的烘干兼粉磨及窑磨一体机的技术特点。

图 2-7 为某日产4000t熟料的现代化干法生产水泥厂的总平面布置。其特点是进行了适当的功能分区，厂前区位于厂区的西南角，在主导风向的上风方位。整个厂区呈长方形，其特点是原料烘干兼粉磨的原料磨布置在窑尾附近，利用窑尾废气余热来烘干原料；中央控制室布置在窑尾的附近，主要生产系统成直线布置。因用煤作燃料，故除设石灰石预均化堆场外，还设立了煤的预均化堆场。由于铁路接轨方向和地形的关系，水泥库与铁路专用线及生产厂房纵向平行，由于装卸车与物料储存等原因，水泥磨房与水泥库之间布置了石膏堆场，因而水泥需输送较远的距离。

二、建筑陶瓷厂

采用喷雾干燥造粒工艺、高效自动成型、自动码坯、干燥、烧成等机械化自动化程度较高的陶瓷墙地砖厂，多采用集中布置方式，即将喷雾干燥、成型、施釉、烧成布置在联合式厂房内。这样，设备布置紧凑，半成品运输线路短捷，但必须考虑干燥和烧成厂房的散热条件。

图 2-8 为某年产 280 万 m² 内墙砖厂总平面布置；图 2-9 为某年产 180 万 m² 玻化砖、彩釉砖厂总平面布置。

三、浮法玻璃厂

浮法工艺玻璃厂，总平面布置应以熔制锡槽退火窑联合车间为中心。由于浮法联合车间厂房长达 400～600m，为了组织好厂内交通运输，应考虑在联合车间中部尽可能设置一通道，在符合生产工艺要求的前提下，尽可能集中布置建筑。另外，还应预见到平板玻璃深加工产品的发展情况，例如：涂层、中空、水平钢化等玻璃产品，因而在成品库附近应有适当的发展余地。

图 2-10、图 2-11 为两个浮法工艺玻璃厂总平面布置图，皆以熔制锡槽退火窑联合车间为中心展开布置。

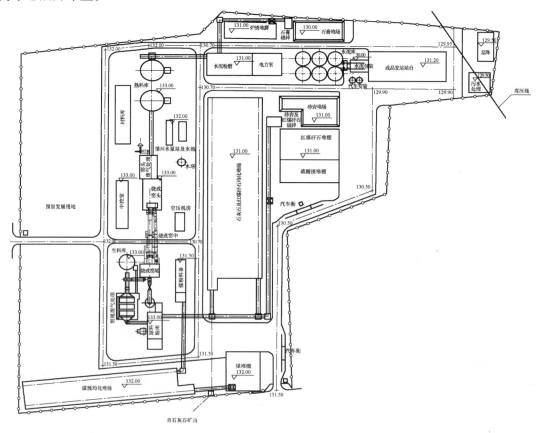

图 2-6　某日产 2500t 熟料新型干法水泥厂总平面布置图

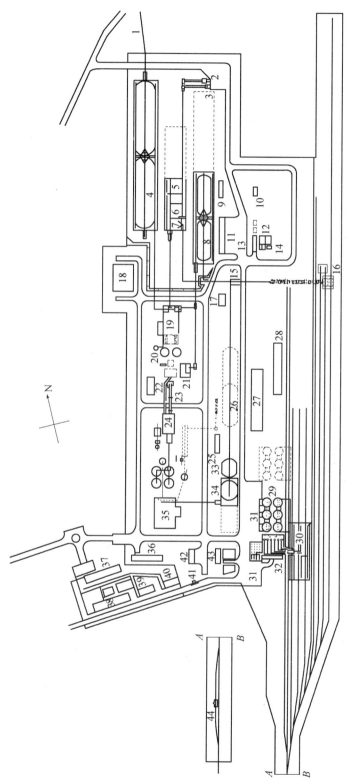

图2-7　某日产4000t熟料新型干法水泥厂总平面布置图

1—来自石灰石矿山的胶带输送机；2—煤矿石卸车坑；3—砂土卸车坑；4—石灰石预均化库；5—砂土堆棚；6—煤矿石堆棚；7—铁粉堆棚；8—煤矿石、煤、矿渣翻车机；9—油库；10—电石氧气库；11—汽车库；12—水池；13—水泵房；14—冷却塔；15—石膏、煤破碎房；16—石膏、煤、矿渣冷却站；17—变配车间；18—主变电所；19—生料磨房；20—生料库；21—煤磨房；22—中心控制室；23—回转窑；24—熟料冷却机；25—耐火砖库；26—矿渣堆场；27—机、电修车间；28—材料库；29—水泥库；30—散装水泥铁路装车；31—散装水泥汽车装车；32—包装库；33—石膏堆场；34—石膏堆场；35—水泥磨房；36—化验室；37—厂区办公室；38—单身宿舍；39—食堂；40—浴室；41—地中衡；42—小车库；43—锅炉房；44—轨道衡

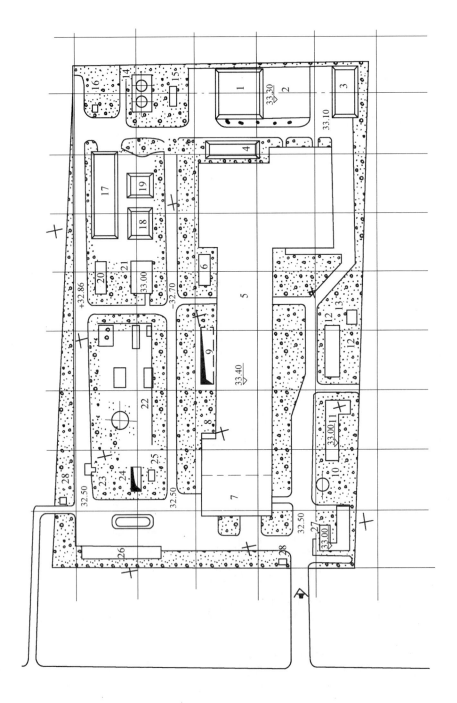

图2-8 某年产280万 m² 内墙砖厂总平面布置图

1—软质料露天堆场;2—原料储车;3—硬质料露天堆场;4—球石堆场;5—联合生产车间;6—空压站;
7—成品仓库;8—变配电站;9—废水处理;10—水塔;11—食堂浴室;12—机修车间;13—水泵房;
14—油库;15—油泵房;16—加油站;17—原煤堆场;18—粉煤堆场;19—灰渣堆场;20—原煤堆场;21—锅炉房;
22—煤气站;23—地磅房;24—蓄水池;25—地磅房;26—汽车库;27—办公室;28—门卫室

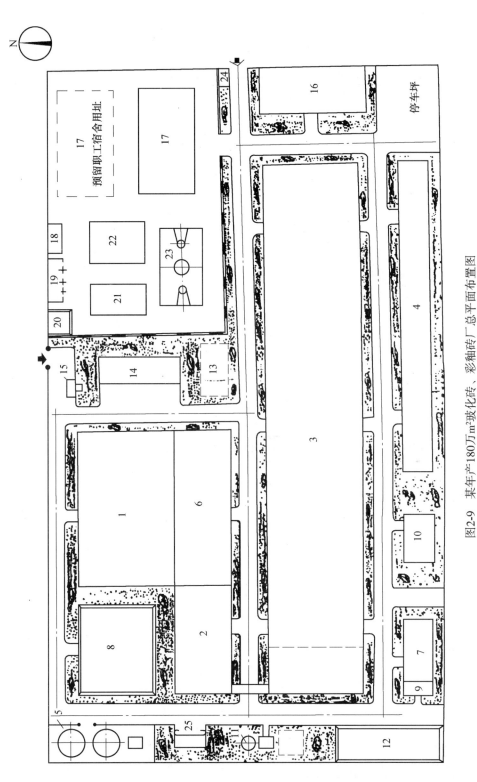

图2-9　某年产180万m²玻化砖、彩釉砖厂总平面布置图

1—原料仓库；2—制粉车间；3—成型、烧成联合车间；4—成品仓库；5—油罐及泵房；6—制浆制釉车间；
7—机修车间；8—原料堆场；9—空压站；10—发、配电车间；11—水塔；12—废品堆场；13—循环水池；
14—汽车库；15—地磅；16—办公楼；17—职工宿舍；18—锅炉房；19—煤棚；20—渣场；
21—浴室；22—食堂；23—球场；24—门卫；25—厕所

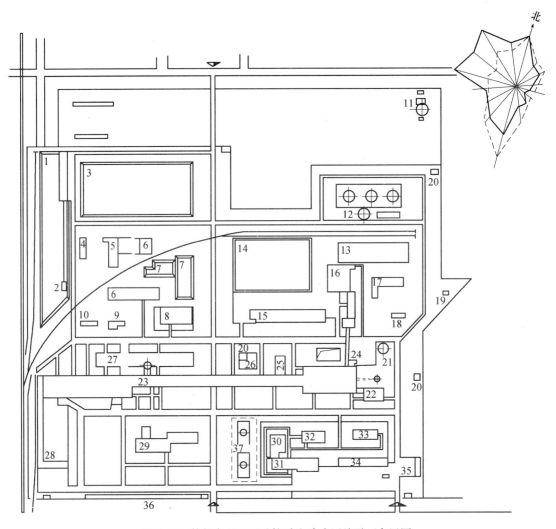

图 2-10　某年产 110 万重箱浮法玻璃厂总平面布置图

序号	名　称	单　位	数　量
1	厂区占地面积	m²	162200
2	建筑物占地面积	m²	27200
3	堆场占地面积	m²	25100
4	建筑系数	%	32.24
5	道路铺砌面积	m²	26110
6	围墙长度	m	1980
7	规模（浮法）	万重箱/年	110
8	单位产量占地面积	m²/重箱	0.147
9	单位用地面积铁路长度	m/m²	0.0084

1—木板加工及堆场；2—绞车房；3—木板及碎木堆场；4—修缮工段；5—耐火砖库；6—机修电修车间；7—机修废料堆场；8—锻焊铆及作业场地；9—浴室；10—装卸工休息室；11—污水泵房；12—油罐区；13—纯碱芒硝库；14—原料堆场；15—砂库；16—原料车间；17—燃油锅炉房；18—循环；19—冷却塔；20—深水泵房；21—水塔；22—废热锅炉房；23—浮法联合车间；24—碎玻璃房；25—变电所；26—打砖场；27—碎玻璃堆场；28—成品库及站台；29—食堂及办公室；30—氮氧站；31—充氧间；32—氢氧站；33—压缩空气站；34—汽车库；35—汽油库；36—自行车棚；37—人防工程及球场

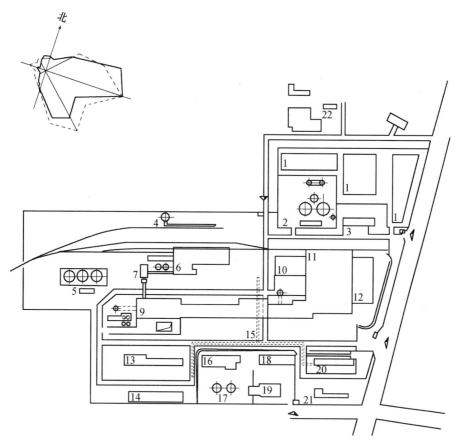

图 2-11　某年产 119 万重箱浮法玻璃厂总平面布置图

序号	名　称	单　位	数　量
1	厂区占地面积	m²	154000
2	建筑物占地面积	m²	33000
3	堆场占地面积	m²	14000
4	建筑系数	%	30.5
5	道路铺砌面积	m²	13000
6	围墙长度	m	1830
7	规模（浮法）	万重箱/年	119
8	单位产量占地面积	m²/重箱	0.13
9	单位用地面积铁路长度	m/m²	0.0079

1—木板稻草堆场；2—给水净化站；3—汽车库；4—卸油设施；5—贮油设施；6—原料车间；7—混合房；8—锅炉房；9—熔制浮法联合车间；10—耐火材料库；11—成品库；12—造箱车间；13—机修车间；14—材料库；15—人防工程；16—制氢工段；17—氢气柜氧气柜；18—制氮工段；19—灌氧站；20—办公室（化验室）；21—配电站（电仪修）；22—食堂、浴室

第六节　交通运输

　　工厂的运输是生产过程的一个重要环节。合理而完善的运输方式不但可以保证生产中所需要的原料、材料、燃料、半成品的供应和成品、废料的运出，同时对提高劳动生产率及降低产品成本也有重大的意义。运输方式对总平面布置有很大的影响，它往往确定车间与车间

之间的关系和距离、厂区的位置和外形、用地面积的紧凑程度和基本建设的经济合理。因此交通运输是总平面设计的重要组成部分。

一、运输方式的选择

工厂的运输方式一般分为：铁路运输、道路运输、水路运输和特种方式运输，如管道输送和各种机械运输等。

（一）铁路运输

对于年运输量较大、运输距离较远的大型水泥厂、陶瓷厂、玻璃厂可采用铁路专用线进行运输。如果工厂附近有铁路线可以利用，对于年运输量小一些的工厂，也可以考虑采用铁路运输。铁路运输在现代化运输中具有重大意义，最大优点是运输量大，运输速度快，不受气候条件的限制和费用比汽车便宜等，但是短途运输采用铁路是不经济的。

（二）道路运输

这是工厂中采用最广泛的一种运输方式。这种运输所采用的主要运输工具有汽车、拖车、自动搬运车、电瓶车等。它的优点是灵活方便，不受最低运输量的限制，但运费较高。

（三）水路运输

我国的河流纵横交错，因而在河流相通的地区，沿河建厂，能充分利用运输量大而价格低廉的水上运输。水运航道是天然形成的，只须适当地修建一些停泊码头，添设一些必须的装卸设施即可承运。

（四）连续式机械输送

工厂经常要进行连续式运输。如运输大量的微粉状货物时，常采用皮带运输机、刮板运输机和各种提升机械等。

（五）管道输送

借助于空气、水的动力和自重，通过管道进行液体、气体和粉状物料的输送。工厂中采用最多的是粉状物料的气力输送和泥浆管道输送。

（六）其他输送方式

工厂中有时也采用索道和架空轨道等连续运输装置。

在选择工厂的运输方式时，应尽可能考虑经济合理、基建投资少、运费低廉、运输量大、方便迅速、连续性和灵活性较高的运输方式。

二、厂内铁路运输

工厂的铁路运输常采用标准轨距（1435mm）的铁路线。工业企业铁路按作业性质及范围可分为专用铁路线和厂内铁路线两类：专用铁路线是指工业企业与国家铁路、码头和原料基地相连接进行企业货运的路线；厂内铁路线是指专供厂区内部运输的铁路线。

（一）厂内铁路线的布置方式

1. 尽端式（或称尽头式）

铁路自厂区的一端引入，在厂区的另一端终止，形成树枝形的分布。由于铁路间不做闭合式的连接，因此允许敷设在高差不等的阶梯式厂地上，并可与人流方向平行而避免与其交叉，如图2-12（a）所示。其缺点是车辆的调转不够灵活，咽喉区货运量较集中和车间之间的运输不便。

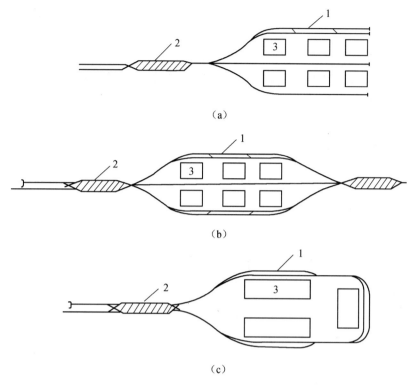

图 2-12　厂内铁路布置方式
（a）尽端式；（b）贯通式；（c）环状式
1—铁路线；2—编组站；3—厂房

2. 贯通式

适用于货运量大而地形狭窄的厂区。要求有两个厂外接轨点，可使原料和成品沿同一方向进行运输。其优点是运输的连续性大、牵引能力较强及运输距离较短，如图 2-12（b）所示。

3. 环状式

适用于厂地宽阔和车间之间运输量较大的工业企业。其优点是可以组织车间之间运输，但必须沿环形线路运行，因而运行距离较长，如图 2-12（c）所示。

4. 混合式

包括尽端式和环状式的混合或贯通式和环状式的混合。这种布置系统克服了单一系统的缺点，发挥了各种系统的优点，适用于运输量很大的企业。

根据水泥、陶瓷、玻璃工厂的运量不大和车间之间无须用铁路联系的特点，厂内铁路一般采用尽端式的布置方式，较少采用其他形式。

水泥、陶瓷、玻璃工厂的铁路主要用来运输原料、燃料、废料，成品以及金属等其他材料，所以一般要将成品库和金属材料库等尽量靠近铁路运输线，并将铁路线直接引向原料仓库和露天堆场附近。

（二）工厂车站的设置

当工厂距干线接轨车站很近时，可以利用干线接轨车站进行工厂车辆的解体及编组作业。如工厂距接轨车站较远，来回调车费时较长，使用不便，可考虑在厂区附近设工厂调车站。其规模较小，只要能存放整列列车，并将其解体后分段送入厂内各股道，或将厂内已有的车辆牵出。水泥、陶瓷、玻璃工厂的运输量较少，进出厂的物料很少需要编组。列车的取道作业可以在装卸车线上进行，并直接进出工厂，可以不设工厂调车站。

（三）厂内铁路的有关规定

为了保证车辆沿铁路运输的安全，厂内铁路线还应满足以下有关技术规定：

1. 铁路的中心线与建筑界限之间的距离

为了保证车辆正常通行，铁路两侧在一定范围内不能够修建建筑物和构筑物，此界限称为"建筑界限"，如图 2-13 所示。相邻两条铁路的中心距离见表 2-1。铁路线至接近的建筑物、构筑物的最小距离见表 2-2。

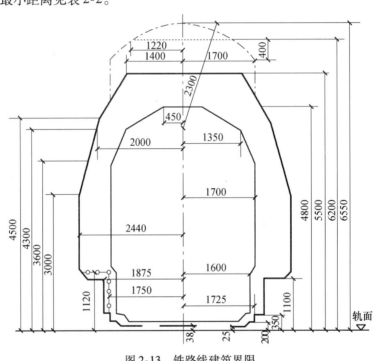

图 2-13　铁路线建筑界限

———— 建筑接近界限；　———— 机车车辆界限；　———— 站台建筑接近界限；

— · — · — 适用于电力机车牵引的线路的跨线桥、天桥及雨棚等建筑物；

— — — — 电力机车牵引的线路的跨线桥在困难条件下的最小高度

表 2-1　直线的两相邻线路的中心距离

线路名称	标准距离（m）	最小距离（m）
正线与其相邻线路间	5.0	5.0
到发线间、调车线间	5.0	4.6
次要站线间（换装线除外）	4.6	4.6
货车直接换装的线路间	3.6	3.6
梯线与其相邻线路间	5.0	5.0
牵出线与其相邻线路间	6.5	5.0
轨道衡与其秤房一边的相邻线路间	8.5	8.5

表 2-2 铁路线至接近的建筑物、构筑物的最小距离

铁路中心至下列各项	距离（m）
建筑物的外墙面或其他凸出部分	
（1）建筑物在线路一侧无出入口时	3.00
（2）建筑物在线路一侧有出入口时	6.00
（3）建筑物有出入口，且出入口与铁路间有平行栏栅时	5.00
企业场地的围墙	5.00
道路边缘	3.75
工业场地出入口边缘	3.20
个别立柱、煤仓、煤台、装货设备、站台、仓库前站台、仓库、货物包装器材储存库、散装货物、卸料设施	按建筑接近界限

2. 曲线及坡度

（1）厂内铁路线的坡度，应根据在该线上行驶的列车重量来决定，不得大于 20‰，最困难时不得大于 30‰。

（2）装卸线应设置在直线和平道上，有时可设置在半径不小于 500m 的曲线上和不大于 2.5‰ 的坡道上。但条件困难和视线不受遮拦的场地上，可设计在半径不小于 200m 的曲线上。

（3）铁路和公路的交叉角：铁路和公路的平面交叉，对于各级线路其交角均不得小于 45°；对于限期使用的线路，不得小于 30°；立体交叉的交角一般应为 90°；斜交的交角一般为 60°，45° 或 30°。

三、厂内道路运输

厂内道路主要用来满足车间之间的运输和联系，供消防车通行，满足防火要求和及时排除厂地的雨水等。布置道路网时，首先应根据厂区的占地面积、车间布置、总运输量、车间之间的运输量和生产过程对运输的要求等来选择适宜的方式。厂内道路的布置方式一般有尽头式和环行式两种。道路的宽度主要取决于行车道上行驶车辆的型号、大小和种类；线路上通过车辆的密度；行车的速度和工厂的规模等。厂内道路按其所处的位置及使用条件，可分为主要干道、次要干道、人行道和消防车道。道路行车部分的宽度、路肩宽度、最小转弯半径、纵坡和视距等主要技术标准见表 2-3。厂内道路至相邻建筑物和构筑物的最小距离见表 2-4。

表 2-3 厂内汽车道路主要技术标准

项 目	名 称	单位	指标	备 注
路面宽度	大型厂主干道	m	7～9	城市型道路全路基宽度与路面宽度相同，公路型道路路基宽度为路面宽度与其两侧路肩宽度之和
	大型厂次干道 中型厂主干道	m	6～7	
	中型厂次干道 小型厂主干道 厂内辅助道路	m	4.5～6 3～4.5	
	车间引道	m	3～4	或与车间大门宽度相适应
路肩宽度	主干道、次干道、辅助道	m	1～1.5	当经常有履带式车辆通行时，路肩宽度一侧可采用 3m；在条件困难时，路肩宽度可减为 0.5～0.75m

项　目	名　　称		单位	指标	备　　注
最小转弯半径	行驶单辆汽车		m	9	①最小转弯半径值均从路面内缘算起；②车间引道的最小转弯半径不应小于6m；③在困难条件下（陡坡处除外），最小转弯半径可减少3m；④通行80t以上的平板挂车道路，其最小转弯半径可按实际需要采用
	汽车带一辆拖车		m	12	
	15～25t平板挂车		m	15	
	40～60t平板挂车		m	18	
最大纵坡	主干道	平原微丘区	%	6	①特殊困难处的最大纵坡：次干道可增加1%、辅助道可增加2%、车间引道可增加3%；②经常有大量自行车通行的路段，最大纵坡不宜大于4%；③经常运送危险品的车道，纵坡不宜大于6%
		山岭重丘区	%	8	
	次干道、辅助道、车间引道		%	8	
最小纵坡			%	0.2	当能保证路面雨水排除的情况下，城市型道路的最小纵坡可采用平坡
视　距	会车视距		m	30	
	停车视距		m	15	
	交叉口视距		m	20	
竖曲线最小半径	凸　形		m	300	当纵坡变更处的两相邻坡度代数差大于2%时，设置圆形竖曲线
	凹　形		m	100	
纵向坡段的最小长度			m	50	

注：厂内车行道转弯处一般不设超高、加宽和不考虑纵坡折减。

表2-4　厂内道路至相邻建筑物、构筑物的最小距离

相邻建筑物、构筑物名称			最小距离（m）
一般建筑物外墙	当建筑物面向道路的一侧无出入口时		1.5
	当建筑物面向道路的一侧有出入口而无汽车引道时		3.0
	当建筑物面向道路的一侧有出入口且有汽车引道时	连接引道的道路为单车道时	8.0
		连接引道的道路为双车道时	6.0
		出入口为蓄电池搬运车引道时	4.5
特殊建筑物、构筑物	散发可燃气体、可燃蒸汽的甲类厂房，甲类库房，可燃液体储罐，可燃、助燃气体储罐	主要道路	10
		次要道路	5.0
	易燃液体储罐、液化石油气储罐	主要道路	15
		次要道路	10
消防车道至建筑物外墙			5～25
铁路中心线		标准轨距	3.75
		窄　轨	3.0
围　墙	当围墙有汽车出入口时，出入口附近		6.0
	当围墙无汽车出入口而路边有照明电杆时		2.0
	当围墙无汽车出入口且路边无照明电杆时		1.5
各类管线支架			1.0～1.5
绿　化	乔木（至树干中心线）		1.0
	灌木（至灌木丛边缘）		0.5

注：1. 表列距离，城市型道路自路面边缘算起，公路型道路自路肩边缘算起。

　　2. 当公路型道路有边沟时，其边沟与建筑物、构筑物的距离应符合以下规定：未经铺砌的边沟与建筑物、构筑物的基础边应不小于3m；当有铺砌时可不受此限。边沟至围墙不应小于1.5m。

布置厂内道路时应遵照下列基本原则：

（1）应保证所有的生产车间、公用设施、仓库和装卸地点的正常交通，要考虑主要货流方向及运输线路简捷方便。工厂的各种堆场、仓库一般分布于厂后区部分，所以运输道路的布置应该考虑到这一特点。

（2）道路网应尽量布置成环通式，并要求与建筑红线平行。如无条件环行时，可布置尽头式，但必须在道路的尽端设置转车场地。

（3）为了保证行车安全，要尽可能避免与铁路线相交叉。在道路交叉处不许栽种高大树木和放置其他遮拦司机视线的设施。视距应符合技术标准的要求。

（4）主要干道的布置应该和厂前区的布置同时考虑。用以构成工厂的平面主轴，使厂区布置紧凑，整齐美观。运输道路的出入口应和人流出入口分开，尽量避免交叉，使运输方便。货运汽车最好不要通过厂前区，以免影响行人安全和办公的安静。

（5）为了配合厂区雨水的排除和工程技术管网的布置，应保证有一定宽度的路幅。

（6）为保证工厂的消防安全、在车间和仓库的四周应保证消防车辆通行无阻。对于长度大于150m的大型厂房，厂房内部应设置穿过建筑物的消防车道。

第三章　工艺计算及工艺设备选型

工艺计算包括物料平衡计算、工艺设备选型计算及储存设施的计算。工艺计算及工艺设备选型是工艺设计的重要组成部分。

第一节　物料平衡计算

一、物料平衡计算在设计中的作用

物料平衡计算是以生产规模、产品方案、工艺流程、工艺参数及生产班制为基础，对工厂生产过程中各工序物料量的一种近似计算方法。通过物料平衡计算可以解决下列问题：

1. 计算从原料进厂至成品出厂各工序所需处理的物料量，作为确定车间生产任务、设备选型及人员编制的依据。

2. 计算各种原料、辅助材料及燃料需要量作为总图设计中确定运输量、运输设备和计算各种堆场、料仓面积的依据。

3. 计算水、电和劳动力的需要量，确定原料、材料、燃料等的单位消耗指标，作为公用设计和计算产品成本等的依据。

二、物料平衡计算的基础资料

进行物料平衡计算前，必须根据生产工艺流程、原料加工试验报告以及同类型企业生产实践经验，选择工艺参数，作为物料平衡计算的基础资料。这是进行物料平衡计算的依据。

（一）水泥厂物料平衡计算的基础资料

工厂规模（一般为水泥年产量或窑的日产量），生料各组分配合比及生料外加物比例、水分、消耗定额；水泥各组分配合比、水分；燃料品种、水分、热值；熟料烧成热耗、物料烘干热耗和车间工作制度等。而窑的熟料产量是物料平衡的计算基准。当工厂规模以水泥年产量表示时，取熟料年产量为基准；当工厂规模以熟料日产量表示时，取熟料周产量为基准。采用前一基准进行物料平衡计算的方法称为年平衡法，采用后一基准进行计算的方法称为周平衡法。

生料各组分配合比，由配料计算确定。水泥各组分配合比，即水泥中熟料、石膏和混合材的比例，视水泥品种和质量要求而定。物料烘干热耗取决于所选烘干机的热工特性和湿物料的含水量，它用以计算烘干所需的燃料量。车间工作制度包括生产周制度（连续周每周7d工作，不连续周为每周6d工作）和生产班制度（每日的生产班数和每班的生产小时数），它用以确定年平衡法的设备年利用率，或周平衡法的设备每周运转小时数。

（二）陶瓷厂主要工艺参数

1. 各种原料的灼烧减量及自然含水率；坯釉料加工过程中泥浆、泥料、生坯和生坯干燥后的含水率。

2. 坯釉料配方、坯釉比、坯料烧失率（灼烧减量）、熔块烧失率等。

3. 成品和半成品单重。

4. 各工序损失率。包括原料在贮存、运输、检选和加工过程中的损失，以及球磨、榨泥成型、干燥和上釉等过程中的损失。

5. 各工序废品率。指半成品和成品在生产过程中的废品率。它直接关系到设备台数、人员编制、投资大小和产品成本等。

在各项损失和废品中，有些可以回收，有些不可以回收。例如成型、干燥中损失的坯泥和废品，可以回收再利用。回收利用率一般可达90%～95%。

6. 其他生产工艺参数。如球磨机周期、料球水比例、烧成温度、烧成周期、装窑密度和匣钵、石膏模寿命等。

上述工艺参数的确定应尽量符合实际，有的是根据调研和半工业试验报告，有的是根据类似工厂生产中统计出来的平均先进指标，再结合设计工厂的具体工艺特点进行分析而最后确定。指标不能过于先进，以免给以后的生产造成困难；也不能保守，防止造成浪费。

陶瓷厂主要工艺参数实例见表3-1。

表3-1　陶瓷厂主要工艺参数实例

指标名称	单位	釉面砖厂	卫生瓷厂	日用瓷厂	电瓷厂
原料储备期					
外省原料	月	4	4～6	3～4	4～6
本省原料	月	2～3	2～3	1～2	2～4
原料储运损失	%	3～4	3～4	3～5	
原料洗、选损失	%	10～15	10～15	10～15	
原料加工损失	%	3～5	3～5	3～5	
球磨时间					
坯料	h	12	12	注浆料20	3～8
釉料	h	48～50	48～50	塑性料10～15	
		（锆英石料70）		45～60	
泥浆存放时间	d	1	5～7		
泥浆水分	%	35～40	30～32		45～60
泥浆相对密度		1.4	1.75～1.80		1.45～1.55
榨泥时间	h			1～1.5	1.5～4
成型过程回坯量	%	8	15（回浆量20～30）	30～40	新浆：旧浆＝1:（2～4）
成型过程原料损失	%	2	5	5	
成型水分					
压制粉料	%	6.5～9			
注浆料	%		30～32	27～35	
可塑料	%			20～28	17～20

续表

指标名称	单位	釉面砖厂	卫生瓷厂	日用瓷厂	电瓷厂
自动压砖机利用率	%	80			
坯釉比例		(94~96):(6~4)	(95~96):(5~4)	(94~96):(6~4)	成品重的2.5%~4%
坯料烧失率	%	8~10	7~10	6~8	
熔块烧失率	%	20			
坯体干燥时间	h	30~32（隧道式）	12~30（室式干燥）	1~20	96~360
干燥温度	℃	80~90	80~90	45~100	80~110
坯体入干燥窑水分	%	6.5~9	13~18	15~20	一般<1.5
坯体出干燥窑水分	%	<1	<2	1~3	大型<3.5
素烧合格率（或半成品率）	%	85~90	80~85（一次烧）	彩烤98	
釉烧合格率（或成品率）	%	90~95	85~92（重烧）	烧成96~97	烧成85~97
素烧时间	h	42~46（隧道式）			
	min	30~45（辊道式）			
釉烧或烧成时间	h	15~20（隧道式）	22~46	16~46	80~96
	min	25~40（辊道式）			
素烧温度	℃	1110~1200			
釉烧或烧成温度	℃	1080~1150	1280	1150~1280	1230~1300
成品单位面积（或单件）质量	kg/m²	10~15			
	kg/标件			8~12	
匣钵使用次数	次	20	15	10~18	
棚板使用次数	次	30			90~150
石膏模使用次数	次		65~70	100~150（可塑法），40~50（注浆法）	
原料、成型工段设计不平衡系数		1.2	1.2	1.2	1.2

注：表中烧成时间均指在隧道窑中烧成时间。

（三）玻璃厂物料平衡计算的基础资料

工厂的生产规模、生产方法和产品品种；各种厚度玻璃的产品分配或百分比、玻璃原板的厚度、拉引速度、主机利用率、总成品率、碎玻璃损失率；粉料各组分配合比、水分；燃料品种、水分、热值，熔窑热耗；年工作日等。计算的基准是熔制车间的生产能力。

三、物料平衡计算的方法和步骤

（一）水泥厂的物料平衡计算

1. 烧成车间生产能力和工厂生产能力的计算

（1）年平衡法

计算步骤是：按计划任务书对工厂规模（水泥年产量的要求），先计算要求的熟料年产

56

量，然后选择窑型、规格，标定窑的台时产量，选取窑的年利用率，计算窑的台数，最后再核算出烧成系统和工厂的生产能力。

①要求的熟料年产量可按式（3-1）计算：

$$Q_y = \frac{100 - d - e}{100 - p} G_y \tag{3-1}$$

式中　Q_y——要求的熟料年产量（t/a）；

G_y——工厂规模（t/a）；

d——水泥中石膏的掺入量（%）；

e——水泥中混合材的掺入量（%）；

p——水泥的生产损失（%），可取为 3% ~ 5%。

当计划任务书规定的产品品种有两种或两种以上，但所用的熟料相同时，可按下式分别求出每种水泥要求的熟料年产量，然后计算熟料年产量的总和。

$$Q_{y1} = \frac{100 - d_1 - e_1}{100 - p} G_{y1} \tag{3-2}$$

$$Q_{y2} = \frac{100 - d_2 - e_2}{100 - p} G_{y2} \tag{3-3}$$

$$Q_y = Q_{y1} + Q_{y2} \tag{3-4}$$

式中　Q_{y1}，Q_{y2}——分别表示每种水泥要求的熟料年产量（t/a）；

G_{y1}，G_{y2}——分别表示每种水泥年产量（t/a）；

d_1，d_2——分别表示每种水泥中石膏的掺入量（%）；

e_1，e_2——分别表示每种水泥中混合材的掺入量（%）；

Q_y——两种熟料年产量的总和（t/a）。

②窑的台数可按式（3-5）计算：

$$n = \frac{Q_y}{8760 \eta Q_{h.1}} \tag{3-5}$$

式中　n——窑的台数；

Q_y——要求的熟料年产量（t/a）；

$Q_{h.1}$——所选窑的标定台时产量 [t/（台·h）]；

η——窑的年利用率，以小数表示。不同窑的年利用率可参考下列数值：湿法窑 0.90，传统干法窑 0.85，机立窑 0.8 ~ 0.85，悬浮预热器窑、预分解窑 0.85；

8760——全年日历小时数。

算出窑的台数 n 等于或略小于整数并取整数值。例如，$n = 1.9$，取为两台，此时窑的能力稍有富余，这是允许的，也是合理的。如 n 比某整数略大，取该整数值。例如 $n = 2.1$ 或 2.2，而取为两台时，则必须采取提高窑的台时产量的措施，或者相应增大窑的年利用率，否则便不能达到要求的设计能力。如确因设备系列的限制而无合适规格的窑可选，使工厂设计能力略小于计划任务书规定的数值时，则应在初步设计说明书中加以说明。当 n 与整数值相差较大，例如 $n = 1.3$，1.5，1.6 时，则一台窑达不到要求的设计能力，而两台窑又超过需求的设计能力太多，在此情况下，必须另行选择窑的规格，重新计算和标定窑的产量。如因设备选型所限，使工厂设计能力比要求的能力超过较多时（例如 $n = 1.6$，1.7，而取为两台时），也应在初步设计说明书中加以论述。

窑的台数一般可考虑 1~2 台，不宜太多，故应尽可能采用效能高、规格较大的窑。

③烧成系统的生产能力可按下列各式计算：

熟料小时产量 $\qquad Q_h = nQ_{h.1}$ （t/h） $\qquad$ (3-6)

熟料日产量 $\qquad Q_d = 24Q_h$ （t/d） $\qquad$ (3-7)

熟料年产量 $\qquad Q_y = 8760\eta Q_h$ （t/a） $\qquad$ (3-8)

④工厂的生产能力可按下列各式由烧成车间的生产能力求得：

水泥小时产量 $\qquad G_h = \dfrac{100 - p}{100 - d - e}Q_h$ （t/h） $\qquad$ (3-9)

水泥日产量 $\qquad G_d = 24G_h$ （t/d） $\qquad$ (3-10)

水泥年产量 $\qquad G_y = 8760\eta G_h$ （t/a） $\qquad$ (3-11)

（2）周平衡法

计算步骤是：按计划任务书对工厂规模（熟料日产量）的要求，选择窑型和规格，标定窑的台时产量，计算窑的台数，然后再核算出烧成系统和工厂的每周生产能力。

①窑的台数可按下式计算：

$$n = \frac{Q_d}{24Q_{h.1}} \qquad (3-12)$$

式中 $\quad n$——窑的台数；

$\qquad Q_d$——要求的熟料日产量（t/d）；

$\qquad$ 24——每日小时数。

②计算烧成系统的生产能力

熟料小时产量和日产量的计算与年平衡法相同，见式（3-6）和式（3-7）。

熟料周产量：

$$Q_w = 168Q_h \qquad （t/ 周） \qquad (3-13)$$

式中 $\quad$ 168——每周小时数。

③水泥厂小时产量和日产量的计算与年平衡法相同，见式（3-9）和式（3-10）。

水泥周产量：

$$G_w = 168G_h \qquad （t/ 周） \qquad (3-14)$$

2. 原料、燃料、材料消耗定额的计算

（1）原料消耗定额

①考虑煤灰掺入量时，1t 熟料的干生料理论消耗量：

$$K_干 = \frac{100 - s}{100 - I} \qquad (3-15)$$

式中 $\quad K_干$——干生料理论消耗量（t/t 熟料）；

$\qquad I$——干生料的烧失量（%）；

$\qquad s$——煤灰掺入量，以熟料百分数表示（%）。

②考虑煤灰掺入量时，1t 熟料的干生料消耗定额：

$$K_{生} = \frac{100K_{干}}{100 - P_{生}} \qquad (3\text{-}16)$$

式中　$K_{生}$——干生料消耗定额（t/t 熟料）；

　　　$P_{生}$——生料的生产损失（%），一般 3% ~ 5%。

　③各种干原料消耗定额

$$K_{原} = K_{生} \cdot x \qquad (3\text{-}17)$$

式中　$K_{原}$——某种干原料的消耗定额（t/t 熟料）；

　　　x——干生料中该原料的配合比（%）。

（2）干石膏消耗定额

$$K_{d} = \frac{d}{100 - d - e} \qquad (3\text{-}18)$$

式中　K_{d}——干石膏消耗定额（t/t 熟料）；

　　　d, e——分别表示水泥中石膏、混合材的掺入量（%）。

（3）干混合材消耗定额

$$K_{e} = \frac{e}{100 - d - e} \qquad (3\text{-}19)$$

式中　K_{e}——干混合材消耗定额（t/t 熟料）。

（4）烧成用干煤消耗定额

$$K_{f_{1}} = \frac{100q}{Q(100 - P_{f})} \qquad (3\text{-}20)$$

式中　$K_{f_{1}}$——烧成用干煤消耗定额（t/t 熟料）；

　　　q——熟料烧成消耗（kJ/kg 熟料）；

　　　Q——干煤低位热值（kJ/kg 干煤）；

　　　P_{f}——煤的生产损失（%），一般取 3%。

（5）烘干用干煤消耗定额

$$K_{f_{2}} = \frac{M_{湿}}{Q_{烧}} \times \frac{w_{1} - w_{2}}{100 - w_{2}} \times \frac{q_{烘}}{Q} \times \frac{100}{(100 - P_{f})} \qquad (3\text{-}21)$$

式中　$K_{f_{2}}$——烘干用干煤消耗定额（t/t 熟料）；

　　　$M_{湿}$——需烘干的湿物料量，用年平衡法时以 t/a 表示，用周平衡法时以 t/周表示；

　　　$Q_{烧}$——烧成系统生产能力，用年平衡法时以熟料年产量表示，用周平衡法时以熟料周产量表示；

　　　w_{1}, w_{2}——分别表示烘干前、后物料的含水量（%）；

　　　$q_{烘}$——蒸发 1kg 水分的耗热量（kJ/kg 水分），可参考烘干机经验数据，而准确的数据应通过具体烘干机的热工计算求得。

上述各种干物料消耗定额换算为含天然水分的湿物料消耗定额时，可用下式计算：

$$K_{湿} = \frac{100K_{干}}{100 - w_{0}} \qquad (3\text{-}22)$$

式中　$K_{湿}, K_{干}$——分别表示湿物料、干物料消耗定额（kg/kg 熟料）；

　　　w_{0}——该湿物料的天然水分（%）。

3. 原料、燃料、材料需要量的计算和物料平衡表的编制

将各种物料消耗定额乘以烧成系统生产能力，可求出各种物料的需要量。例如，将湿石灰石消耗定额乘以熟料周产量，便得出湿石灰石每周需要量；乘以熟料年产量，便得出湿石灰石每年需要量。

将计算结果汇总成物料平衡表，其格式见表3-2。

表 3-2　水泥厂物料平衡表

物料名称	天然水分	生产损失	消耗定额 (t/t熟料)		物料平衡量（t）								备注
					干　料				含天然水分料				
			干料	含天然水分料	h	d	w	a	h	d	w	a	
1	2	3	4	5	6	7	8	9	10	11	12	13	14
石灰石													
黏土													
铁粉													
生料													
石膏													
混合材													
熟料													
水泥													
烧成用煤													
烘干用煤													
燃煤合计													

注：1. 采用年平衡法时，可不列第8栏和第12栏；采用周平衡法时，可不列第9栏和第13栏。

　　2. 备注中可列出：生料组分、物料配合比、生熟料消耗定额、烧成热耗和烘干热耗、煤的热值等。

（二）陶瓷厂的物料平衡计算

1. 衡算步骤

（1）根据生产工艺流程，选择衡算的项目。凡具有主机设备的工序必须立项衡算，而只有辅助设备或非重要设备的工序，可以不单独列项，此外上下加工量相差不大的工序如原料的粗碎、中碎工序，可以并项计算。

（2）确定与衡算项目密切相关的工艺参数，如损失率、废品率、回坯率和烧失率等。

（3）根据计划任务书中的设计产量及损失率、废品率，逆着生产流程的工序，计算各工序的加工任务，一般从包装→检验（装配）→焙烧→上釉→干燥→成型→制泥，逐项进行计算。

（4）编制物料衡算表，把计算结果列入表中。

在进行物料衡算时，要注意基准的统一。如：时间均以年为单位；废品率指加工100件制品时，报废件数的百分数，以制品的件数为基准，如要换算成质量时，可将半成品按不同

加工工序中的单件制品质量乘以件数；半成品在生产过程中会产生物理、化学变化，如干燥脱水；焙烧时，灼烧损失等，为了计算方便，物料衡算中常采用瓷坯基准及干坯基准。

2. 衡算过程

以一次烧成工艺为例：

（1）年出窑量（烧成量）＝ $\dfrac{工厂年产量}{1-检验、包装废品率}$

（2）年装窑量 ＝ $\dfrac{年出窑量}{1-烧成废品率}$

（3）年干燥量 ＝ $\dfrac{年施釉量}{1-干燥废品率}$

（4）年施釉量 ＝ $\dfrac{年装窑量}{1-施釉废品率}$

（5）年成型量 ＝ $\dfrac{年干燥量}{1-成型、修坯废品率}$

（6）年坯料需要量 ＝ $\dfrac{年成型量}{（1-切削损失率）（1-练泥损失率）}$

以上过程均未考虑烧失率，系采用瓷坯基准（灼烧基），下面过程为换算成干坯基准（干基）。即

$$年坯料需要量（干基）＝ \dfrac{年坯料需要量}{1-烧失率}$$

（7）年泥料破碎、粉碎加工量 ＝ $\dfrac{年坯料需要量（干基）-废坯泥回收量（干基）}{（1-粗、中碎损失率）（1-球磨、过筛损失率）}$ 　（t／a）

废坯泥回收量（干基）＝（年干燥量×干燥废品率＋年成型量×成型废品率＋年成型量×成型余泥率）×坯泥回收利用率　（t／a）

（8）各种原料处理量（干基）＝年泥料粉碎加工量（干基）×该原料在配料中的百分比（％）　（t／a）

（9）各种原料年进厂量（湿基）＝ $\dfrac{各种原料处理量（干基）}{（1-储存损失率）（1-洗选损失率）（1-自然含水率）}$ 　（t／a）

（10）各种原料年购入量（湿基）＝ $\dfrac{各种原料年进厂量}{1-运输损失率}$ 　（t／a）

【例】某厂年产100万 m² 釉面砖，产品规格152mm×152mm×5mm，物料平衡计算的主要参数及结果见表3-3和表3-4。

表3-3　主要生产工序半成品数量变化

产品名称	规格（mm）	单位面积质量（kg/m²）	年产量		釉　烧		
			（万 m²）	（t）	损失率（％）	（万 m²/a）	（t／a）
釉面砖	152×152×5	10	100	10000	8	108.7	10870

装窑、施釉			素烧、干燥				
损失率	（万 m²/a）	（t／a）	坯:釉	灼减（％）	损失率（％）	（万 m²/a）	（t／a）
1	109.8	10980	94:6	8	15	129.2	13198

成 型				喷雾干燥		新坯料加工量（干基）		
损失率（%）	（万 m²/a）	（万片/a）	（t/a）	损失率（%）	（t/a）	成型回坯率（%）	喷干回坯率（%）	（t/a）
10	143.5	6314	14665	5	15437	8	3	13800

注：1. 素烧、干燥量计算已考虑灼烧减量，故后部分计算为干基；

2. 年新坯加工量＝年喷雾干燥量－年回坯量＝年喷雾干燥量－年成型量×成型回坯率＋年喷雾干燥量×喷干回坯率；

3. 干燥、素烧采用一次码烧工艺，故二工序合并计算；

4. 年釉料需要量＝10980×6%＝658.8t，釉用原料加工量计算方法同坯料计算；

5. 规格152mm×152mm×5mm 的釉面砖，以44 片/m² 计算成型产量（万片/a）。

表3-4 坯用原料加工量计算表

原料名称		石英	长石	砂石	石灰石	滑石	苏州土 3#	紫木节	东湖泥	废素坯	合计
配 方		23	3	28	10	4	5	7	11	9	100
新坯料加工量（t/a）		3174	414	3864	1380	552	690	966	1518	1242	13800
球磨、过筛、吸铁	损失率（%）	1	1	1	1	1	1	1	1	1	
	（t/a）	3206	418	3903	1394	558	697	976	1533	1255	13940
轮 碾	损失率（%）	2	2	2	2	2	2	2	2	2	
	（t/a）	3271	427	3983	1422	569	711	996	1565	1280	14224
粗 碎	损失率（%）	2	2	2	2	2				2	
	（t/a）	3338	436	4064	1451	581				1306	11176
洗 选	损失率（%）	10	10	10	5	10	5	15	10	5	
	（t/a）	3709	484	4516	1528	645	749	1171	1738	1375	15915
原料进厂量	储运损失率（%）	3	3	3	3	3	3	3	3	3	
	含水率（%）							5	7	14	
	（t/a）	3824	499	4655	1575	665	812	1299	2084		15413

（三）玻璃厂的物料平衡计算

1. 总工艺计算（亦称产量计算）

平板玻璃生产方法分为有槽垂直引上法、无槽垂直引上法、对辊法、平拉法、压延法、浮法等。目前主要是浮法生产工艺。不同的生产方法，对工艺的产量计算影响很大。

平板玻璃的品种，主要以玻璃厚度分类，常用的平板玻璃厚度为2mm，3mm，5mm，6mm，根据使用要求不同，也可以生产小于2mm 的薄玻璃和10mm 以上的厚平板玻璃。

我国平板玻璃现行的计量单位是重量箱（简称重箱）。1 重量箱等于2mm 厚的平板玻璃10m²。其他不同厚度的玻璃，按表3-5 所列的重量箱折算系数折算重量箱。重量箱折算系数是根据平板玻璃不同厚度重量情况规定的。1 重量箱玻璃质量是50kg。

表 3-5 重量箱折算系数

玻璃厚度（mm）	2	3	4	5	6	8	10	12
折算系数	1	1.5	2.0	2.5	3.0	4.0	5.0	6.0

例如，3mm 厚 10m² 玻璃折算为 1.5 重量箱。

各种厚度玻璃的产品分配或百分比，在计划任务书中已规定。根据这个产品分配比例进行产量计算和其他工艺计算。

在进行产量计算和其他工艺计算之前，首先要确定各项技术经济指标。由于生产方法不同，指标的名称和指标的数值也各不相同。同类型厂由于规模不同，技术经济指标相差也比较大。因此设计采用的技术经济指标要慎重考虑和分析比较，设计采用的技术经挤指标应该通过有关工厂的调查研究，取平均水平值或略高于平均值。技术经济指标选定后，即可进行计算。

2. 实际计算

下面以有槽垂直引上法和浮法两种生产类型具体介绍产量计算。

（1）有槽垂直引上法

1）选定有槽垂直引上法的主要技术经济指标

①对年工作日设计的意见，可取 330～350d，目前平板玻璃熔窑使用周期为 7～8a。随着耐火材料质量的提高和操作技术水平的提高，窑龄还会有所延长。

②引上速度：是指单位时间内，引上机引上原片玻璃长度，单位是 m/h。

影响引上速度的因素，如：熔窑作业的稳定性；作业室玻璃液温度、作业室玻璃液冷却强度；槽子砖压入深度、槽子口形状和大小；玻璃成分；炉龄长短；引上机的宽度和玻璃板厚薄公差，引上机配置位置等。

对引上速度，设计指标的意见见表 3-6。

表 3-6 引上速度设计指标

原板玻璃厚度（mm）	2	3	5	6
引上速度（m/h）	90～110	55～65	27～30	20～25

③玻璃原板的宽度：是指引上机拉出玻璃原板的实际宽度，单位是 m。在设计中，是指以拉出的玻璃原板去掉两边自然边后的有效板宽为设计依据。定型的 YY22 有槽引上机的有效板宽为 2.2m，YY26 有槽引上机的有效板宽为 2.6m，YY28 的有效板宽为 2.8m。因此，玻璃原板的有效宽度设计时可取 2.2m，2.6m，2.8m。

④引上机利用率：是指引上机有效开动时间与平均每年有效生产时间之比（单位为%）。

$$引上机利用率 = \frac{引上机有效开动时间(h)}{年工作日 \times 24(h)} \times 100\% \tag{3-23}$$

影响引上机利用率的因素：打炉周期及打炉所需要时间；更换槽子砖的周期及需要时间；掉炉次数；因检修引上机、热修熔窑、断料、断燃料等事故需要打炉所占时间等。

对引上机利用率设计的意见取 90%～96%。

⑤平板玻璃总成品率：是平板玻璃自引上到办完入库手续为止的综合性技术质量指标。其计算公式为：

$$平板玻璃总成品率(\%) = 引上率(\%) \times 切裁率(\%) \times$$
$$[1 - 包装破损率(\%)] \times [1 - 运输破损率(\%)] \quad (3-24)$$

引上率是引上机的合格原板玻璃占全部引上玻璃总量的比例，是引上工序工作质量指标。其计算公式为：

$$引上率(\%) = \frac{引上合格原板(重箱)}{引上玻璃总量(重箱)} \times 100\% \quad (3-25)$$

式（3-25）中的分子，是实际引上的合格原板玻璃，不包括自然边（有槽生产的企业每边扣 50mm，超过 50mm 的算扣尺）、引上过程中炸裂破损和运送到切裁工序以前的破损、不符合质量的扣尺部分。

式（3-25）中的分母，是全部引上玻璃总量（简称"引上总量"）。可按式（3-26）计算出各种厚度玻璃的引上总量，各种厚度折算为 2mm 的标准的引上总量之和，即全部引上总量。

$$引上玻璃总量(重箱) = \frac{引上速度(m/h) \times 引上机作业台时数(h) \times 原板平均板宽(m)}{10(m^2) \times 重箱折算系数}$$

$$(3-26)$$

平板玻璃切裁率：是切裁合格的玻璃占切裁使用的合格原板玻璃的比例。它可以反映切裁技术水平的指标。其计算公式为：

$$切裁率(\%) = \frac{切裁合格玻璃(重箱或 m^2)}{合格原板玻璃使用量(重箱或 m^2)} \times 100\% \quad (3-27)$$

式（3-27）的分子是指用合格原板玻璃按照不同规格要求切裁的合格品数量。

式（3-27）的分母是指合格原板玻璃使用量（合格玻璃使用量等于合格原板收入量加期初结存，减期末结存）。使用量中包括切裁和切裁搬运中的破损量在内。

运输破损率是指原片、半成品、成品在搬运过程中的破损总量与拉出合格原板总量之比。运输破损率一般取 0.3% ~ 0.5%。

包装破损率是指切出的合格玻璃原板在检验、选品、装箱过程中的破损总量与切出合格玻璃量之比。包装破损率一般取 0.3% ~ 0.5%。

影响总成品率的因素很多，包括熔窑玻璃液的质量；原料、燃料、熔化、引上作业的稳定；拉出玻璃原板的速度、厚度与宽度；引上机设备的制造质量和操作情况；玻璃成分与退火制度；产品质量要求的高低；切裁设备型式与切手技术熟练程度；搬运装备情况、搬运形式、维护情况等。特别在自动化程度很低的情况下，熔化工人、引上工人的操作水平直接影响产量、质量，因此，提高企业管理水平和工人技艺是至关重要的。

对总成品率设计的参考值：总成品率为 70% ~ 80%。其中：引上率取 78% ~ 85%；切裁率取 90% ~ 95%；运输破损率取 0.3% ~ 0.5%；包装破损率取 0.3% ~ 0.5%。

⑥碎玻璃损失率：是指碎玻璃损失量与碎玻璃生成总量之比。碎玻璃损失率设计时可在 0.3% ~ 0.5% 范围内选取。

设计推荐值汇总列于表 3-7。

表3-7 设计推荐值汇总

序 号	设计值名称		单 位	推荐值
1	年工作日		d/a	330~350
2	引上速度		m/h	
		2mm		90~110
		3mm		55~65
		5mm		27~30
		6mm		20~25
3	玻璃原板有效板宽度		m	2.2,2.6,2.8
4	引上机利用率		%	90~96
5	总成品率		%	70~80
	其中:引上率		%	78~85
	切裁率		%	90~95
	运输破损率		%	0.3~0.5
	包装破损率		%	0.3~0.5
6	碎玻璃损失率		%	0.3~0.5

2）举例

【例】某地区拟建有槽垂直引上法平板玻璃厂，设计计划任务规定：年产量60万重箱，年工作日345d。各种厚度玻璃的分配比例，见表3-8。

表3-8 各种厚度玻璃的分配比例

玻璃厚度（mm）	2	3	5	6
所占比例（%）	10	60	20	10

选定的指标：引上机利用率95%。四台引上机选用YY28，有效宽度2.8m。引上速度见表3-9。

表3-9 引上速度

玻璃厚度（mm）	2	3	5	6
引上速度（m/h）	95	63	30	25

总成品率78%。玻璃损失率0.5%。玻璃密度2.5t/m³。配合料含水率（干基）4%。料熔成率83%。重量箱折算系数见表3-10。

表3-10 重量箱折算系数

玻璃厚度（mm）	2	3	5	6
重量箱折算系数	1	1.5	2.5	3

根据以上数据即可进行产量计算。

①按设计计划任务书规定各种厚度玻璃的产量：

年产量×各品种百分率＝各品种年产重箱×$\dfrac{10}{各品种重箱折算系数}$＝各品种年产量（m²）。

玻璃品种	百分率（%）	年产重箱	年产平方米
2mm	10	60000	600000
3mm	60	360000	2400000
5mm	20	120000	480000
6mm	10	60000	200000

②完成年产量（m²）所需台日：

年产量/有效板宽×引上速度×总成品率×24＝该品种台日数

2mm　600000/2.8×95×78%×24＝120.4935 台日　　台日比例：0.0923

3mm　2400000/2.8×63×78%×24＝726.7864 台日　　台日比例：0.5569

5mm　480000/2.8×30×78%×24＝305.2503 台日　　台日比例：0.2339

6mm　200000/2.8×25×78%×24＝152.6252 台日　　台日比例：0.1169

合计：1305.1554 台日　　　　　　　　　　　　100%

③台日分配：

有效总台日：引上机台数×年工作日×引上机利用率

4×345×95%＝1311 台日/a

完成产品需台日 1305＜有效总台日 1311，而且相当，说明能完成生产，所取指标恰当。

台日分配：

2mm　　1311×0.0923＝121.0053

3mm　　1311×0.5569＝730.0959

5mm　　1311×0.2339＝306.6429

6mm　　1311×0.1169＝153.2559

④实际产量：

板宽（m）×引上速度（m/h）×24（h）×台日/a×总成品率%

2mm　2.8×24×78%×95×121.0053＝602548.3m²，（×1/10）为 60254.83 重箱

3mm　2.8×24×78%×63×730.0959＝2410928.5m²，（×1.5/10）为 361639.27 重箱

5mm　2.8×24×78%×30×306.6429＝482189.8m²，（×2.5/10）为 120547.45 重箱

6mm　2.8×24×78%×25×153.2559＝200826.5m²，（×3/10）为 60247.95 重箱

实际产量汇总见表 3-11。

表 3-11　实际产量汇总

产品厚度（mm）	2	3	5	6	年产重箱数
年产平方米	602548.3	2410928.5	482189.8	200826.5	
年产重箱	60254.83	361639.27	120547.45	60247.95	602689.5

产量计算汇总后，年产重箱数与设计计划任务书规定的总产量略有超过，且相当，故所取各指标值是恰当的。如汇总年产重箱数出入过大，则需适当调整指标值。

⑤所需玻璃液量：

$$\frac{602689.5 \times 10 \times 0.002 \times 2.5}{0.78} = 38828.08 t/a \text{（或 112.55t/d）}$$

⑥生成碎玻璃量

$$38828.08 \times [1 - 0.78 \times (1 - 0.005)] = 8693.61t/a（或25.20t/d）$$

⑦碎玻璃损失量

$$8693.61 \times 0.005 = 43.47t/a（或0.126t/d）$$

⑧碎玻璃回收量

$$8693.61 - 43.47 = 8650.14t/a（或25.07t/d）$$

⑨需由配合料熔成的玻璃液量

$$38828.08 - 8650.14 = 30177.94t/a（或87.47t/d）$$

⑩配合料平均需要量

$$87.47 \div 83\% = 105.39t/d$$

⑪平均入窑总量（配合料含水4%）

$$25.07 + 105.39/(1 - 0.04) = 135.38t/d$$

⑫碎玻璃占配合料（湿基）百分率

$$25.07 \div 135.38 = 18.52\%$$

⑬最大玻璃液生成量（四台引上机都同时引上2mm玻璃时，需生成的玻璃液量）

$$4 \times 95 \times 0.002 \times 2.8 \times 24 \times 25/(1 - 0.005) = 128.32t/d$$

（2）浮法工艺平衡计算

【例】某地区新建浮法玻璃厂，设计计划任务规定：规模是110万重箱。产品比例：3mm占70%，5mm占15%，6mm占15%。生产方法采用2.4m玻璃板宽浮法工艺连续生产线。

1）在计算前先确定主要工艺指标

①玻璃成分（%）

SiO_2	Al_2O_3	Fe_2O_3	CaO	MgO	Na_2O
72.7	1.6	—	7.7	4.0	14.0

②玻璃拉引速度

3mm	550m/h
5mm	350m/h
6mm	300m/h

③原板宽度　2.4m

④年工作日　340d

⑤综合成品率　70%

⑥工厂储存定额

原料：硅砂60d，长石60d，石灰石60d，白云石60d，纯碱30d，芒硝60d，煤粉60d。

燃料：重油30d。

成品：15d。

2）具体工艺平衡计算

①玻璃成品产量计算

成品任务（年产110万重箱）：

玻璃品种	百分率（%）	年产重箱	年产平方米
3mm	70	770000	5133333.3
5mm	15	16500	660000
6mm	15	16500	550000

完成各类产品需要生产天数：

3mm 　5133333.3/（24×2.4×0.7×550）=231.48d 　　工作日比例　0.7151

5mm 　660000/（24×2.4×0.7×350）=46.77d 　　工作日比例　0.1445

6mm 　550000/（24×2.4×0.7×300）=45.47d 　　工作日比例　0.1404

合计　323.72d 　　　　　　　　　　　　　　　100%

因 323.72<340，所以能完成任务。

各种厚度玻璃全年平均生产天数：

3mm 　340×0.7151=243d

5mm 　340×0.1445=49d

6mm 　340×0.1404=48d

计算产量：

3mm 　243×24×550×2.4×0.7=5388768m²/a 　　折合808315.2重箱

5mm 　49×24×350×2.4×0.7=691488m²/a 　　折合172872重箱

6mm 　48×24×300×2.4×0.7=580608m²/a 　　折合174182.4重箱

产量汇总见表3-12。

表3-12　产量汇总

产品厚度（mm）	3	5	6	年产重箱总数
年产平方米	5388768	691488	580608	
年产重箱	808315.2	172872	174182.4	1155368.6

②玻璃液熔化需要量

各种厚度玻璃日熔化量相同。下面以3mm玻璃计算：

$$550×2.4×24×0.003×2.5=237.6t/d$$

产生碎玻璃量：

$$237.6×（1-0.7）=71.28t/d$$

碎玻璃损失率：　　　　　0.5%

碎玻璃回熔窑量：　　71.28×（1-0.005）=70.9t/d

由配合料熔成玻璃液量：237.6-70.9=166.7t/d

③根据各种原料的化学组成进行配料计算，从计算中得到粉料熔成率。由配合料熔成玻璃液量除以粉料熔成率，就可以得到配合料粉日用量。然后考虑原料含水及加工损失，就可算出各种原料的日用量及年需要量。再按各种原料、材料、燃料贮存期，就可确定贮存量，进而计算得到各种物料的储存面积或体积大小。

第二节　工艺设备的选型与计算

工艺设备的选型与计算也是工厂设计的重要组成部分之一，在确定生产工艺流程并完成物料平衡计算后进行。

工艺设备，按照性质可分为机械设备和热工设备；按照用途又可分为主要设备和辅助设备。主要设备指用以实现生产过程的设备。而辅助设备系指对所加工的材料在性质和形状方面不发生任何影响，仅在生产流程中和主机配套，起辅助作用的设备。

工艺设备选型和计算的任务是：根据配方、生产性质、产量大小和工艺流程选择设备的型式，然后确定设备的规格大小，最后根据各工序的加工量和设备的生产能力进行计算，确定所需设备台数。设计的顺序是先选定主要设备，如颚式破碎机、轮碾机、球磨机、窑、喷雾干燥机、压机等。在主要设备规格、数量确定后再选择辅助设备，如空压机、浆池、斗式提升机、皮带运输机等。在设计工作中，辅助设备的选择往往要结合工艺布置来进行。

一、设备选型应考虑的因素

（一）满足生产工艺要求

设备的选型应该以生产流程为基础，同时根据工厂的生产规模、性质、建厂投资和原料性质等特点一起考虑，首先是满足生产要求，保证产品质量。例如选用颚式破碎机时，应根据进厂原料的块度来确定。在满足原料性能的前提下，大型工厂应该选用生产能力和机械化程度较高、劳动强度较低的设备。

（二）机械化和自动化水平

工艺是否先进和设备选型密切相关。要使工艺先进，设备就必须向机械化、自动化方向发展。

（三）设备性能良好

选择设备时，必须对设备的生产能力和加工性能有充分的了解。例如，同样是粉碎设备，颚式破碎机、反击式破碎机适用于硬质原料；齿辊、对辊破碎机适用于软质原料。轮碾机适用于中碎，球磨机适用于细碎。雷蒙磨适用于粉磨中等硬度且湿度在6%以下的物料。此外，还要求设备精度高、可靠性好、结构合理、互换性强等。

（四）管理、维修方便，工艺布置合理

为了管理及维修方便，选型时原则上应尽可能选用定型设备。对同类型设备，应力求规格统一，减少备品、备件。例如，各种输送设备。

工艺设备选择还要考虑布置简便合理。大型工厂应该选用规格较大的设备，以减少台数，这样既方便布置，又能减少占地面积和管理人员。

（五）节约能源

节能的途径是多方面的，选用技术性能好的设备是其中之一。设备选型时应注意尽可能选择能耗低的设备。尤其在热工设备的选型中，节能问题更为突出。

（六）使用场合及设备来源

我国南方地区气候潮湿，而沿海地区盐雾笼罩，选用电动机时，应考虑防潮、防盐雾腐蚀等，以保证运行安全可靠。设备的来源要有可靠的保证，设计者不仅要了解设备的性能，还要掌握设备的供应情况，以便选择。

（七）技术经济比较

选择设备时应该进行技术经济比较。一方面要求技术上先进可靠，另一方面应减少投

资、生产、维修及能量消耗等费用，以降低生产成本。

二、主机设备的确定

（一）水泥厂主机设备的确定

水泥厂主机设备的选型计算称为主机平衡。主机平衡即在物料平衡计算（年平衡量或周平衡量）和选定车间工作制度的基础上，计算各车间主机要求的生产能力（要求主机小时产量），为选定各车间主机的型号、规格和台数提供依据。

1. 年平衡法

计算步骤：根据车间工作制度，选取主机的年利用率，并根据物料年平衡量，求出该主机要求的小时产量：

$$G_H = \frac{G_y}{8760\eta} \tag{3-28}$$

式中　G_H——主机要求小时产量（t/h）；

　　　　G_y——物料年平衡量（t/a）；

　　　　η——预定的主机年利用率（以小数表示）。

预定的主机年利用率可根据车间工作制度和主机运转时间用式（3-29）、式（3-30）求出：

$$\eta = \frac{k_0 k_1 k_2 k_3}{8760} \tag{3-29}$$

或

$$\eta = \frac{k k_2 k_3}{8760} \tag{3-30}$$

式中　k_0——每年工作周数（周/a）；

　　　　k_1——每周工作日数（d/周）；

　　　　k_2——每日工作班数（班/d）；

　　　　k_3——每班主机运转小时数（h/班）；

　　　　k——每年工作日数（d/a）。

水泥厂主机年利用率可参考表3-13。

表3-13　水泥厂主机年利用率

主机名称		年利用率	生产周制（d/周）	生产班制[①]
石灰石破碎机		0.20～0.24	6	每日一班，每班6～7h
		0.40～0.48	6	每日两班，每班6～7h
生料磨	闭路	0.78	7	
	开路	0.80	7	
湿法窑		0.90	7	
干法窑		0.85	7	
机械立窑		0.80～0.85	7	
煤磨[②]		0.65～0.75	7	

主机名称		年利用率	生产周制（d/周）	生产班制①
水泥磨	闭路	0.82	7	
	开路	0.85	7	
回转烘干机		0.70～0.80	7	
包装机		0.20～0.24	6	每日一班，每班6～7h
		0.40～0.48	6	每日两班，每班6～7h
		0.23～0.28	7	每日一班，每班6～7h
		0.46～0.56	7	每日两班，每班6～7h

①生产班制一栏中未说明的，均按每日三班，每班8h考虑；每班6～7h者，已扣除每班检修时间1～2h；

②在窑标定台时产量较高的情况下，煤磨的利用率还可提高，以免煤磨富余能力太大。

2. 周平衡法

计算步骤是：根据车间工作制度，定出主机每周运转小时数，并根据物料周平衡量，求出该主机要求的小时产量：

$$G_H = \frac{G_w}{H} \qquad (3-31)$$

式中　G_H——要求主机小时产量（t/h）；

　　　G_w——物料周平衡量（t/周）；

　　　H——主机每周运转小时数，可参考表3-14。

表3-14　水泥厂主机周运转小时数

主机名称	每日运转时间（h/d）	每周运转时间（h/周）	生产周制（d/周）	生产班制
石灰石破碎机	6～7	36～42	6	每日一班，每班6～7h
	12～14	72～84	6	每日两班，每班6～7h
生料磨	22	154	7	
窑	24	168	7	
煤磨	22	154	7	
	24	168	7	
水泥磨	22	154	7	
回转烘干机	22	154	7	
包装机	6～7	36～42	6	每日一班，每班6～7h
	12～14	72～84	6	每日两班，每班6～7h
	6～7	42～49	7	每日一班，每班6～7h
	12～14	84～98	7	每日两班，每班6～7h

注：1. 每日运转时间为24h者，按每日三班，每班8h计算；每日运转时间为22h者，是按扣除每日检修2h计算；

　　2. 生产班制一栏，每班6～7h是指主机运转小时数，已扣除每班检修时间1～2h。

将计算结果汇总成主机要求生产能力平衡表，其格式见表3-15和表3-16。

表 3-15　主机要求生产能力平衡表（按年平衡法）

主机名称	主机年利用率 （以小数表示）	年平衡量 （t/a）	要求主机小时产量 （t/h）

表 3-16　主机要求生产能力平衡表（按周平衡法）

主机名称	周平衡量 （t/周）	主机每周运转时间 （h/周）	要求主机小时产量 （t/h）

根据年平衡法或周平衡法算出的要求主机小时产量，并考虑整个工艺流程和工艺布置后，即可进行主机选型计算，确定主机的型式、规格和台数，最后可汇总成主机平衡表，其格式见表 3-17。

表 3-17　主机平衡表

主机 名　称	主机型号 规　格	主机产量 [t/（台·h）]	主机台数 （台）	要求主机 小时产量 （t/h）	主机生产 能　力 （t/h）	主机工作制度、实际年利用率 或每周实际运转小时数

3. 计算主机的数量

主机的数量可按式（3-32）计算：

$$n = \frac{G_H}{G_{台时}} \tag{3-32}$$

式中　n——主机台数；

　　　G_H——要求主机小时产量（t/h）；

　　　$G_{台时}$——主机标定台时产量（t/h）。

式（3-32）算出的 n 应等于或略小于整数并取整数值；否则应采取相应措施，或者另行选择主机规格，标定主机产量，进行重新计算。

如果与窑配套的主机设备系列比较齐全，则每台窑配套的破碎机、生料磨、水泥磨等主机设备最好 1 台或 2 台。因为设备台数过多，将使工艺布置和生产管理复杂化，亦将影响到各项技术经济指标。

4. 核算主机的实际利用率

$$\eta_0 = \frac{G_H}{nG_{台时}}\eta \tag{3-33}$$

式中　η_0——主机的实际年利用率；

　　　η——标定的主机年利用率。

$$H_0 = \frac{G_H}{nG_{台时}}H \tag{3-34}$$

式中　H_0——主机每周实际运转小时数；

　　　H——主机平衡计算时的每周运转小时数。

（二）陶瓷厂主机设备的确定

1. 理论设备台数的计算

$$M_{理} = \frac{Q}{FH_{台}} \quad （台）\tag{3-35}$$

式中 $M_{理}$——设备的理论台数（台）；

Q——制品的加工数量（t 或件/a）；

F——设备的生产能力（t 或件/h）；

$H_{台}$——设备的年时基数（h）。

实际上采用的设备数量应该比理论上计算出的设备数量多些，以保证设备的生产能力有富余，不至于经常处于过分紧张状态。此外，还可以在一定程度上缓和生产的暂时不平衡现象。

2. 实际设备台数的计算

$$M_{实} = \frac{M_{理}}{\varphi} \quad （台）\tag{3-36}$$

式中 $M_{实}$——实际设备台数（台）；

φ——设备负荷率（或设备利用系数）（%）。

负荷率是指设备的生产负荷程度。换句话说，就是设备在每班8h工作时间内的有效利用率。生产设备应有一定的负荷率。设备负荷率过低，设备的生产能力富余很大，不能充分发挥设备的生产效能，造成浪费。负荷率过高，设备处于满负荷下紧张工作，影响使用寿命，甚至影响生产。在陶瓷厂的设备中，根据在生产上的作用和要求不同，有不同的负荷率，见表3-18。主要生产设备的利用率较高，如窑炉、干燥室、喷雾干燥器和球磨机等。次要设备的利用率较低，如某些成型设备，随着产品的品种或型号不同要求更换或调整刀具，费时费事，还要消耗一定量的泥料，给生产带来不便，尤其在多品种生产工厂中更显得麻烦。所以，往往是增加设备台数而固定刀具，这虽然使设备的负荷率降低，但对生产的技术管理和操作却带来了很大的方便。

表3-18 陶瓷工厂主要设备负荷率

设备名称	隧道窑	倒焰窑	隧道干燥器	室式干燥器	传输带干燥器	喷雾干燥器	热压机	一般成型设备	真空练泥机	榨泥机	粉碎设备
φ（%）	>95	90~95	85~90	85	90	90~95	70~90	50~70	70~80	75~85	80

在工艺设计中，计算实际设备台数时，还常采用设备不平衡系数（或储备系数），计算方法如下：

$$M_{实} = KM_{理}\tag{3-37}$$

式中 K——设备不平衡系数（或储备系数）。

设备不平衡系数是考虑到生产中发生暂时的故障或停电等情况时，为了及时调整生产上的不平衡现象，而在设计中采取的一项措施。一般考虑增大设备理论生产能力的 1.2~1.5 倍。

为了保证生产的正常进行，避免设备发生暂时故障影响到整个工厂的连续生产，常于各工序间储备一定量的原料或半成品。如制泥车间的原料储备，破碎设备后的粉料储备，球磨机后的泥浆储备，榨泥机后的泥饼储备等。但是，对某些工序不允许有原料或半成品储备，粉碎设备，例如可塑法成型，各种成型工艺对泥段的水分均有一定的要求，水分的波动会造成生产上的质量事故，为防止生产中断，常采用增加设备数量的办法来调节平衡。设备不平衡系数主要用于原料车间、成型车间和辅助生产部分，如真空练泥机、成型机、干燥室等设备。它一般只调节生产上暂时因素引起的不平衡现象，而对重大的技术革新引起的生产不平衡是远远不能以它来满足的。烧成车间的窑炉是生产上的最后一道工序，也是影响全厂产量的关键工序。窑炉的生产能力常常就是生产纲领中规定的任务。即使入窑前各工序的产量发生波动，但由于生坯可以进行储备，所以窑炉无须考虑不平衡系数。

在设备计算时，应对负荷率和不平衡系数进行统一考虑，为了计算简便，对一般设备通常选取 $K = 1.2$ 进行计算。

（三）玻璃厂主机设备的确定

确定车间主机的步骤是，根据所选的车间工艺流程、主机的形式和规格，先计算主机的生产能力（小时产量），然后根据要求主机的小时产量（由总工艺计算得到）计算主机的台数。

主机的数量可按下式计算：

$$n = \frac{G_{\mathrm{H}}}{G_{台时}} \times 1.2 \qquad (3\text{-}38)$$

式中 n——主机台数；

1.2——储备系数；

G_{H}——要求主机小时产量（t/h），由总工艺计算得到；

$G_{台时}$——主机标定台时产量（t/h）。

式（3-38）算出的 n 应等于或略小于整数，取整数值。如果算出的 n 不接近于整数时，则应采取相应措施，或者另行选择主机规格，标定主机产量，进行重新计算。

主机设备台数不宜过多，否则将会使工艺布置和生产管理复杂化，亦将影响到各项技术经济指标。

（四）主机生产能力的标定

同类型、同规格的设备，在不同的生产条件下（如物料的易磨性、易烧性、产品质量要求以及具体操作条件等），其产量可以有很大的差异。所以在确定了主机的型式和规格后，应对主机的小时生产能力进行标定，即根据设计中的具体技术条件确定设备的小时生产能力。

标定设备生产能力的主要依据是：定型设备的技术性能说明、经验公式（或理论公式）的推算、与同类型同规格生产设备的实际生产数据对比。务必使标定的设备生产能力既是先进的又是可靠的。同时还要说明设备达到设计标定能力的具体条件和必须采取的措施。

三、辅属设备的确定

生产流程中与主机配套的设备统称为辅属设备。辅属设备的选型方法和主要设备大体相同。需要选择设备的型式和规格，确定设备的台数。辅属设备选型的基本原则是：要保证主要设备生产的连续、均衡，不能因辅属设备选型不当而影响正常生产。因此除了选择适当的型式以外，在确定具体规格和台数时，应根据主机的最大生产能力，并使辅属设备对主机设备具有一定的储备能力。确定辅属设备台数时要和主要设备一样，在一般情况下，应力求减少设备的台数。但对于某些需要经常维修或易出故障的辅属设备，要考虑备用，以保证生产连续进行。

第三节　物料储存设施的选择与计算

物料储存设施的选择与计算是工艺设计计算的重要组成部分，是继物料平衡计算、设备选型计算之后，工艺专业要完成的第三大平衡计算项目。

为了保证工厂生产的连续进行和产品的均衡出厂，以及满足生产过程中质量控制的需要或某种生产工艺过程的需要，工厂必须设置各种物料储存设施以储备物料。各种储存设施的型式及容量，应视储存物料的性状及要求的储存期而定。计算时，首先确定储存期，计算要求的储存量，而后选择储存设施的型式、规格，并算出其数量、容积或面积，再将计算结果汇总成储库一览表，其格式见表 3-19。

表 3-19　储库一览表

储库名称	规　格	数　量	库　容　量		储存期
			单　个	总　共	

物料储存期的确定，储存设施的型式及计算方法将在第四章第五节中详述。

第四章 工艺设计及车间工艺布置

工艺设计是工厂设计的主要环节，是决定全局的关键。工艺设计的主要任务是确定生产方法、选择生产工艺流程；确定生产设备的类型、规格、数量，选取各项工艺参数及定额指标；确定劳动定员及生产班制；进行合理的车间工艺布置。从工艺技术、生产设备、劳动组织上保证设计工厂投产后能正常生产，在产品的数量和质量上达到设计的要求。

第一节 工艺设计的基本原则和步骤

一、工艺设计的基本原则

1. 安全可靠、经济合理、技术先进。安全可靠对充分发挥投资效果有很大的意义，如果设计的企业不能做到安全可靠，必然会影响生产，甚至可能发生伤亡事故。所以坚固耐用、安全可靠是对设计的起码要求。

设计应做到经济合理，处处精打细算，尽可能节约建设资金，降低产品成本，为国家创造更多的物质财富。为达此目的，设计中应考虑充分发挥设备的效能，降低原料、材料、燃料等的消耗，提高生产效率，减少废品率等，使设计厂主要技术经济指标和同类型工厂相比具有先进性。

设计应充分采用国内外最新科学技术成就。凡经济条件、物质资源和技术力量许可，都应采用最新的技术装备。因为设计所采用的技术先进与否，直接决定着企业的技术水平。目前，水泥厂普遍采用新型干法水泥生产技术生产水泥；陶瓷厂采用压力或真空入磨、压力出磨、真空脱气、管道注浆、喷雾干燥、大吨位自动压机成型、远红外和微波干燥、低温快烧等新技术；玻璃厂采用浮法玻璃生产技术。新技术的采用提高了产品质量，提高了劳动生产率，节约了能源，降低了成本等。因此如何更充分地利用与推广新技术、新工艺是衡量工厂设计先进与否的标志。

以上是工艺设计所必须遵循的主要原则，这三个部分是一个统一的、不可分割的有机体，不应把它们对立起来。正确的做法是根据国家的方针政策和国民经济发展各个时期的具体情况综合分析，贯彻执行，并防止片面性。在谈到安全可靠性时，应当防止片面加大安全系数和不适当地提高建筑标准；在谈到经济性时，应当防止不愿采用最新技术，任意降低机械化、自动化水平和建筑标准；在谈到技术先进性时，应防止片面追求大、洋，不顾某个时期、某个地区的具体条件和不充分利用现有技术设备等错误做法。

2. 合理地选择工艺流程和设计指标。工艺流程和主要设备的确定至关重要。工厂建成后，要想改变工艺流程和主要设备十分困难。因此工艺流程的确定和主体设备的选择应慎重，必须通过方案对比后确定，并应尽可能考虑节省能源。对于新工艺、新技术、新设备，必须经过生产实践鉴定合格后，方可引入新建厂的设计中，达到安全可靠，经济合理、技术先进的目的。

工艺设计中的各项指标，如设备产量的标定、产品的质量等级、原料损失率、物料储备期及产品合格率等的选取，应切合实际。指标定得太高，投产后达不到设计能力。指标过于保守，造成人力、物力的浪费，经济上不合理。因此，设计指标和工艺参数的选取也应力求先进、合理。

3. 为生产挖潜和发展留有余地。由于技术不断向前发展，设备能力应能切实满足生产要求并留有余地。例如，各车间主要设备对窑炉应有一定的储备能力，各种辅属设备对其主机应有一定的储备能力。此外还应为今后的扩建适当留有发展余地。

4. 合理考虑机械化、自动化装备水平。机械化水平应与工厂规模和装备水平相适应。连续生产过程中大宗物料的装卸、运输，重大设备的检修、起重以及需要减轻繁重体力劳动的场合，应尽可能实现机械化。

生产过程的自动化亦应视投资、技术管理水平等决定，不强调高度全盘自动化，而是注重讲求实效的局部自动化。

5. 注意环境保护，减少污染。设计应严格执行国家环境保护、工业卫生等方面的有关规定。对可能产生的污染应采取相应的防治措施，确保达标。

6. 要考虑其他专业设计的要求，并为其设计提供可靠资料。

二、工艺设计的步骤

初步设计时的步骤为：

1. 确定各车间生产任务。

2. 选择生产工艺流程及主机设备。

3. 确定主要工艺参数、定额指标及车间工作制度。

4. 物料平衡计算。

5. 设备选型及计算。

6. 车间工艺布置并绘制工艺布置草图。

7. 计算设备的电力安装容量以及蒸汽、压缩空气和其他动力需要量，计算人员数量和运输量，向土建等专业提供资料。

8. 根据土建设计，绘制正式工艺布置图。

9. 主要技术经济指标计算。

10. 编写工艺设计说明书。

施工图设计时，如设计方案无变化，则不用编写工艺设计说明书，而要在工艺布置图的基础上绘制管道系统图、设备安装图和溜管、支架等非标准件图。

第二节 工艺流程选择

一、选择工艺流程的原则

选择工艺流程，首先要保证产品的质量要求，在满足产品质量要求的前提下，尽可能简化流程，缩短生产周期。工艺流程的选择还应充分体现技术上的先进性和可靠性。要注意吸收类似工厂在实践中所积累的丰富经验。选用新设备、新技术、新工艺时要充分调查，反复论证，认真落实。

生产过程的机械化与自动化，是现代工厂发展的方向。选择流程时应从工厂规模、当时当地实际情况出发，尽可能提高机械化程度，降低劳动强度。如有条件，还应考虑自动化；暂无条件时，也应充分考虑到今后技术改进和发展的可能性。

选择工艺流程时，必须进行技术经济分析，使建厂后各项技术经济指标经济合理。此外，还应注意到生产调节的灵活性，如陶瓷泥料性能虽有变化，不致引起生产工艺和设备运转的不合理等。工艺流程最后确定，需要经过不同方案的分析对比，使选用的流程可靠、适用、先进、合理。

二、确定工艺流程的依据

（一）原料的组成和性质

原料的组成和性质直接影响原料加工处理的方法。如进厂原料中含块状硬质原料，就应加强破碎并注意对其粒度的控制；块度过大的原料，一次破碎达不到工艺要求，就要采用多级破碎；如进厂的全是粉状原料，粗碎、中碎工序均可省略；如陶瓷厂采用的黏土容易在水中分散，则可采用黏土直接水化的工艺，即不经球磨而直接进入拌浆池调成泥浆，再和其他浆料充分混合后使用。而硬质黏土，则必须经过球磨才能达到细度要求。

原料中的杂质，应根据其对产品质量影响程度采用相应的处理方法。如陶瓷厂原料中含有较多的云母，则要考虑精制去云母等；黏土中含砂量过高且波动较大，需设淘洗工序，而含砂量低的黏土可不必淘洗。原料的塑性过低可采用风化、加强粉碎、真空练泥、陈腐等工序以提高原料的可塑性，塑性过大，需掺入瘠性物料或将黏土预烧后使用。有的黏土原料含水率过高（如大于7%）不宜采用电子秤自动配料，可将该黏土烘干处理或掺适量干料以降低其含水率。原料的干燥性能和烧结性能是决定干燥、烧成工艺和设备的依据。

（二）产品品种及质量要求

产品的品种和质量要求，直接关系到原料加工程度、坯料的配方及生产方法。例如，陶瓷厂红地砖的生产多半采用含铁量高的黏土，坯体烧后呈深红色，因此原料不需要洗选除铁。而釉面砖要求釉面洁白、无铁点，生产流程中一般均设原料精选、除铁、除杂等工序。电瓷产品要求有较高的机械强度、良好的绝缘性能和热稳定性。为获得均匀优质的瓷坯，目前国内外广泛采用湿法制泥流程，这既有利于除铁和原料间的均匀混合，又保证泥料达到要求的细度，球磨后的浆料都要经过多次过筛和除铁。电瓷产品决定电瓷生产工序多、流程长且工艺复杂的特点。生产形状复杂而精度要求不高的产品，常采用注浆法成型工艺，而断面和中孔一致的管状、棒状产品，一般采用挤制成型工艺。

（三）工厂规模及技术装备水平

工厂的投资、规模、品种和技术装备情况，也会影响流程的选择。投资较多的大型工厂，应尽可能采用机械化水平高的工艺技术和大型、高效的设备，但需进行经济核算。对于投资少，生产规模较小的中、小型工厂，应注意因地制宜、适当地照顾到机械化程度，并为今后发展留有余地。产量小而品种多的工厂，为灵活更换产品品种往往不得不采用一些间歇作业的设备，而产量大、品种较单一的工厂，或同一工厂中批量大的产品应考虑到生产过程的机械化和自动化。如大型墙地砖厂，可以选用喷雾干燥器、高效自动成型机、自动码垛机、联合干燥机及各种新型窑炉。

（四）建厂地区气候条件

建厂地区的气候特点也会对流程有所影响。如陶瓷厂的大型毛坯在气候温暖地区可采用自然阴干，而寒冷地区则应采用人工干燥。

（五）半工业加工试验

半工业加工试验是在资源勘探工作及实验室配方试验的基础上进行的。它是确定工艺流程和设备选型的主要依据。由于资源情况各地不一，原料性能多变，单从化学、物理性能分析还不能得到完全肯定的依据，特别是对新建厂或新使用的原料，更应通过半工业加工试验来确定它的质量，制定配方，确定生产工艺过程并获得各项设计数据。

第三节　车间工艺布置

生产车间工艺布置是工厂工艺设计的重要组成部分，它的任务是确定车间的厂房布置和设备布置。车间工艺布置关系到工厂建成后能否正常生产、工人操作是否方便、安全以及设备维护、检修是否方便，并对环保、施工、安装、扩建、建设投资和经济效益等都有着极大的影响。因此，要求车间工艺布置做到生产流程顺畅、简捷、紧凑，尽量缩短物料的运输距离，充分考虑设备操作、维护和施工、安装及其他专业对布置的要求。车间工艺布置设计是以工艺专业为主导，并在其他专业如总图、土建、电气等的密切配合下进行的。

一、生产车间工艺布置设计的依据

在进行车间工艺布置之前，必须充分掌握有关生产操作、设备维护、维修、工业卫生和安全等资料，查阅类似规模工厂的车间设计图纸，根据有关的设计规范和规定以及基础资料进行设计。

常用的设计规范和规定有：企业工艺管理规程、工厂工艺设计技术规定、工厂设计节能技术规定、机械设备安装工程施工及验收规范、压缩空气机站设计规范、建筑设计防火规范、工业企业设计卫生标准、工业企业噪声控制设计规范、工业环境保护设计规定、建材工业劳动安全与工业卫生设计规定、工业污染排放标准等。

基础资料有：工艺计算及主机设备选型、工艺流程图、全厂生产车间总平面轮廓图、设备选型图册和样本、同类型工厂生产车间工艺布置图等。

二、生产车间工艺布置的要求

生产车间工艺布置包括厂房布置和设备布置。

（一）进行车间工艺布置设计时重点考虑的问题

1. 最大限度地满足工艺生产、设备维修的要求；

2. 充分有效地利用本车间的建筑面积和建筑体积；

3. 为本车间将来的发展和厂房的扩建留有余地；

4. 劳动安全与工业卫生设计符合有关的规范和规定；

5. 与总体设计相配合，力求做到与相关车间的连接方便、布置紧凑、运输距离短；

6. 避免人流和物流平面交叉；

7. 充分注意建厂地区的气象、地质、水文等条件对车间工艺布置的特殊要求；

8. 征求和了解其他专业对车间工艺布置的特殊要求。

（二）厂房布置

厂房布置包括平面布置和立面布置，主要决定于生产流程、生产特点、厂区面积、厂区地形地质条件和设备布置。它必须满足工艺要求，便于组织生产流水线。同时也应符合国家的防火、卫生标准等各种规范和规定。厂房一般采用钢筋混凝土结构，厂房柱网布置和层高应尽量做到符合建筑模数要求。

1. 厂房的布置方式

厂房布置通常采用集中式布置和分散式布置两种形式。集中式布置即将主要生产车间（或工段）放在一个联合车间内；分散式布置即将各主要生产车间（或工段）分别设计成独立的厂房，用输送设备将各主要生产车间（或工段）连接起来。建材工厂的厂房布置，两种方式均可采用，主要决定于产品种类、生产规模、产品品种、工艺流程、生产方式以及机械化自动化装备水平等。如采用喷雾干燥造粒工艺、高效自动成型、自动码坯、人工干燥（利用余热）等机械化自动化程度较高的陶瓷墙地砖厂，多采用集中布置方式，即将喷雾干燥、成型、施釉、烧成布置在联合式厂房内。这样，设备布置紧凑，半成品运输线路短捷，但必须考虑干燥和烧成厂房的散热条件。而现代化大型水泥厂由于设备大、厂房高、噪声大等，常设计成独立的厂房。

2. 厂房的平面布置

厂房的平面布置主要是确定厂房的面积和柱网布置（跨度和柱距）。

（1）生产区域的划分

在进行车间平面布置之前，应根据总图的要求及给定的车间面积，或根据车间的生产任务，按类似生产厂的面积指标确定本车间的面积和形式，绘制车间区域规划图（简称区划图）。

生产区域的划分应该考虑到运输线路经济合理，避免往返交叉，保持流程顺畅，并和总体设计相配合。对采用起重设备的车间，应按产品的自重进行分类，或按需吊装检修设备的部件重量，以便采用不同型式的起重运输设备。这样可以避免由于车间任务分配不当而增加吊车吨位，给土建带来困难。布置起重设备时，应当征求土建设计人员的意见，否则平面布置虽已完成，一旦土建设计人员认为吊车安装在土建上有困难，将会造成返工。

（2）生产线的组织

生产线的组织对车间布置有很大意义。生产流水线是一种先进的、有效的生产组织形式，它的任务是尽可能做到生产加工过程不间断地从一个工作位置移到另一个工作位置，并保证生产周期最短，工作位置的负荷率高。如陶瓷厂生产流水线应根据生产过程的拍长（或节奏）来组织，拍长就是每个工序所需要的操作时间；流水线上的工作位置或设备应和拍长成正比，这样流水线上各种设备数量将成简单整数比，从而可以使制品从一个工作位置运送到另一个工作位置，采用连续的或少量的"运输批"方式进行生产。

对于大批量单一化的产品组成连续生产流水线效果最佳。其特点是：生产的节奏协调一致，完全同步化、连续化，制品直线连续前进，在工作位置旁不发生停留和积压。运转形式可采用链式或带式运输机。例如陶瓷厂的阴干干燥工序可采相链式干燥器，一方面进行制品阴干，另一方面起连续运输作用。此外，在连续生产流水线上加工制品形状不宜过大。一般盘形制品和小尺寸制品较为合适。如日用陶瓷工厂中生产的杯、盘、碟等，在电瓷工厂中生产的线路电瓷等，在建筑陶瓷厂中生产的墙地砖等。这种流水线也可用在上釉和装饰工序上。又如平板玻璃厂的熔制、成型、退火、切裁、包装等组成连续生产流水线。大型水泥厂的生产设计成连续生产流水线。

再如，对于多品种的陶瓷工厂，其产品的批量不足组成连续式流水线时，常将加工工艺要求相同、外形尺寸相近的产品组成流水线。设备仍是按工艺过程链式排列，制品的加工路线沿流水线直线前进，各类型制品在设备上加工停留时间是不一致的，这时制品常以少量的"运输批"方式前进。生产的连续程度比连续生产流水线差。

（3）厂房面积的组成

厂房面积主要包括以下几方面：

①设备本身和生产操作所需的面积；

②设备安装和检修所需面积；

③其他设施所需的面积，如变配电室、控制操作室、隔声室及采暖、通风、收尘用的面积等；

④生产管理及生活用室所需的面积，如车间办公室、化验室、更衣室、浴室、厕所等；

⑤辅助面积，如电工房、机修间、材料室等；

⑥各种通道、楼梯所需的面积。

（4）平面布置的要求

①合理规划厂房出入门口、通道、楼梯和过桥的位置。厂房大门尺寸要考虑方便运输工具的进出。若大门尺寸小于厂房内所需安装的设备的外形尺寸时，应考虑预留安装门洞，其宽度和高度应比设备或其最大部件的宽度和高度大 0.5m 以上，而且入口最低高度不得低于 2m；

②各种地下构筑物，如排水沟、电缆沟、工艺设备管道的地沟、地坑等应统一考虑，合理安排，以节约基建工程量，并且避免与建筑物基础及设备基础发生矛盾；

③厂房平面布置应力求规整；

④根据生产过程的特点和要求，有些工序需留足必要的储存、堆放面积。如陶瓷厂由于原料、制泥、成型、干燥、施釉、烧成工序的工作班制和每班实际工作时间不同，需要考虑能存放一定数量的泥饼、泥段、生坯、素坯、釉坯等的中间堆场，以保证生产的连续性；

⑤可在露天放置的设备，不必建造厂房，以节约投资。

3. 厂房的立面布置

厂房的立面布置即空间布置，主要是确定厂房的层数和高度。

（1）厂房建筑形式

厂房建筑形式有单层和多层。采用单层或多层应根据生产工艺的要求、厂区面积和地质条件等经过技术经济比较而定。建筑物的层高主要由设备高度、检修安装要求、操作条件、采光通风散热等要求而确定。

（2）立面布置的要求

①在考虑厂房层高时，不仅要考虑设备本身的高度，而且要注意基础要求的高度、设备顶部凸出物的高度、工人在操作和维护时所需的高度。此外还应特别注意建筑结构（楼板、梁）本身的高度对厂房净空高度的影响，故在进行立面布置时，必须对梁的位置及梁、楼板截面尺寸有所估计；

②走廊、地坑、操作平台等通行部分的净空高度不得低于 2.0m，不经常通行部分不得低于 1.9m。空中走廊跨越公路或铁路时，公路路面上方的净空高度不低于 4.5m，铁路轨顶上方的净空高度不低于 5.5m；

③高温车间厂房（如烘干车间、烧成车间）可适当增加高度，并考虑加开天窗，以利于通风散热；

④厂房中有个别设备（如提升机）较高时，可考虑局部地提高该部分厂房的高度。

⑤有桥式起重机的厂房空间高度应满足产品样本中的有关要求，它等于起重机轨顶高度（轨面标高）H 与起重机轨顶至屋架下弦的距离 h 之和（如图4-1所示）。

$$\left.\begin{array}{l} H = a + b + c + d + e \\ h = f + g \end{array}\right\} \qquad (4\text{-}1)$$

式中 a——最高设备的高度，已包括设备基础在地面上的高度（m）；

b——被吊件至设备最高点之间的距离（m），一般不小于 0.5m；

c——被吊件最大高度（m）；

d——起重机绳的垂直高度（m）；

e——吊钩中心至起重机轨迹的最小距离（m），可查阅起重机的规格；

f——起重机轨顶至起重机顶点的距离（m），可查阅起重机的规格；

g——起重机顶点至屋架下弦的距离（m）。

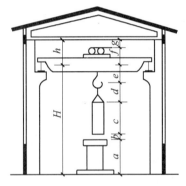

图 4-1　有桥式起重机的车间高度

⑥在满足生产工艺要求和卫生、安全等其他要求的情况下，厂房立面应力求简单，避免层数过多和标高过高。厂房过高增加土建投资，过低会给操作维修带来不便。此外，房的立面还应注意整齐美观。

（三）设备布置

设备布置就是要把车间内的各种设备按照工艺流程要求加以定位。除了主机设备外，还包括辅属设备、工艺管道、检修设备，以及各种连接件和料仓等。主机设备要与厂房建筑的主要柱网相对定位，设备图设备之间也要相对定位。

设备布置主要取决于生产流程和设备安装、操作、检修的需要，同时也要考虑其他专业对布置的要求。设备布置的要求为：

1. 重型设备以及在运转中产生较大振动的设备，如空气压缩机、大型通风机、破碎机等，应尽可能布置在厂房的地面。如不能布置在地面时，其支承结构应与厂房分开，以减少厂房的荷载及振动。

安装大型设备（如磨机等）的厂房，设备基础和建筑物基础应同时施工，并在设备就位或已搬进厂房内以后，再进行厂房地面以上的土建施工。

2. 两台或两台以上的设备布置在同一厂房内时，应注意设备之间的间距，不能互相影响运转和维修，同时要充分考虑工人操作、检修的要求和通行的便利，并要避免设备基础之间以及设备基础和建筑物基础之间发生矛盾。

3. 布置在走廊和地沟中的胶带输送机、空气输送机斜槽和螺旋输送机，其人行道一侧应有 600～800mm 的净空距离，不通行一侧有 200～300mm 的净空距离。胶带输送机上方有料仓或与工艺设备相连接时，净空距离应适当加大。

胶带输送机倾斜布置时，应根据输送物料的种类和粒度情况，选择适当的角度。

4. 斗式提升机地坑应有足够的空间，以便于清料和检修。斗式提升机地坑的一侧空间应能保证下链轮轴的抽出，坑壁与提升机壳体间的距离不应小于 500mm。斗式提升机穿过楼板时，楼板预留孔与提升机壳体间应预留 70～100mm 的间隙。

5. 工艺管道应尽量集中布置，力求管线距离短、转弯少且布置整齐。

收尘管道为了避免粉尘沉积，一般应作倾斜布置，其倾角一般应不小于 45°，煤尘管道应不小于 50°。

6. 溜管和溜槽的倾角，圆锥形包壁倾角以及角锥形包壁交线倾角，一般应大于物料自然休止角 5°～15°。

7. 设备沿墙布置时，应注意不要影响门窗的开启，不妨碍厂房的采光和通风。

8. 为了安装与检修时吊运设备或部件，或在日常生产中吊运其他物件，通常在楼板上设置吊物孔，各层楼板的吊物孔一般上下对正，可贯通吊运。孔洞大小应比设备或吊装最大部件的外形尺寸大 0.3～0.5m。吊物孔要在周围设置活动栏杆或设置活动盖板。尺寸较大的设备或部件，可由室外直接起吊，通过外墙预留的安装门洞而进入楼层。

9. 在设备上方不设置永久性起重设施时，应预留足够的空间和面积，以架设临时起重装置。在设备上方设置吊钩时，应考虑起吊高度能使被吊件在横向移位时不受阻碍。当设置单轨行车时，其起吊高度应大于运输线上最高设备的高度。

10. 当设备、管道或溜槽穿越楼板时，必须注意预留孔的大小要留有余地，更不能切断梁柱的结构；否则，将造成安装困难或使用不合理等不良后果。

三、车间工艺布置图的内容

（一）车间平面图

1. 车间工艺平面布置图，应注明厂房轮廓线、门窗位置、楼梯位置、柱网间距、编号以及各层相对标高；

2. 设备外形俯视图和设备编号；

3. 设备定位尺寸和尺寸线及各种动荷载；

4. 操作平台示意图，主要尺寸和台面标高；

5. 吊车和吊车梁的平面位置；

6. 地坑、地沟的位置和尺寸以及其相对标高；

7. 吊装孔的位置和尺寸，吊钩的位置及荷载；

8. 辅助室、生活室的位置及尺寸。

（二）车间立面图

1. 车间工艺立面图，应注明厂房轮廓线、门及楼梯位置；柱网间距、编号；各层相对标高和梁高度等；

2. 设备外形侧视图和设备编号；

3. 设备中心高度及其定位尺寸，尺寸线及动荷载；

4. 设备支承方式；

5. 操作台立面示意图和主要尺寸；

6. 吊车梁的立面位置及高度；

7. 地坑、地沟的位置及深度。

四、车间工艺布置的方法和步骤

1. 工艺人员根据本车间在总平面上的位置，生产工艺流程和物料进出方向，确定本车间的方向，厂房跨度和柱距。

2. 把已选定的主机设备和部分大设备，按比例（1:100）绘制设备外形图，为便于多方案比较，亦可用塑料片或硬纸板制作设备外形图案。

3. 按比例（1:100）绘制车间工艺、立面轮廓草图。

4. 在平、立面轮廓草图上，用已制成的设备外型图案进行设备布置，这时可反复考设备的最佳位置，以得到基本满意的不少于两个方案后，绘制成车间的平、立面工艺布置初步图纸。

5. 以初步的平、立面工艺图纸为基础，征求有关专业的意见，从各方面比较优缺点，集思广益选择一个较为理想的方案，再根据有关方面的意见作必要的修改。

6. 绘制成正式的车间工艺布置图。

第四节　原料加工车间

一、原料的破碎、筛分

原料的破碎及筛分在工厂属于初级加工过程。进入工厂的天然矿物原料，一般具有较大的块度（如石灰石、石膏、砂岩等），需对其进行破碎，以适应下一道工序对物料粒度的要求。原料的破碎，通常采用各种类型的破碎机的单一设备或其组合系统来完成。物料的筛分设备通常是配合破碎设备使用，可以提高破碎设备的效率及保证要求的物料粒度等。

（一）破碎系统的发展

近年来，随着工厂的大型化以及矿山开采技术的发展，破碎流程和破碎设备也相应有了较大发展（如水泥厂的石灰石破碎）。主要反映在以下几个方面：

1. 破碎设备大型化

大规格的破碎机，为提高破碎机的生产能力和放宽矿山开采块度创造了条件。

2. 破碎流程单段化

破碎系统的段数，主要与物料破碎前后最大粒度之比（即破碎比）的大小有关。发展高效能、大破碎比的破碎机为实现单段破碎创造了条件。如果选用一种破碎机就能满足破碎比及产量的要求时，即可选用单段破碎，以简化生产流程。

3. 破碎设备移动化

发展移动式破碎机，如反击锤式破碎机，其破碎比可达 1:120 左右。设备设计紧凑、质量轻，为移动创造了条件。移动式破碎机可随开采地段改变而移动，碎石可用胶带轴送机输送至工厂，可节省能源和提高劳动生产率。

4. 破碎设备多功能化

目前，破碎设备的发展趋向多功能化。如反击式破碎机可适应各种性能物料的破碎作业，既可以破碎坚硬的石灰石，又可以破碎黏、湿物料。又如烘干兼破碎的锤式破碎机，可利用水泥厂窑尾废气余热在破碎含水分较高的黏、湿物料的同时予以烘干，为湿磨干烧新型干法水泥生产创造了条件。

5. 开发了自磨技术和自磨机

能把矿石的破碎和粉碎一次完成，是以被粉碎物料本身作为介质来达到粉碎的目的，用于玻璃厂等，较好地解决了砂岩等矿石的细粉碎问题。

（二）破碎系统的选择与破碎设备的选型

1. 破碎系统的选择

影响破碎系统选择的因素很多。正确地分析和掌握各种因素，对于选定经济合理的破碎系统是十分重要的。

（1）物料的性质

物料的硬度、水分、形状和杂质含量均将直接影响破碎系统的技术经济指标。因此所选择的破碎系统一定要与被破碎物料的物理性质相适应。

（2）物料的粒度

对破碎系统的物料粒度（即进出破碎机物料的粒度）组成有充分的了解，有利于合理地选择破碎系统和破碎设备。

①进料块度

破碎系统的最大进料块度，主要取决于工厂规模、矿山的爆破方法，装、运设备以及破碎机的型式和规格。

如水泥厂的石灰石矿山，工厂规模大时常采用大规模的爆破开采，一般块度均较大。如小厂采用小爆破方法开采，则石灰石块度可小些。

不同种类和不同规格的破碎机，对物料最大进料粒度的要求也不同。颚式、旋回式、颚旋式及圆锥式破碎机等，进料最大粒度一般为设备进料口宽度的 80% ~85%；反击式、锤式和辊式等破碎机的最大进料粒度应按破碎作业（粗碎、中碎、细碎）和物料的实际情况决定。

大、中型水泥厂当矿山采用电铲装车时，石灰石最大块度与电铲铲斗容积的大小有关，其一般关系见表 4-1。

表 4-1　石灰石最大块度与电铲铲斗容积的关系

铲斗容积（m³）	0.5	1.0	2.0 ~2.5	3.0 ~4.0
最大块度（mm）	400	650	800	900 ~1000

有些小型水泥厂，石灰石块需要用人力装卸，其最大块度一般不大于300mm。

②出料粒度

破碎机出料粒度即破碎后的产品粒度。一般以80%产品通过的筛孔的尺寸表示。

破碎机出料粒度可根据下一级处理物料的设备进料粒度要求而定，因而它与破碎流程的破碎段数有关。如系多段破碎，则上一段破碎出料粒度应满足下一段破碎机入料粒度要求。单段破碎或多段破碎的最终产品粒度，主要取决于磨机对进磨物料粒度的要求（玻璃厂则为熔窑的要求）。如能确定一个对破碎机产品及入磨粒度均适宜的最佳粒度，则可以获得使破碎机和磨机的产量均较高而单位电耗均较低的效果。

影响破碎产品粒度的主要因素有：物料的易磨性及其硬度、粉磨的流程、磨机的型式等。

③破碎系统的破碎比

破碎系统的平均进料块度与出料平均粒度之比，为破碎系统的破碎比。可根据所要求的破碎比、破碎物料量以及可供选用的破碎机型式、规格来决定破碎系统的段数。

如选用一台破碎机即可满足所需破碎比的要求，则以选择一段破碎为宜。一段破碎较之两段或多段破碎，具有设备台数少、扬尘点少、生产流程简单、车间占地面积小、基建投资少、经营费用低、劳动生产率高等优点。

近年来，随着工厂生产规模的日益增大，设备趋向大型化，相应地出现了高破碎比的破碎设备。如反击式破碎机，其破碎比可达50以上，为单段破碎创造了条件。

在水泥生产中，入磨粒度只要求控制上限尺寸，对物料过碎现象不予控制，加之闭路破碎系统布置复杂，扬尘点又多，故在水泥厂中已很少采用闭路破碎系统。

2. 破碎设备的选型

选用破碎设备时，主要应考虑下列各项因素：

（1）由全厂主机平衡计算确定的破碎车间要求小时产量，是破碎机选型的依据，可据此确定破碎机的规格与台数。

（2）物料的物理性质，即物料的硬度、块度、杂质含量与形状。

①石灰石破碎

我国水泥厂所用石灰石大多数属中等硬度，因此可供选择之破碎设备的类型也较多。当石灰石中含有较多的黏性夹缝土（又称裂隙土）时，如选用颚式、旋回式破碎机，则容易造成机腔下部的堵塞，如选用锤式破碎机也容易造成篦条的堵塞；反击式破碎机的防堵性能也不好。故使用这些破碎机时，要特别注意喂料均匀。根据国外资料，采用破碎兼烘干流程（向破碎机通入热气），用锤式、反击式破碎机来破碎黏性物料有良好效果。

对于片状石灰石，宜选用旋回式破碎机。如选用颚式破碎机，则片状石灰石容易从机腔中滑下而不能有效地受到压碎作用。

在破碎机运转时，若落入铁件，将会损坏破碎机，特别对反击式和锤式破碎机的损坏更为严重。因此，除了在矿山和破碎机操作中注意防止铁件掉入以外，在设计上必须考虑在锤式或反击式破碎机前设置铁件分离装置。通常在粗碎后，中细碎机前的胶带输送机上装设电磁吸铁装置，以除去进料中的铁质夹杂物。电磁吸铁装置可选用电磁分离滚筒、CF型悬挂式电磁分离器和悬挂带式电磁分离器。对于其他金属件（如锰等），因靠电磁吸铁装置不能排除，故可用金属探测器探测，在探知后，停机用人工除去。

图 4-2 是石灰石二级破碎系统流程图。

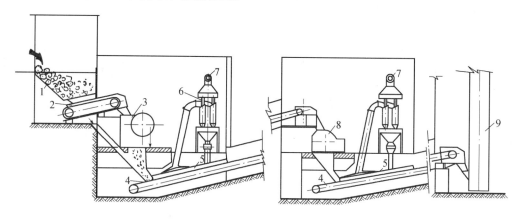

图 4-2　石灰石二级破碎系统流程图

1—喂料斗；2—板式喂料机；3—颚式破碎机（第一级）；4—皮带输送机；5—吸尘罩；

6—收尘器；7—通排风机管口；8—第二级破碎机（锤式或反击式）；9—提升机

②砂岩的破碎

玻璃厂中所用的砂岩，大部分可碎性差。因此，过去砂岩的破碎生产流程是：煅烧→粗碎→粉碎→过筛。砂岩经煅烧，石英晶形变化伴随体积变化，使其致密结构遭受破坏，从而变得疏松而易于破碎。但此工艺生产环节多，生产效率低，能耗高，经济效益差。因此，砂岩煅烧工艺已逐渐被淘汰，现在大多对砂岩直接进行破粉碎加工。加工过程分为粗碎和中、细碎，粗碎选用颚式破碎机，中、细碎选用反击式破碎机、圆锥式破碎机、对辊破碎机等，通常与筛分设备组成闭路系统，如图 4-3 和图 4-4 所示。

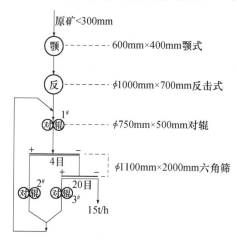

图 4-3　颚式－反击式－对辊流程图

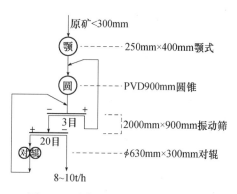

图 4-4　颚式－圆锥式－对辊流程图

近几年出现的自磨技术和自磨机，是砂岩粉碎的较为理想的技术和设备。它能把矿石的破碎和粉碎一次完成，是以被粉碎物料本身作为介质来达到粉碎的目的。自磨机能把 500mm 的大块矿石和一定级配的中小块石一次粉碎到合格的粉料。该生产方法与旧工艺相比，流程简单，生产效率和机械化程度高，较大幅度降低了生产成本和能量消耗，提高了经济效益和产品质量；以砂岩本身作为介质进行粉磨，大幅度地降低了产品内机械铁的含量，使玻璃产品的透光度提高。产品依靠风路分级，可以保证对粒度的要求。图4-5是自磨机粉碎砂岩的一种工艺流程。

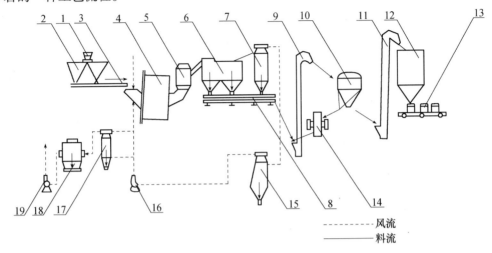

图 4-5　砂岩自磨机工艺流程图

1—矿车；2—石库；3—胶带输送机；4—自磨机；5—扩散管；6—沉降箱；7—旋风分离器；
8—机械振动输送槽；9—提升机；10—六角筛；11—提升机；12—成品料仓；13—U60型罐车；
14—笼型粉碎机；15—扩散式除尘器；16—主风机；17—高效旋风除尘器；18—电除尘器；19—副风机

（三）破碎车间的布置

破碎车间主要是接受来自矿山开采后的硬质原料，及出窑熟料和某些块状硬质混合材的破碎。故其位置应按照总平面图上的整体布局，并考虑到进出料的方向加以决定。而熟料及混合材的破碎、石膏破碎等往往附设在相关的主要车间内，如烧成车间、粉磨车间及烘干车间等。在此仅就水泥厂石灰石破碎系统布置时应注意的问题作简单的叙述。

1. 破碎车间与矿山的距离。当破碎车间设在矿山附近时，车间位置应选择在爆破安全距离之外，并不得放在勘探圈定的矿体上，同时要注意所选位置不致妨碍将来对有用矿体的开采和运输。一般矿床开采边界对公路、铁路、高压线、居民区、工厂和其他重要建筑物的爆破安全距离不小于400m。

2. 粗碎（一段破碎）车间的进出料高差较大，为了利用地形、节省土石方工程量，粗碎车间的位置一般都选在斜坡上，并把粗碎机的基础放在挖方部位的基岩或实土上。车间的位置和标高应与矿山来料的运输方向相适应。在确定车间标高时，尽量避免出现运载矿石的重车上坡情况，并且既要考虑到有利于初期生产的运输，又要考虑到开采标高逐年降低的情况以及开采最终标高的情况。

3. 粗碎车间因进料块度较大，特别是大型破碎机，必须选用结构坚固、耐冲击的喂料设备。在喂料设备受料处上部设钢筋混凝土受料斗，并在其侧壁辅设钢轨。

如选用旋回式破碎机时，矿石可直接倒入破碎机上面的加料口，不必设置专门的矿石喂料设备。旋回式破碎机的机身较高，进出料之间的高差较大，往往需要挖较深的地坑。

4. 中碎车间（二段破碎）与粗碎车间的厂房宜互相分开，以减小车间的噪声，但在可能的条件下，两者之间的距离应尽量缩短。中碎车间与粗碎车间最好布置成一直线，以利破碎机的进、出料的配置。

5. 如采用胶带输送机将粗碎机出料送至中碎机（或中间仓）时，粗、中碎之间的距离取决于粗碎机出料处的标高，中碎机（或中间仓）进料处的标高以及胶带输送机的斜度。在大型工厂中，由于破碎机进出料处的高差较大，而且胶带输送机斜度有一定限度（一般为 15°～18°），所以中碎车间与粗碎车间的距离往往拉得较远。

6. 在大型工厂中不宜将中碎机布置在同一厂房内的粗碎机之下，因为这样布置需要下挖较深的地坑，不仅破碎机基础、厂房建筑难于处理，也不利于设备检修。此外，两台重型设备同时运转，噪声大而又相互干扰，给操作、维护带来很大困难。

7. 在进行破碎车间布置时，应注意拆装颚式破碎机动颚连接拉杆和弹簧、抽出锤式破碎机的下篦条、安装旋回式或圆锥式破碎机的锥体所需的空间。车间外部应有方便的运输条件，以便于检修时运送重大配件。

8. 大、中型水泥厂的石灰石破碎车间，一般应设置检修起重机，起重机的起重量按需要检修起吊的最重部件的质量来考虑。有的部件须组装起吊的（如圆锥式和反击式破碎机的转子，颚式破碎机的动颚与轴），应以组装部件的总质量来考虑。当起吊部件质量小于10t 时，一般用手动起重机；大于 10t 时，用电动起重机轻级工作制（$JC = 15\%$）。对于小型破碎机，则可在它的上方房梁上设置起重吊钩，以便检修设备时悬挂起重葫芦之用。

9. 如破碎机地坑较深，且低于地下水位时，除了在建筑中须考虑防水措施以外，必要时可设置小水泵，以便排除地坑内可能出现的积水。

10. 当一台粗碎机配用一台中碎机时，粗碎产品可用胶带输送机直接送入中碎机而不必设置喂料机，但中碎机破碎能力必须大于粗碎机破碎能力。如一台粗碎机配用两台中碎机时，粗碎产品由胶带输送机送入中间仓中，然后通过仓底喂料设备，分别加入两台中碎机中破碎。经中碎得到的碎石再用胶带输送机送至碎石库，或预均化库或直接加入生料磨磨头仓中，如破碎车间设在矿山距生产厂区较远时，亦可用火车运送进厂。

图 4-6、图 4-7 为设有锤式破碎机的石灰石破碎车间布置图。

二、物料的烘干

（一）烘干系统的发展趋势和选择原则

在水泥生产过程中，部分物料需进行烘干。如湿法生产的水泥厂中，煤和混合材需要进行烘干；在干法生产的水泥厂中，原料、煤和混合材也都要进行烘干。烘干系统可分为两种：一种是烘干磨，即物料在粉磨过程中同时进行烘干；另一种是用单独的烘干设备烘干。

目前，烘干磨得到了很大的发展。煤的烘干已广泛采用了烘干磨，利用窑头熟料篦式冷却机热端气体作烘干介质，使煤的烘干与粉磨同时进行，制备窑和分解炉所需的煤粉。随着预热器窑和预分解窑的不断发展，干法水泥厂的原料烘干与粉磨，也广泛采用了烘干磨，利用窑尾废气作为烘干介质，充分利用了废气余热。在各种烘干磨中，辊式磨由于电耗低，在国内外获得了较大的发展。

混合材的烘干，一般采用单独的烘干设备。烘干热源可取自专设的热风炉，也可取自熟料篦式冷却机的低温废气（200℃左右）作为烘干机的主要干燥热源，并设热风炉作为辅助热源。

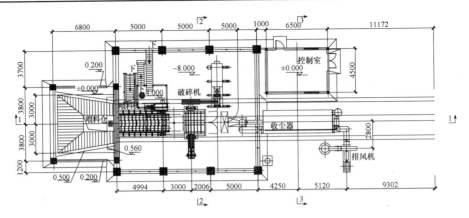

图 4-6　设有锤式破碎机的石灰石破碎车间布置平面图

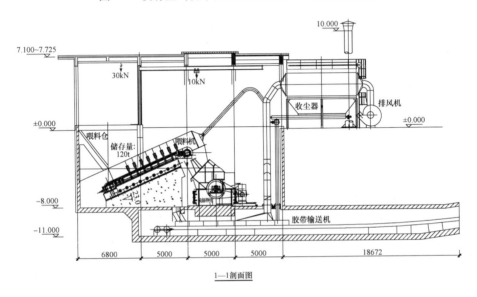

图 4-7　设有锤式破碎机的石灰石破碎车间布置剖面图

单独进行烘干的烘干设备有回转式烘干机、快速烘干机（装有搅拌叶片）等。而在反击式破碎烘干机（带有烘干装置的反击式破碎机）、串联式烘干-粉磨设备（一台锤式破碎机与一台风扫球磨相结合，亦称为坦登磨）以及在机械空气分离器和自磨机（气落磨）中进行的作业，则兼具烘干与破碎或粉磨的功能，其中应用最广泛的是回转式烘干机。

为抽取熟料箆式冷却机低温废气烘干混合材以充分利用余热，对回转烘干机作了相应的改进。内部装置为四格扇形式，并配有适应于低温大容量废气时所需要的密闭进气室和出料罩，进气室设有水的雾化喷嘴，当停止喂料时，可喷水使废气增湿降温，以利收尘。出料罩适当扩大，并装有百叶板以减少随烘干机带出的粉尘；进料端有局部扩大的一段筒体，并装有螺旋叶板，能帮助物料前进，防止倒料等。低温矿渣烘干机的生产流程如图 4-8 所示。

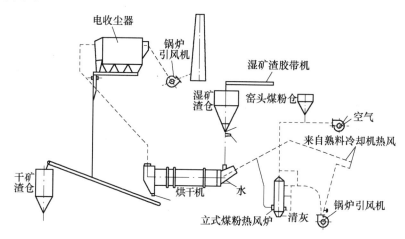

图 4-8 利用冷却机余热烘干矿渣工艺流程

水泥厂所用的回转烘干机，大都是直接传热的，即物料与气流是直接接触的。按物料与气流流动方向的异同，又有顺流式和逆流式两种，其中以顺流式的应用较多。

在选择烘干系统时，主要应考虑下列一些问题：

1. 尽量采用烘干兼粉磨的系统来制备煤粉和生料，因为这种系统可以简化工艺过程，减少生产环节，节省设备投资，减少扬尘机会，并可充分利用干法窑和冷却机的废气余热，节约能源。但在选用烘干磨时，应特别注意物料水分含量的影响。在利用 320～350℃ 废气作烘干介质时，一般只能处理入磨平均水分不大于 8% 的物料。如果水分较高，就应考虑采取相应措施，例如设置燃烧室（热风炉）提供补充热源，以提高烘干介质的温度；或者将某种含水分高的原料先用单独烘干设备进行预烘干，然后再与其他原料一起用烘干磨继续烘干，并同时进行粉磨。

2. 当采用先烘干后粉磨的流程时，烘干系统应使烘干后物料的终水分符合入磨物料水分的要求。

入磨物料对水分的要求一般为：石灰石小于 1%、黏土原料小于 1.5%、铁质原料小于 2%、煤小于 1%～2%、矿渣小于 2%。

3. 当选用回转烘干机时，对于初水分含量高的物料及黏性物料，以采用顺流式烘干机为宜；对于要求终水分含量低的物料，以采用逆流式烘干机为宜。

4. 当由燃烧室提供热源或利用烧成系统余热需设置辅助热风炉时，采用沸腾或煤粉燃烧室比采用碎块煤燃烧室为好，燃料较节省，烘干机产量较高。

5. 如热风炉用劣质无烟煤或无烟煤掺煤矸石（或石煤）作燃料时，尽量采用热效率较高的沸腾燃烧室，并采用自动给煤系统，使操作自动化。

6. 烘干机是水泥厂的主要尘源之一，应注意搞好收生设施，防止环境污染。

（二）回转式烘干机的选型计算

1. 回转式烘干机的产量和水分蒸发量的计算

（1）回转式烘干机的产量，一般以含有终水分的烘干物料表示，若以绝对干物料或以含初水分的湿物料表示，可用下列公式换算：

$$G_d = G \frac{100 - w_2}{100} \tag{4-2}$$

$$G_F = G \frac{100 - w_2}{100 - w_1} \tag{4-3}$$

式中　G，G_d，G_F——分别按烘干物料、绝对干物料、湿物料表示的烘干机产量（t/h）；

　　　　w_1，w_2——分别表示物料烘干前后的初水分、终水分（%）。

（2）每千克烘干物料的水分蒸发量及烘干机每小时的水分蒸发量，可用下列公式计算：

$$g_w = \frac{w_1}{100 - w_1} \cdot \frac{100 - w_2}{100} - \frac{w_2}{100} \tag{4-4}$$

$$W = 1000 G \left(\frac{w_1 - w_2}{100 - w_1} \right) \tag{4-5}$$

式中　g_w——按每千克烘干物料计算的水分蒸发量（kg 水/kg 干物料）；

　　　　W——烘干机每小时的水分蒸发量（kg 水/h）。

（3）回转烘干机产量，可按单位容积水分蒸发量指标进行计算：

$$G = \frac{AV}{1000 \frac{w_1 - w_2}{100 - w_1}} \tag{4-6}$$

式中　V——回转烘干机的容积（m^3）；

　　　　A——回转烘干机单位容积蒸发强度 [kg 水/（$m^3 \cdot h$）]。A 值随烘干机的结构型式和物料的种类、初水分而异，见表4-2~表4-4。

表 4-2　$\phi 1.5m \times 12m$ 回转式烘干机的计算热工指标

物 料 种 类	初水分（%）	干料产量（t/h）	蒸发强度 [kg 水/（$m^3 \cdot h$）]	蒸发水量（t/h）	热 耗（kJ/kg 水）	标准煤耗（kg/h）	排风量（m^3/h）	鼓风量（m^3/h）
石灰石	2	17	12.3	0.26	12680	112	6500	1160
	3	13.5	16.5	0.35	9160	109	6600	1180
	4	12	20.5	0.44	7600	114	7100	1230
	5	11	24.4	0.52	6850	121	7600	1300
	6	9.5	26.5	0.56	6260	119	7700	1280
	10	7	35	0.70	5290	126	8400	1350

续表

物料种类	初水分（%）	干料产量（t/h）	蒸发强度[kg水/（m³·h）]	蒸发水量（t/h）	热耗（kJ/kg水）	标准煤耗（kg/h）	排风量（m³/h）	鼓风量（m³/h）
黏土	10	6.0	28.5	0.6	6130	125	8100	1250
	15	4.9	38	0.8	5420	148	9550	1590
	20	3.8	43	0.9	5080	156	10200	1670
	25	3.1	47	1.0	4870	166	11300	1780
矿渣	10	7.4	35	0.74	5290	133	8900	1430
	15	5.2	40	0.86	4790	140	9550	1500
	20	4.0	45	0.95	4540	147	10200	1580
	25	3.3	49	1.06	4410	159	11100	1710
	30	2.7	52	1.12	4280	163	11500	1750

表 4-3　ϕ2.2m×12m 回转式烘干机的计算热工指标

物料种类	初水分（%）	干料产量（t/h）	蒸发强度[kg水/（m³·h）]	蒸发水量（t/h）	热耗（kJ/kg水）	标准煤耗（kg/h）	排风量（m³/h）	鼓风量（m³/h）
石灰石	2	31	10.5	0.48	12600	206	11900	220
	3	27	15.3	0.70	9070	216	13100	2340
	4	25	17.2	0.79	8190	219	13500	2350
	5	22	22.8	1.04	6760	240	15200	2580
	6	20	25.5	1.17	6260	250	16000	2680
	10	14.5	33.7	1.54	5250	275	18500	2950
黏土	10	13	28.5	1.3	5840	258	16900	2770
	15	10.5	38	1.73	5170	304	20400	3260
	20	8.3	43	1.96	4870	325	22000	3500
	25	6.7	47	2.14	4700	342	23600	3660
矿渣	10	16	35	1.6	5290	288	19100	3090
	15	11	40	1.8	4790	296	19900	3180
	20	8.7	45	2.07	4540	320	22000	3450
	25	7	49	2.24	4410	334	23400	3580
	30	5.7	52	2.36	4280	344	24000	3700

表 4-4　ϕ2.4m×18m 回转式烘干机的计算热工指标

物料种类	初水分（%）	干料产量（t/h）	蒸发强度[kg水/（m³·h）]	蒸发水量（t/h）	热耗（kJ/kg水）	标准煤耗（kg/h）	排风量（m³/h）	鼓风量（m³/h）
石灰石	2	51	9.6	0.78	14110	375	21500	4042
	3	44	13.8	1.12	10080	385	22900	4120
	4	40	17.9	1.46	8320	413	25300	4440
	5	37	21.5	1.75	7350	438	27400	4720
	6	33	23.6	1.92	6890	450	28300	4830
	10	27.6	34	2.76	5670	532	24000	3700

物料种类	初水分（%）	干料产量（t/h）	蒸发强度[kg 水/（m³·h）]	蒸发水量（t/h）	热耗（kJ/kg 水）	标准煤耗（kg/h）	排风量（m³/h）	鼓风量（m³/h）
黏土	10	15.9	19.5	1.59	6050	327	21200	3520
	15	13	26	2.13	5380	390	25800	4180
	20	11	32	2.58	5000	439	29600	4170
	25	10	39	3.18	4750	515	35000	5530
矿渣	10	24.4	30	2.44	5800	481	31400	5170
	15	17.3	35	2.86	5170	503	33800	5400
	20	12.6	37	3.00	4910	503	34000	5400
	25	10	39	3.17	4750	512	35000	5500
	30	8	40	3.23	4660	512	35000	5500

表 4-5 $\phi 3m \times 20m$ 回转式烘干机技术参数

物料种类	初水分（%）	终水分（%）	转速（r/min）	斜度（%）	产量（t/h）
矿渣	15	1	3.5	3	19.25

表 4-6 $\phi 3.3/3m \times 25m$ 低温回转式烘干机技术参数

物料种类	初水分（%）	终水分（%）	转速（r/min）	斜度（%）	产量（t/h）	传动电动机功率（kW）
矿渣	15	1	3.5	4	18（湿渣）	55

2. 回转烘干机规格的计算

（1）当需要烘干的湿物料量（或要求烘干机的产量）以及物料烘干前的初水分和终水分已知时，回转烘干机的容积可用下式计算：

$$V = \frac{W}{A} = \frac{1000G\left(\dfrac{w_1 - w_2}{100 - w_1}\right)}{A} = \frac{1000G_F\left(\dfrac{w_1 - w_2}{100 - w_2}\right)}{A} \qquad (4\text{-}7)$$

（2）选择烘干机的长径比

回转式烘干机的长径比，一般在 5~8 之间。根据式（4-7）所得的烘干机的容积，选定长径比，即可以计算出烘干机的直径和长度。

表 4-2~表 4-4 分别列出了几种规格的回转式烘干机用于烘干石灰石、黏土和矿渣时的热工指标（其中排风量和鼓风量数值已包括储备）。表 4-5 列出 $\phi 3m \times 20m$ 矿渣回转式烘干机的技术参数供参考。以上烘干机的进气温度设定为 700℃，出烘干机废气温度为 120℃，鼓风温度为 20℃。

表 4-6 列出 $\phi 3.3/3m \times 25m$ 低温回转式烘干机的技术参数供参考。设定进烘干机气体温度为 240℃（冷却机全部余风 200℃，并掺入辅助热风炉的高温烟气），出烘干机废气温度为

110℃。

3. 燃烧室

燃烧室是供燃料燃烧，向烘干机或其他烘干设备提供热烟气作为烘干介质的设施。燃烧室可分为块煤燃烧室、喷燃燃烧室及沸腾式燃烧室三种。

（1）块煤燃烧室属层燃，燃煤在炉篦子上燃烧，易造成燃料的不完全燃烧，燃烧效率低，热烟气温度低，目前已逐渐被淘汰；

（2）喷燃燃烧室是将煤粉喷入炉内燃烧，煤粉燃烧完全，燃烧效率高，热烟气温度高。目前大规格的燃烧室常用，属高效燃烧室；

（3）沸腾式燃烧室是用高压风使炉膛内的细粒煤形成沸腾燃烧料层，具有强化燃烧、强化传热的特点，煤粒燃烧完全，燃烧效率高，热烟气温度高。沸腾式燃烧室可用劣质无烟煤或无烟煤掺煤矸石作燃料，对发热量低和灰分大的劣质无烟煤较为适用，亦属高效燃烧室，应用较多。

（三）烘干车间的布置

1. 在新设计的预热器窑或预分解窑水泥厂中，一般窑尾废气余热除用作生料磨的烘干热源之外，还可用来作为煤磨的烘干热源。因此，设计时往往将生料磨及煤磨放置在窑尾预热器框架附近；

2. 当利用冷却机低温废气作矿渣烘干的热源时，一般把矿渣烘干系统布置在窑头附近；

3. 进烘干机的物料都有一定水分，因此，喂料仓的下部应设捅料孔；

4. 烘干机的喂料和输送设备，一般采用电磁振动喂料机或圆盘喂料机和胶带输送机。胶带输送机中心线与烘干机中心线之间应偏离一定尺寸，并且顺着喂料管上方楼板上亦需留有孔洞，以便烘干机的喂料管在检修时能从燃烧室顶部抽出；

5. 燃烧室用块煤时，一般采用胶带输送机供煤。燃烧室用煤粉时，可考虑单独设置煤粉制备系统或由窑的煤粉制备系统将煤粉输送至烘干系统。在后一种情况下，烘干系统的燃烧室可考虑设置煤粉仓；

6. 烘干机中心距应考虑检修、燃烧室出渣及收尘设备布置等方面的要求。$\phi 2.4m \times 18m$回转式烘干机中心距不小于7m，$\phi 3m \times 20m$回转式烘干机中心距一般为9m。烘干机基础面的斜度应与筒体斜度一致，基础墩之间的水平距离，应根据筒体热膨胀后的尺寸确定；

7. 为了使烘干机的基础不致太高，烘干机出料的输送设备一般布置在地面以下的地沟内，并在沟上适当地点加设人行过桥；

8. 烘干系统厂房应考虑通风散热，厂房顶部应加设天窗。进料端楼面与出料端楼面之间最好设走道连通。在大齿轮上方可考虑设置检修吊钩，或预留足够的检修空间；

9. 回转烘干机排出气体的含尘浓度较高，为简化工艺，一般选用高浓度袋收尘器一级收尘系统。

图4-9是设有顺流式烘干机的烘干车间布置图。烘干机喂料采用胶带输送机，其布置与烘干机垂直，采用沸腾燃烧室供热。出烘干机的废气采用一级袋式收尘器。出烘干机的物料以及收尘器收回的粉尘用输送设备送出。

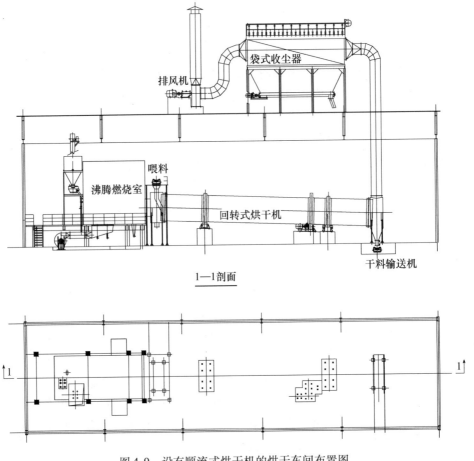

图 4-9　设有顺流式烘干机的烘干车间布置图

三、物料的其他加工

在陶瓷厂中，有时还要对原料进行一些其他方面的加工，如检选、清洗、煅烧、除铁、脱水、陈腐和闷料等。在设计布置时，按需要统一考虑。

第五节　物料的储存及均化

一、物料的储存

为了保证工厂的连续生产，避免由于外部运输的不均衡、设备之间生产能力的不平衡，或由于前后段生产工序的工作班制不同，以及由于其他原因造成物料供应的中断或物料滞留堆积而堵塞，保证工厂生产连续均衡地进行和产品均衡出厂，以及为了满足生产过程中质量控制和产品检验的需要，工厂必须设置各种储存设施来储存生产过程中的各种物料，如原料、材料、燃料、半成品、成品等。这些物料的物理性状有浆状、粉状、块粒状等。有些物料具有黏性或高含水率，有些物料有较高的温度，有些物料在储存的同时还需进行均化或预均化，在作物料储存设计时，必须予以考虑。

（一）物料的储存期

某物料的储存量所能满足工厂生产需要的天数，称为该物料的储存期。各种物料储存期的确定需要考虑到许多因素。物料储存期的长短应适当，过长则会增加基建投资和经营费用，过短将影响生产。确定物料储存期长短的主要影响因素如下：

1. 物料供应点离工厂的远近及运输方式。当物料供应点离工厂较近或由工厂自行运输时，储存期可短些。例如，大中型或一些小型水泥厂的石灰石、黏土等原料矿山离工厂一般都较近，大多由工厂自行开采运输，储存期就可短一些。如矿山离工厂较远或工厂无自备的矿山时，以及运输可能受其他条件影响或需要国家铁路运输时，储存期就应长一些。因此，物料如能均衡供应时，储存期可短些，反之就应长些；

2. 物料成分波动情况。当原料、燃料成分波动较大，或者必须两种以上的原料、燃料搭配使用时，储存期取长些；

3. 地区气候的影响。例如采用干法生产的水泥厂，如工厂地区雨期较长或降雨量较集中，其黏土储存期应长些；

4. 均化工艺上的要求。当采用预均化堆场储存原料、燃料时，则该物料的储存期还必须满足预均化堆场工艺上的要求；

5. 质量检验的要求。在确定半成品和成品的储存期时，必须满足该物料质量检验或调整均化所需要的时间。

此外，在确定物料储存期时，尚须考虑生产工艺线的数目、工厂规模、物料用量的多少、工厂生产管理水平和质量控制的水平以及装卸机械化的程度等因素的影响。

对于水泥厂，由于其物料的储运量大，储存设施占地面积大，储运设计是重点考虑的项目之一。水泥厂各种物料的最低储存期见表4-7，储存期以烧成车间的生产能力（熟料产量）为计算基准。

表4-7　水泥厂各种物料的最低储存期　　　　　　　　　　　　　　　　　　　d

物料名称	大、中型水泥厂	小型水泥厂	物料名称	大、中型水泥厂	小型水泥厂
石灰石	5	15（有矿山5）	石　膏	30	20
黏　土	10	7	生　料	2	4
燃　料	10	10	熟　料	5	7
混合材	10	10	水　泥	7	7
铁　粉	30	20			

对于陶瓷厂，物料的储存期（月）及堆积高度见表4-8（储存期以烧成车间的生产能力为计算基准）。

表4-8　物料的储存期（月）及堆积高度

物　料　种　类	储存方式	储存期	堆积高度（m）	备　注
不需要风化的高岭土类	库棚	4~6	1.5	袋装原料堆高1.5~2m
黏土类及要风化的高岭土	库棚	3~4	1.5	人工堆料
	露天	6~12	1.5~2	人工堆料
硬质原料类	库棚	0.5~1	1~1.2	人工堆料
	露天	3~6	0.8~1	人工堆料

对于玻璃厂，储存期一般可取以下定额（以熔制车间的生产能力为计算基准）：

（1）大量使用的原料（如砂岩、硅砂、白云石），储存期应能满足运输周期再加 15~20d。

$$A = (15 ~ 20) + S + S_1 \qquad (4-8)$$

式中　A——储存期（d）；

　　　S——运输天数；

　　　S_1——质量控制、化验分析天数（包括取样、制样、分析、改料方，一般按 7d 考虑）。一般分三堆存放，每堆 10~15d，约 30~45d。

（2）小量使用的原料，如长石、石灰石、萤石等，根据情况分三堆（或两堆），每堆存 10d 左右，总计约 20~30d，如运输周期较长，应考虑储存期适当加大。

（3）纯碱芒硝储存期为运输周期再加 20d，一般采用 30~40d。

（4）表 4-9 给出的是某新建年产 120 万重箱浮法玻璃厂，设计确定的物料储存期。

表 4-9　某年产 120 万重箱浮法玻璃厂物料储存期　　　　　　　　　　　　　　d

储存期	硅砂	长石	石灰石	白云石	芒硝	纯碱	煤粉	重油	木板	稻草	成品
实　际	62	92	107	57	60	29					14.8
设计定额	60	60	60	60	60	30	60	30	60	180	15

（二）储存设施的选择

储存设施的选择主要取决于工厂的规模、工厂的机械化自动化的水平、投资的大小、物料的性质以及对环境保护的要求等。工厂的储存设施主要有露天堆场、堆棚、各类圆库等。

露天堆场是用于块、粒状物料储存及倒运的设施。采用露天堆场储存物料具有储存量大、投资省的特点。缺点是占地面积大，面积利用率低；在堆放及输送过程中易产生扬尘，物料的损失大，不利于环保，操作受天气影响，物料水分不易控制。一般用于储存外部运入的大宗物料，如石灰石、黏土、砂岩、长石、煤炭、石膏、混合材等。其位置大多布置在工厂的边部，多位于进料方便及厂区最大频率风向的下风侧。

物料堆棚可使物料免受风雨的影响，有利于控制物料水分，尤其适用于多雨地区，用于储存黏土、铁粉、煤炭、芒硝、纯碱等。

圆库常用于小块状、粒状、粉状及浆状等物料的储存，适用范围广。圆库储存物料，库容积的有效利用率高，占地面积小，密闭性好，扬尘较易处理，易于机械化、自动化操作。但圆库散热效果差，不利于物料的冷却。对于黏湿性物料，由于易造成下料堵塞，一般不宜采用圆库储存。

（三）储存设施的计算

1. 露天堆场

对于较大型的露天堆场，设计方案常采用如下两种类型：

（1）设有龙门吊车的露天堆场（大、中型水泥厂常采用）。堆场内设有一台龙门吊车进行堆料和倒运。物料经铁路卸车线运来，经 2~3 台链斗卸车机卸入卸车坑内，然后由龙门吊车抓入堆场堆放。或者经过卸车坑和胶带输送机送入储存库或磨头仓。在龙门吊车的轨道间设有煤、混合材、铁粉等的堆料场地。石膏由于块度较大，可由铲车配合人工卸车堆料，料堆设在龙门吊车工作范围之外堆存，经破碎后再送入储库。

这种堆场由于采用龙门吊车，堆料、倒运比较灵活，堆料高度可达 10m 左右，堆场面积能得到较充分利用，但投资较高。所采用的龙门吊车跨度在 25~40m，起重量 5t，3m³ 抓斗。图 4-10 所示为某大型水泥厂设有龙门吊车的露天堆场的布置一例。

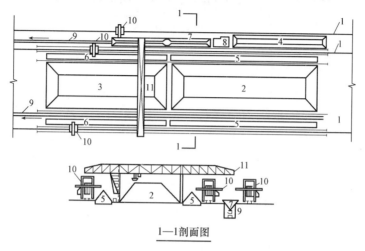

图 4-10 设有龙门吊车的露天堆场

1—铁路卸车线；2—矿渣堆场；3—煤堆场；4—石膏堆场；5—矿渣卸车坑；6—煤卸车坑；7—铁粉卸车坑
（兼作煤、矿渣卸车坑）；8—石膏破碎车间；9—胶带输送机；10—链斗卸车机；11—40m 跨度龙门吊

（2）用推土机及铲车堆料的露天堆场。进厂物料用卸车机卸料后，由推土机或铲车在堆场内进行堆料。从堆场内取料时，则用推土机或铲车将物料送至地沟胶带输送机的受料斗内，经胶带输送机送出。石膏用人工卸车，经破碎后由胶带输送机送出。堆料高度一般为6~7m，故堆场的面积利用率较低，占地面积大，且堆料、倒运不够灵活，堆料时漏料多，对不同物料要求分段定点卸车，否则易造成混料。但投资较省，一般只用于机械化程度不高的中、小型水泥厂，亦用于陶瓷厂及玻璃厂。

图 4-11 所示为某年产 25 万 t 水泥厂露天堆场的布置。

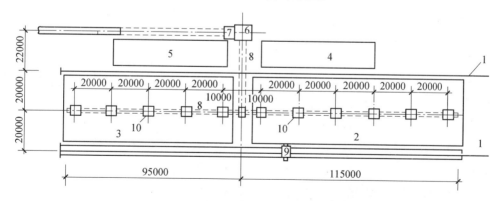

图 4-11 某年产 25 万 t 水泥厂露天堆场的布置

1—铁路卸车线；2—矿渣堆场；3—煤堆场；4—石膏堆场；5—铁粉堆场；6—石膏破碎车间；
7—铁粉进料坑；8—地沟胶带输送机；9—卸车机；10—煤、矿渣进料坑

99

堆场内的料堆应整齐排列，料堆的宽度应一致。当堆场的型式确定后，料堆的高度及宽度即已确定。对于长方形布置的料堆，由于物料休止角的关系，一般形成四棱台形料堆。料堆的形式如图 4-12 所示，根据料堆高度、宽度可计算料堆的长度：

$$L = \frac{Q + \gamma H^2 \cot(B - \frac{4}{3}H\cot\alpha)}{H\gamma(B - H\cot\alpha)} \tag{4-9}$$

公式适用条件：L 和 $B \geqslant 2H\cot\alpha$。

式中　L——某种物料料堆的底边长度（m）；

　　　Q——该物料在露天堆场的储存量（t）；

　　　H——料堆高度（m）；

　　　B——料堆底边宽度（m）；

　　　γ——该物料的堆积密度（t/m³）；

　　　α——该物料的休止角（°）。

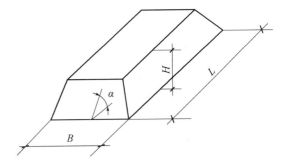

图 4-12　料堆体积计算图

求出堆场内各种物料料堆的占地面积之和，并考虑堆场面积利用系数（一般为 0.60 ~ 0.75）后，即可计算出露天堆场占地总面积。

2. 堆棚

堆棚所需面积取决于被储存物料的种类、堆积密度及料堆的高度。一般情况下原料的存放面积可按下式计算：

$$S = \frac{Q}{h\rho\gamma} \tag{4-10}$$

式中　S——原料的存放面积（m²）；

　　　Q——原料的储存量（t）；

　　　h——原料堆的高度（m）；

　　　ρ——料堆的有效体积系数，一般为 0.7 ~ 0.8；

　　　γ——原料的堆积密度（t/m³）。

3. 圆库

圆库的大小按物料要求的储存量而定，其筒高与直径的比值（高径比）一般为 1 ~ 2.5，常用 2 ~ 2.5。其型式随储存物料的不同和直径的大小而不同，主要区别在于圆库底部的形状，常见的有平底圆库及带有锥形漏斗的圆库。

图 4-13 示出常见的几种储存物料的圆库型式，其中 Ⅰ 型、Ⅱ 型、Ⅲ 型库库底设有锥形漏斗，锥体角度在 50°左右。Ⅰ 型库不便施工，现较少采用。为便于出料，Ⅱ 型、Ⅲ 型锥形漏斗下部设置高约 1m 的钢板漏斗，为半漏斗式库。Ⅱ 型、Ⅲ 型库也作为粉状物料的储存库，用作中、小型水泥厂机械倒库的干法生料库或水泥库，直径通常 ≤8m，设计时锥体角度一般为 55°。Ⅳ 型库库底为双曲线锥形漏斗，这种库下料方便，在下料口处不易产生物料的起拱堵塞，但锥体部分高度较大，施工困难，常用作原煤的储存库。Ⅴ 型库直径较大，库底卸料口数量较多，可作为需要储存量较大的物料用。

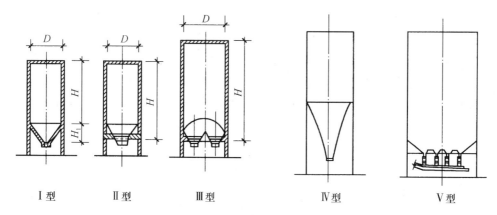

图4-13　常见的几种圆库型式

当粉料储存量较大时，常采用如图4-14所示的平底库。这种圆库的直径较大（8～15m），常用于间歇搅拌生料系统的储存库，也可用于水泥、粉煤灰等粉状物料的储存。由于直径较大，其下料口数量较多（2～4个下料口）。生料粉的各种均化库则由所选择的均化系统决定均化库的型式。水泥库的型式与生料粉库基本相同，多采用平底圆库。大、中型水泥厂的水泥库规格较大，除库底采用多个下料口卸料外，还须考虑库侧卸料以满足水泥散装装车的要求。图4-15为常见的几种水泥库型式。

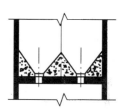

图4-14　平底库

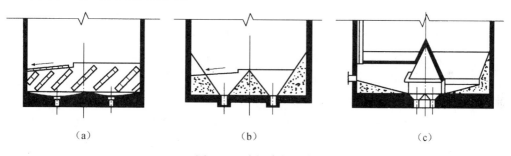

　（a）　　　　　　　　　　（b）　　　　　　　　　　（c）

图4-15　水泥库的型式

在图4-15中，（a）和（b）的库底有4个卸料口，库侧有1个卸料口。库底斜面与水平面之间的角度一般为50°～55°，通往库侧卸料口的卸料槽斜度为10%。斜面上铺有充气板，充气后使物料能顺畅地从库侧卸出。（c）为带中央锥形室的圆库。库底铺有充气板，充气时物料经锥形室周围的开口处进入锥形室，由库底的四个卸料口卸出，库侧开口也可作为库内卸出水泥之用。

确定圆库的规格和数量时，根据该物料要求的储存期和物料平衡表中该物料的日平衡量计算该物料的要求储存量，并由物料的堆积密度计算出要求储库的容积，选择合适的库型和库的规格，计算需要库的数量。圆库的几何容积可由圆库各部分的尺寸计算求得。库的有效容积计算：对直径5～8m圆库，按料装到距库顶1.5m进行计算；对直径10～15m圆库，按料装到距库顶2m进行计算。所确定的圆库规格和个数应满足工艺要求和适应工厂布置的要求。

为了满足窑磨之间的连续均衡生产，生料必须有一定的储存量。一般大、中型水泥厂按窑 2.5～3.5d 的需要量计算，小型厂则为 4～5d。干法生料库当采用机械倒库时，采用同一规格的圆库，一般直径为 5～8m，库数不宜少于四座。间歇空气搅拌均化系统的计算见"物料的均化"部分，采用连续均化系统时，一般只设置 1～2 个大直径的连续均化库。

在根据所选定的水泥库规格及库的储存量计算水泥库的个数时，除满足水泥总的储存量要求外，还应满足生产控制和水泥质量检验的要求。当生产单一品种水泥时，水泥库通常不少于四座，每增加一个品种则需增多一座水泥库。

水泥厂采用圆库储存物料时，圆库的直径规格不宜太多。为方便施工、降低造价，应尽量统一为 2～3 种规格。当圆库数量较多时，为简化流程和缩短运输路线、节约用地、方便管理，常根据工艺的要求将圆库分别集中，采用单列或成双列的库群布置。采用库群布置时，库的高度和直径尽可能统一，以便满足库顶布置输送设备和建造长廊的要求和便于施工；对于大规格圆库的高度，应根据需要的储存期和地耐力等具体情况综合研究确定，以免造成基建投资费用的增加。

二、物料的均化

(一) 概述

物料的均化，可以提高物料成分的均匀性。物料成分均匀性提高，不仅可以提高产品质量，稳定生产工艺过程，而且可以利用劣质原料和燃料，扩大原料资源，延长矿山使用寿命等，具有较高的技术经济价值，是近些年得到迅速发展和被工厂广泛应用的新工艺、新技术。

下面以水泥厂生产工艺过程中的均化问题为例，介绍物料的均化工艺及设施。在水泥厂中，常需采用特定工艺设施对原料、燃料以及对生料和水泥进行均化。

水泥生产中入窑生料化学成分的均齐性，不仅直接影响熟料质量，而且对窑的产量、热耗、运转周期及窑的耐火材料消耗等都有较大的影响，这些影响对大型干法回转窑尤其敏感。由于水泥生料是以天然矿物原料配制而成，随着矿山开采层位及开采地段的不同，原料成分波动在所难免。另一方面，由于水泥厂规模趋向于大型化以及水泥与其他工业的发展，对石灰石的需求量日益增长，从而使石灰石矿山高品位的原料不能满足生产的需求，势必要采用高低品位矿石搭配或由数个矿山的矿石搭配的方法，以充分利用矿山资源。因此生产中应对原料、生料采取有效的均化措施，以满足生料化学成分均齐性的要求。

为制备成分均齐的生料，从原料矿山开采直至生料入窑前的生料制备全过程中，可分为以下四段均化环节：

1. 原料矿山按质量情况计划开采和矿石搭配使用。
2. 原料在堆场或储库内的预均化。
3. 粉磨生料过程中的配料控制与调节。
4. 生料入窑前在均化库内进行均化。

以上四个环节都承担着一定的均化任务，其中的任一环节都不容忽视，可看作由四个环节合理匹配组成一条完整的均化链。原料的预均化和生料的均化这两个环节，占生料全部均化工作量的 80% 左右。

原料在入生料磨之前的均化工作称为原料的预均化，一般指在特定的均化设施——预均化堆场中的均化工作。预均化技术首先使用在冶金工业，1959 年在水泥工业中首次采用该项技术，目前已在新建的大型干法水泥厂中得到广泛的应用，并取得较好的效果。根据料堆有长形和圆环形两种型式，从而预均化堆场分为矩形和圆形两种类型。近年来圆形堆场的采用似有增多的趋势。

在 20 世纪 50 年代以前，生料粉的均化主要是靠机械倒库和多库搭配，均化效果很差。而生料浆易于搅拌均化，所以湿法窑能生产质量较好的水泥，从而得到较大的发展。50 年代初，随着悬浮预热器窑的出现，建立在生料粉流态化技术基础上的间歇式空气搅拌库开始迅速地发展。随着水泥生产设备的大型化和自动化，生料均化库也逐步完善，实现了连续均化。早期的连续均化库是将两座空气搅拌库串联使用，但串联式均化库的投资和电耗高，未得到广泛使用。60 年代末，出现了带混合室的连续均化库，在大型干法水泥厂中已得到比较广泛的使用，其电耗和投资较低。70 年代后期，出现了多料流式均化库，其耗电量和土建费用进一步降低。

以煤为燃料的水泥厂，由于煤的灰分将大部或全部掺入熟料中，煤热值的波动也将影响熟料的煅烧，因此煤质的波动对窑的热工制度和熟料的产量、质量都有影响。当煤质波动较大时，生产中也应考虑煤的预均化措施。

出厂水泥质量稳定与否，直接关系到土建的工程质量。所以，不但要求出厂水泥能全部符合国家标准，而且必须保证所有编号水泥都具有不小于 2.45MPa 的富余强度，以补偿水泥在运输和保管过程中的强度等级损失。为确保出厂水泥质量稳定，生产中应考虑水泥的均化措施。进行水泥的均化，不但能缩小出厂水泥强度等级的波动范围，稳定水泥质量，而且可以有效地降低出厂水泥超强度等级的比例，增加工厂的经济效益。

（二）均化设施性能的评价

物料成分的均匀性，以物料某成分含量的波动大小来衡量，根据数理统计的概念，可以用标准偏差 s 来表示，计算式如下：

$$s = \sqrt{\frac{1}{n-1} \sum_{i=1}^{n} (x_i - \bar{x})} \tag{4-11}$$

式中　x_i——物料中某成分的各次测量值；

　　　$\bar{x}$——各次测量值的算术平均值，即

$$\bar{x} = \frac{1}{n} \sum_{i=1}^{n} x_i \tag{4-12}$$

　　　n——测量次数。

因为标准偏差是一种数理统计概念，为了如实地反映客观情况，具有一定的真实性和可靠性，要求计算标准偏差的原始数据即测量值不应少于 20 ~ 30 个，一般应大于 50 个数据。

标准偏差 s 愈小，则表示物料成分愈均匀。

均化设施性能的衡量指标为均化效果，通常是指均化设施进料和出料的标准偏差值之比，即：

$$H = \frac{s_{进}}{s_{出}} \tag{4-13}$$

式中　H——均化设施的均化效果；

　　$s_{进}$，$s_{出}$——分别为进入和卸出该均化设施时物料中某成分的标准偏差。

　　某些情况下，矿石进入均化设施时，成分的波动往往不按正态分布，由计算所得的标准偏差 $s_{进}$ 往往比实际偏大，从而使计算的均化效果偏高。根据许多统计资料表明，均化后的物料成分波动都比较接近正态分布。因此在一定条件下，直接用均化后的出料标准偏差 $s_{出}$ 表示均化作业的好坏，可能比单纯用均化效果 H 来表示更能切合实际。用 $s_{出}$ 表示均化作业的好坏时，其值愈小则表示均化的效果愈好。

　　（三）原料、燃料的预均化

　　原料、燃料的预均化是通过在预均化堆场内的堆料和取料过程中进行的。如图 4-16 所示，原料经破碎后送入预均化堆场，进堆场前其成分波动较大。在堆场内原料用专门的堆料机械以薄层叠堆，一般堆料层数可达 200～400 层。堆完料后从预均化堆场取料时，用专门的取料机械从料堆以垂直堆料薄层方向依次切取薄料的方式取料，则所取得的原料成分的波动情况已经改善，从而达到均化的目的。

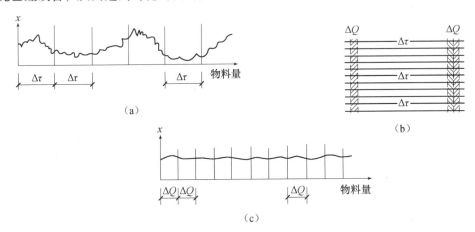

图 4-16　预均化堆场均化原理示意图

（a）预均化堆场进料成分的波动情况；（b）堆场堆、取料示意图；（c）经预均化后出料成分的波动情况

$\Delta\tau$—堆料时每层物料；ΔQ—每取料截面层物料量

1. 预均化方案及堆场布置型式的选择

　　建设水泥厂是否需要采用预均化堆场及选择何种预均化方案，应从工厂的规模、生产方法、投资大小和生料制备均化链的四个均化环节加以综合考虑。在生料制备均化链中，预均化堆场主要起两个作用：消除进厂原料的长周期波动和显著地降低原料成分波动的振幅，缩小其标准偏差值。是否需要采用预均化堆场，一般主要基于以下三方面的要求加以考虑，即原料均匀性的要求、物料储存的要求和配料控制的要求。

　　从原料均匀性的要求来说，湿法生产由于生料浆的均化较好，因而可适当放宽对原料均匀性的限制，不一定设置预均化堆场。而对于干法生产，尤其是大型干法生产的水泥厂，对生料的波动限制很严，根据国内外长期实践的经验，一般对入窑生料成分均匀性的要求为：

　　石灰饱和系数（以 KH 计算）：±0.015；硅酸率：±0.05；铝氧率：±0.05；$CaCO_3$ 含量标准偏差：$s \leq 0.2$。

因此在设有高均化效果的生料均化库的条件下，出磨生料碳酸钙的标准偏差应不大于2。所以有的资料表明，当进料石灰石碳酸钙的标准偏差大于3，而其他原料如黏土、煤等也有较大波动时，就应考虑采用石灰石预均化堆场；当石灰石碳酸钙标准偏差小于3，要结合石灰石储库、生料粉磨及生料均化库各级均化效果，综合考虑设置生料全部制备系统的均化措施。

另有一种观点，是按原料进料成分的波动范围来考虑。原料成分的波动范围用下式计算：

$$R = \frac{s}{\bar{x}} \times 100\% \tag{4-14}$$

式中　R——原料中某成分的波动范围（％）；

　　　s——原料中该成分的标准偏差值；

　　　$\bar{x}$——原料中该成分的算术平均值。

当$R < 5\%$时，表示原料均匀性良好，不需要采用预均化堆场；当$R = 5\% \sim 10\%$时，表示原料成分有一定波动，结合其他原料的波动情况，包括煤的质量情况以及设备条件和其他工艺上所采取的相应措施，综合考虑确定；当$R > 10\%$时，表示原料波动较大，在没有其他有效措施可以减小波动时，就应采用预均化措施。

采用预均化堆场可以是一种原料单独进行预均化或采用多种（一般为两种）原料在同一堆场中混合预均化的方案。单独预均化适用于某种原料成分很不均匀、且需进行预均化的场合。它要求所均化的原料湿度小，无粘结性。混合预均化时，原料按一定配比进入同一预均化堆场，在预均化的同时还进行预配料，称为预配料堆场。为了达到预配料的要求，原料在进堆场前必须经自动化连续取样站进行样品的检查分析，以控制入堆场物料的配比。采用自动化连续取样站大大提高了矿山生产的控制水平，对于成分复杂、波动很大的原料具有更大的适应性，是目前较先进但控制复杂的方案。由于取样站系统控制复杂、投资高，实际采用的并不太多，作为其简化形式采用较多的是省掉自动化连续取样站。混合预均化主要用于原料中有一种是湿性或黏性的组分，不易单独处理的情况。

20世纪70年代以后，对于现代化的大型干法水泥厂，即使原料质量很好，亦有的采用预均化堆场作储存设施，均化只是辅助作用。其堆料机、取料机则可采用简单价廉的形式。虽然其投资比一般堆存设施要增加一些，但在一定规模下，投资的增加并不显著。

进行预均化堆场设计所依据的资料，对于老厂的改建、扩建可参考矿石成分分析的历史资料，结合今后开采的岩层地质资料综合考虑；对于新建厂则参考地质详勘报告，在宏观上加以分析判断。原料是否采用预均化，还要结合原料矿山的具体情况和工厂的具体条件统一考虑，在作预均化方案选择时，在充分掌握矿山资料和原料的物理、化学性能的基础上，进一步作不同方案的技术经济比较。

预均化堆场按布置型式可分为矩形预均化堆场和圆形预均化堆场。

矩形堆场一般设有两个料堆，一个料堆在堆料，另一个料堆在取料，相互交替。每个料堆的储量通常可供工厂使用5~7d。料堆的长宽比为3~4，根据两个料堆的位置不同，矩形预均化堆场的布置有直线布置和平行布置两种。

当两个料堆按直线布置时（如图4-17所示），堆场两侧分别设置堆、取料机和进、出料胶带输送机，物料输送流程简单。堆场为狭长形，长宽比约为 5～6。当堆场设置屋盖时，屋架跨度较易处理，堆场内堆、取料机易于布置，并且可以选用设备价格较低、安装在屋架下的天桥胶带堆料机。因此只要地形条件允许，大多数水泥厂采用这种布置形式。

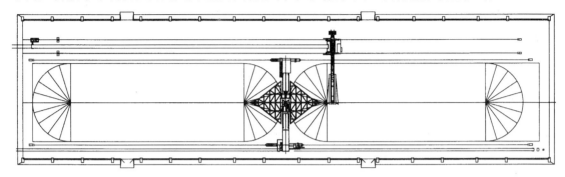

图 4-17　矩形预均化堆场直线布置

当两个料堆并排布置时，堆场的宽度较宽而长度较短，长宽比较小。如堆场需设置屋盖时，则屋架跨度很大。此种布置形式虽然在总平面布置上比较方便，但取料机要设置中转台车以便平行移动于两料堆间，堆料机也要选用回转式或双臂式以适用于两个平行的料堆，因此采用平行的并排布置的矩形堆场较少。

圆形堆场（如图 4-18 所示）只有一个圆形料堆，在料堆断开处，一端连续取料，另一端连续堆料。在已堆好的料堆中，包括正在取料的部分，必须有可供工厂使用 4～7d 的储存量。

圆形预均化堆场与矩形预均化堆场相比较，具有如下优点：

（1）占地面积小，在容量相同的条件下比矩形堆场少占地 30%～40%。

（2）在容量相同的条件下设备购置费较低，约为矩形堆场的 75%，装机容量也小于矩形堆场。带屋盖的堆场总投资约为矩形堆场的 60%～70%，并且经营费用可比矩形堆场省些。

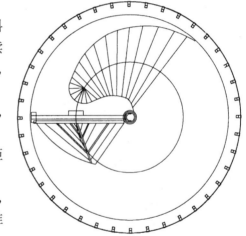

图 4-18　圆形预均化堆场示意图

（3）采用连续式堆料的圆形堆场不存在处理端锥的困难，端锥只被把取一次后即连续进行取料，不再存在端锥。矩形堆场中每个料堆初次取料和将取完料时都要切取端锥，影响均化效果。

（4）圆形堆场采用中心出料，出料胶带长度不改变，因此物料流是连续稳定的，从而在堆场和生料磨之间采用反馈控制比较容易。矩形堆场中取料机换向取料时会形成间断的料流，随取料机的移动，出料胶带上的物料长度是变化的，采用反馈控制则较困难。

但是与矩形堆场相比，圆形堆场也存在以下不足之处：

（1）圆形堆场的料堆为圆环形，内外圈相差很大，物料的分布不如矩形堆场的长形料堆对称而均匀。

（2）圆形堆场因受厂房直径的限制，堆存容量不及矩形堆场多，在扩建时也不能像矩形堆场可以接长，而是必须新建堆场。从总平面布置来说，圆形堆场建筑面积虽小，占地面积不一定小，甚至会影响总体布置。

（3）圆形堆场出料经中心卸料斗和设在长地沟内的胶带输送机转运，一般中心卸料斗只允许水分小于6%的物料通过，在均化黏、湿物料时要防止发生堵塞。对地下水位高的厂址而言，长地沟的防水困难。

（4）作预配料堆场的圆形堆场，由于连续式堆料法总在堆端布料，所以难以及时调整；而矩形堆场可在料堆全长布一层调整料，因而调节方便。

近年来，圆形预均化堆场在水泥工业中逐渐得到重视。数量上开始逐渐超过矩形预均化堆场，但究竟采用圆形还是矩形预均化堆场，要根据工厂具体情况及原料的物理性能来确定。

预均化堆场占地面积很大，一般都在 1 万 m² 以上，堆场的屋盖跨度大，造价较高。是否要设置屋盖，应根据物料的性质、环境保护的要求以及当地的气象条件而定。出于环境保护的目的，更主要的是为了避免雨雪对生产的影响，大多数水泥厂的预均化堆场都设置了屋盖。

小规模的水泥厂堆场，可采用如图 4-19 所示的断面切取与差速卸料相结合的均化方式。该均化库分左右两个（图中只给出一个），轮流进料和卸料，相当于矩形堆场的两个料堆，利用电磁振动给料机轮流卸料时物料靠重力下降切割所有料层，达到预均化的目的。这种均化库占地面积不大，均化效果可达 3 ~ 5，能满足一般要求均化需要。

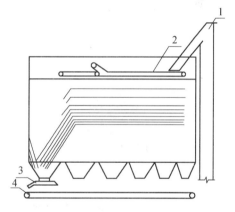

图 4-19 小型仓式预均化库示意图
1—提升机；2—带卸料车的胶带输送机；
3—振动给料机；4—胶带输送机

2. 堆、取料方式和堆、取料机械的选择

（1）矩形预均化堆场

矩形预均化堆场内，原料堆成长形料堆。堆料方式主要有单人字形堆料法、多人字形料法、波浪形堆料法、水平层状堆料法、横向倾斜层状堆料法和纵向倾斜层状堆料法（或称连续式堆料法）等。各种堆料方式如图4-20所示。

堆料方式的选择与工厂规模、要求的均化效果以及预均化堆场的建设投资等有关。在上述各种堆料方式中，人字形堆料法因为只要求下料点沿料堆中心线往返移动，堆料方法和采用的堆料设备都较简单，因而比较经济，是较常用的堆料方式。其主要缺点是如物料颗粒不均匀，堆料时粗颗粒物料可能沿人字料堆向下滚落，使料堆两侧及底部集中了大块物料而料堆的中上部分多为细粒物料，即产生物料颗粒的离析现象。如粗、细粒物料化学成分有所不同，则离析现象将引起料堆横截面上不同部位成分的波动。多人字形、波浪形堆料可使物料颗粒离析现象减轻，但由于下料点增多，使堆料设备复杂，设备价格较贵，操作较复杂。水平层状堆料可以完全消除颗粒离析现象，但出于要求，堆料机械必须沿料堆宽度均匀摆动下料，从而使堆料机结构更复杂，所以采用的范围很小。其他几种堆料方式由于取料时所切取物料层数不多，均化效果均较差。堆料机械主要分为胶带堆料机和耙式堆料机两类。其中胶带堆料机使用广泛、形式较多。各种胶带堆料机的型式如图 4-21～图 4-24 所示。

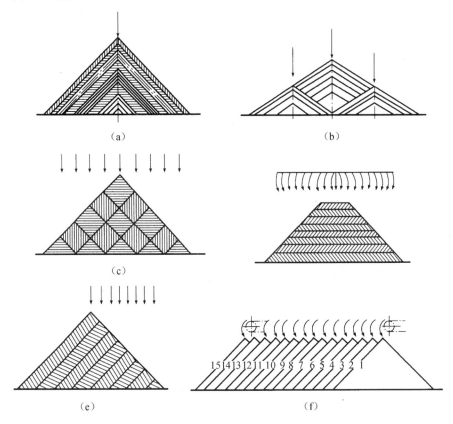

图 4-20　预均化堆场的堆料方式

（a）单人字形堆料；（b）多人字形堆料；（c）波浪形堆料；（d）水平层堆料；
（e）横向倾斜层状堆料；（f）纵向倾斜层状堆料

天桥胶带堆料机最简单，也比较经济，用于设有屋盖的预均化堆场，可堆人字形、纵向倾斜层状料堆，是目前使用最多的堆料机之一。其缺点是物料落差大，易引起扬尘。为防止落差过大，可以接上一条活动伸缩管或接上可升降卸料点的活动胶带。

车式悬臂胶带堆料机在室内或露天堆料均适用，是目前比较普遍使用的堆料机，其悬臂胶带的倾角可调节，可在堆料时降低物料的落差，以利减少扬尘。这种堆料机可堆人字形、纵向倾斜层状料堆。有些设计使悬臂胶带的长度也可调节，因而也可堆多人字形、波浪形料堆。

桥式胶带堆料机常用于黏性物料卧库型预均化堆场，可作人字形、波浪形、水平层状形堆料；门式胶带堆料机用于室内可堆成人字形料堆，其悬臂胶带可调节升降。

耙式堆料机又称链式耙，主要用于侧面堆料作横向倾斜层状料堆，也可堆人字形料堆。其作业方式如图 4-25 所示。这类耙机一般都能兼任堆料和取料作业，设备价格也较低廉。

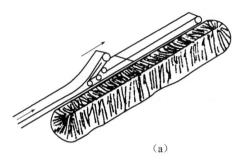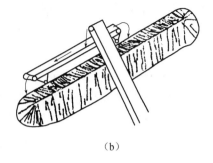

（a）　　　　　　　　　　　　　　　　　（b）

图 4-21　天桥胶带堆料机

（a）带移动卸料车的天桥胶带堆料机；（b）带移动胶带输送机的天桥胶带堆料机

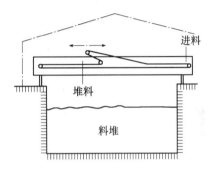

图 4-22　门式悬臂胶带堆料机　　　　　　图 4-23　卧库式桥式胶带堆料机

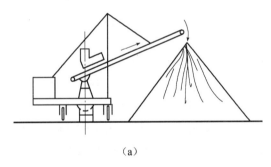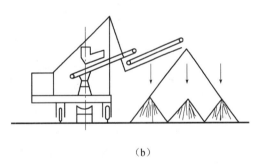

（a）　　　　　　　　　　　　　　　　　（b）

图 4-24　车式悬臂胶带堆料机

（a）只调节悬臂胶带倾角；（b）可以调节悬臂胶带倾角和长度

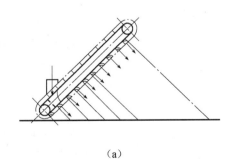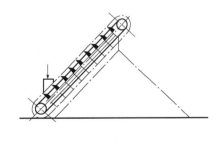

（a）　　　　　　　　　　　　　　　　　（b）

图 4-25　耙式堆料机堆料作业示意图

（a）横向倾斜层状堆料；（b）人字形堆料

取料方式有端面取料、侧面取料和底部取料三种。取料时应能最大限度地同时切取到形成料堆的各料层，因此对不同的堆料方式相应采取不同的取料方式。端面取料是最常用的取料方式，一般适用于人字形、多人字形、波浪形、水平层状、横向倾斜层状等料堆的取料；侧面取料一般适用于横向、纵向倾斜式料堆的取料；料堆底部设有缝形仓时可在底部取料，适用于纵向倾斜层状或圆锥形料堆的取料，这种取料方式使用很少。

不同的取料方式要求不同的取料机械，取料机的选型和工作状况也对均化效果有直接影响。常用的取料机械有桥式刮板取料机和桥式圆盘取料机，如图 4-26 所示。

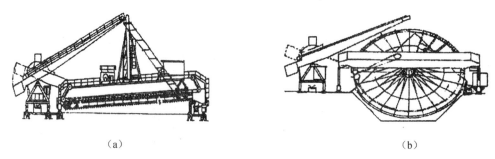

（a）   （b）

图 4-26 桥式刮板取料机与桥式圆盘取料机

（a）悬臂堆料机与桥式刮板取料机；（b）悬臂堆料机与桥式圆盘取料机

桥式刮板取料机取料时，可截取整个取料截面，并对物料具有一定的混合作用，可以部分消除堆料中产生离析现象的影响。它的取料能力稳定、便于控制，所需空间较小，广泛用于室内和露天作业，适用于端面取料，有较好的均化效果。它的动力消耗较大，刮板、链板磨损较严重，近年来已作了不少改进。

桥式圆盘取料机是近年发展起来的新型取料机，适用于端面取料的室内和露天作业的堆场。取料时，能同时截取整个料堆端面的物料，经过圆盘机内混合输出，因而兼任集料、混合、输送三项作业、节约动力、物料流稳定、成分均匀，并且处理物料能力的范围很大，其机械设备构造简单、维修方便、易操作。由于圆盘机倾斜覆盖在料堆端面成椭圆面接触，料堆地面可按椭圆面构筑成凹形，因此当料堆横截面相等时，采用圆盘取料机的料堆所需厂房跨度可以大为减少，一般比采用其他取料机节约 20% 左右。因此近年来圆盘取料机发展很快。

（2）圆形预均化堆场

圆形预均化堆场为圆环形料堆，堆料方式为连续式堆料（如图 4-18、图 4-27 所示）。即堆料机作往返扇形旋转堆料，每往返一次，回转臂向前移动一定角度（如堆料机每次前移 0.5°），旋转的同时，回转臂还根据料堆的高度作升降运动。每次的往返作业不断从最低点升至最高点，返回时则又降至最低点，如此进行连续堆料。这种料堆是人字形料堆和纵向倾斜层状料堆的结合型料堆。其优点是消除了物料的端锥，因而使用日益普遍。

圆形预均化堆场采用悬臂式胶带堆料机堆料，取料一般采用桥式刮板取料机或桥式圆盘取料机，堆料机、取料机可以围绕中心作 360° 回转。图 4-27 为悬臂式胶带堆料机与桥式圆盘取料机配合的圆形预均化堆场布置示意图。

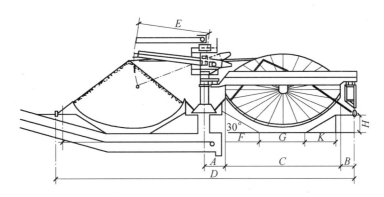

图 4-27　圆形预均化堆场布置示意图

3. 预均化堆场设计的几个问题及一些参数的确定

（1）物料成分的周期性波动问题

矿山成分波动激烈或开采时为充分利用夹石或其他废石，使进入预均化堆场的原料成分波动出现非正态分布，甚至呈现一定周期性的剧烈波动。从而造成料堆纵向的原料成分产生周期性长的波动，增加出料时的标准偏差。因此原料矿山要注意计划开采和合理搭配，以减少进料成分的激烈波动。当物料成分呈现周期性波动时，为避免料堆纵向上成分波动的不利叠加，一般要求堆料机往返布料一次的时间小于物料成分波动的短周期，并且该短周期还不能是堆料机布一层料时间的整倍数，因此要求堆料机的移动速度在一定范围内可以变速，堆料机布一层料的时间一般以 3～6min 为宜。

（2）堆料的颗粒离析现象

堆料时的颗粒离析，使较大的颗粒富集于料堆的底部和边部，细料则多留在上部。由于物料大小颗粒的成分有差别，例如石灰石，大颗粒一般碳酸钙含量较高而小颗粒则含量较低，从而产生料堆横断面上成分的波动。离析作用的大小与堆料方式有关，但当堆料机型式确定后，一般难以改变堆料方式。减少和克服离析作用的影响可采取下列措施：

选择合适的破碎机，减小物料颗粒的级差，不允许超过规定粒度的颗粒进入堆场。堆料时减少落差是减少物料颗粒离析的一项重要措施。在可改变落料高度的胶带堆料机端部常安设触点式探针或距离脉冲发生器来控制落料高度。落料高度一般为 500mm 左右。

取料机取料时，应尽量一次切取断面所有的料层和进行混合作用，以减少离析作用的影响，这与取料机的工作方式和能力有关。

（3）端锥问题

长形料堆的两个呈半圆锥形的端部称为端锥。当在料堆端面取料时，起始端锥部位的料层方向正好与取料机切面方向平行（如图 4-28 所示），因此取料机不可能同时切取所有料层。此外，端锥部物料的颗粒离析现象尤为突出，从而降低均化效果。取料接近终点时，料

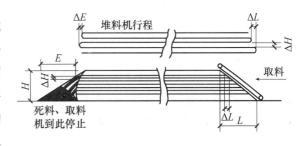

图 4-28　料堆端锥部分布料行程控制示意图

堆高度已大大下降，当终点端锥到不足 1/2 高度时，一般取料机停止取料，遗留一小堆死料，这部分死料在重新堆料时影响端部的布料。

为了减小端锥的不良影响，堆料机在布料时，在起始端锥处缩短布料行程 ΔL，在终点端锥处缩短布料行程 ΔE，堆料机每布一层料升高 ΔH，料堆的每一层 ΔL、ΔE、ΔH 都有不同的数值，选择堆料机时应注意这些数值的取值是否适当，控制设备的动作是否可靠。

（4）布料的均匀性问题

堆料机布料不均也会影响均化效果。矩形堆场由于布料点的往返行程，实际上使每层物料纵向单位长度内的质量不等，从而影响布料的均匀性，但从实践得知这种影响不大。造成布料不均的较大因素是入堆场的进料量不等。工艺设计中预均化堆场的进料有两种流程：一种是设置中间储存小库，由库底出料进入堆场；另一种是从破碎机出口直接进料。这两种流程在堆场进料量方面都应保持稳定，以保证布料均匀。对于后一种直接进料的流程，应规定破碎机的喂料制度，增添破碎机的喂料控制系统，以稳定堆场的进料量。

（5）料堆的长宽比

料堆的长度与宽度的确定必须考虑工厂规模、场地大小、工艺过程的要求和堆取料设备的型式等因素。料堆的长宽比越大，料堆顶边长度越长，端锥的影响就相对小一些。水泥厂料堆的长宽比，对石灰石取小于 4.5:1，通常取（3~4）:1；煤因堆存量小，成分均匀性的要求比原料稍低，长宽比也可取小一些。

料堆的容量按实际料堆积形状计算，在计算料堆容量时，应考虑端锥的影响，据经验介绍，当料堆长宽比为（3~4）:1 时，端锥容量约占料堆总容量的 10%。

（6）堆料层数

料堆的堆料层数直接影响预均化堆场的均化效果。堆料层数太少，均化作用不大，但堆料层数达到一定数量后，均化效果并不一定随层数的增加而提高。例如人字形料堆，其每层料的厚度随料堆增大而减薄，其最末一层的厚度应与物料粒径相适应。一般来讲，厚度应大于破碎机出料的最大粒径，有些资料介绍应大于破碎后石灰石的加权平均粒径；也有资料认为应大于出破碎机后产品的特征粒径。但无论何种说法，对于 0~25mm 的物料，当堆料层数取 200~400 层时，通过粗略计算，其粒径尚是可行的。

确定堆料层数时，主要取决于原料成分的波动情况，当进入堆场的原料成分波动幅度大，波动周期较短时，堆料层数应多些，反之则可少些。此外，堆料层数还与堆场容积和堆料速率有关，堆场容积小则可能达到的堆料层数少，堆场容积一定时，堆料层数多则要求堆料速率要大，故堆料层数与堆料机布料速度须互相适应。

水泥企业人字形料堆的堆料层数一般都在 200~400 层或稍超过 400 层，其最末一层物料的垂直厚度不宜小于 10mm。并可从要求的均化效果 H 作近似的估算：当 $H < 3$ 时，取 200~300 层；当 $H > 3$ 时，取 300~400 层。

最大堆料层数可根据堆料机布料速度和堆料面积调整。堆料机运行速度可限制在 30~40m/min，而堆料面积则取决于堆场进料量和料堆的长宽比。

（四）生料的均化

出磨的生料粉或生料浆，其化学成分总难免有波动，需要经过均化调整才能满足入窑生料控制指标的要求。

生料的均化有机械均化和气力均化两类。机械均化又可分为机械倒库和多库搭配，多用于立窑水泥厂及小型回转窑水泥厂；气力均化也可分为间歇式气力均化和连续式气力均化。连续均化系统具有流程简单、操作管理方便和便于自动控制等优点；而间歇均化系统的均化效果则较好。选择何种均化系统主要取决于出磨生料成分的波动情况、工厂的规模、自动控制的水平及对入窑生料质量的要求，并综合考虑生料制备系统四个均化环节的合理匹配。在生料均化链中，生料的均化是最后一个均化环节，也是保证入窑生料符合指标要求的最重要的均化环节，因此要特别予以重视。

生料磨出料均化周期是生料均化系统选择的重要依据之一。它以磨机出料成分的累计平均值达到入窑允许的目标值范围所需的磨机运转时间来表示。磨机出料均化周期的长短与配料控制水平和磨机型式等因素有关，其均化周期越短，说明出磨生料越均匀。

一般来说，现代化的大型水泥厂，为了均衡均化负荷，一般设有预均化堆场，计测和控制水平较高，出磨生料成分波动不大，磨机出料均化周期较短，多采用连续均化系统。有些中小型水泥厂，出磨生料成分波动较大，计测和控制水平不高，磨机出料均化周期较长，则以采用间歇均化系统为宜。

1. 生料粉间歇均化系统

间歇均化的生料库系统分为搅拌库和储存库。由于搅拌库是间歇操作，生产中至少要有两座搅拌库：一库进料，另一库搅拌和出料，轮流替换。搅拌后的生料储入储存库供入窑使用。

搅拌库的结构型式很多，但均化原理均相同。即当压缩空气经库底充气箱和箱面的透气层进入库内的料层，使库内粉料体积膨胀而流态化，按一定规律改变各区进气压力（或进气量），使流态化的粉料按同样规律产生上下翻滚和激烈搅拌。各种搅拌库的主要区别在于库底充气装置的分区和充气方式不同。库底充气装置分区如图 4-29 所示（图中断面线部分是进行强充气的区域）。

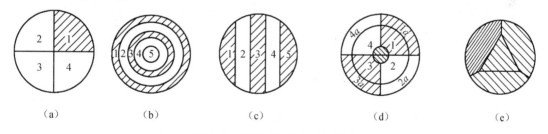

图 4-29　库底充气装置分区形式

(a) Fuller 四分扇形；(b) Geyser 五分同心圆；(c) SKET 五分条带；

(d) Polysius 四分区；(e) Moller 切变流均化库

库底充气方式有十多种，扇形分区的库底常用充气方式，有下列几种方法：

（1）强气充气法

强气充气法又分为 1/4 充气法和 1/2 充气法。采用强气充气法搅拌时，先在全区充气 10~15min，然后进行 1/4 或 1/2 充气搅拌和轮换。1/4 充气法是扇形四分区中一个区充气时另三个区不充气，每隔 10min 左右轮换；1/2 充气法为扇形四分区的对角或相邻两区同时充气，另两区不充气，然后轮换，搅拌 1~2h 后结束。

1/4 充气法因充气区气流速度高，局部搅拌十分激烈，均化效果较好，但管路系统阻力较大，需加大管道直径，这种方法只宜用于直径较小的搅拌库。1/2 充气法目前在国内使用较广，也同样适用于条带形或同心圆分区的搅拌库。

强气充气法的管路系统简单，但当充气箱透气材料损坏时，生料易经过充气筒进入空气管道和电磁三通阀，造成堵塞。

（2）强弱充气法

先在全区充气 10~15min 后，在一扇形区充以较大量压缩空气（约占总气量的60%~70%），其余三区充少量压缩空气（约占总气量的30%~40%），然后定时轮转，循环 1~2周。除采用一强三弱的充气方式外，也可采用相邻或对角的1/2强弱充气方式。

强弱充气法加速了生料的均化过程，由于强、弱气区充气箱内空气压力基本相等，当进气材料损坏时，生料不易倒灌入空气管路。但由于需两套供气管路和两套空气压缩机，适用于直径 6m 以上较大的搅拌库。这种充气方法在国外得到广泛使用。

（3）1/8 充气法

富勒（Fuller）公司提出的 1/8 充气法是将库底分为 8 个充气区（如图 4-30 所示），搅拌时一个区充总空气量的 60% 左右，另七个区只充总空气量的 40% 左右，每隔 7.5min 轮换，共搅拌 2h。搅拌所需总空气量比一般方法要少一半以上，但库在进料、卸料时必须充以弱气，这种充气方式适用于大型搅拌库。

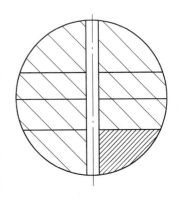

图 4-30　1/8 充气法

搅拌库的均化效果与生料在库内的混合时间、空气用量、库的型式和装料高度等因素有关。生料均化所需要的空气量和时间，取决于入库前生料波动情况和搅拌后所要求的均匀程度。由于均化库是生料入窑前的最后一关，因此对生料均化的要求以碳酸钙含量波动的标准偏差为标志，一般出库时不大于 0.15~0.20（国内立窑厂一般不大于 0.30），入库生料成分波动大时，需要的搅拌时间较长，空气量也较多，因而动力消耗增加。

搅拌库的均化效果与混合时间成下列指数关系：

$$S_e = S_a e^{-At} \tag{4-15}$$

式中　S_a，S_e——分别表示混合前、后生料成分的标准偏差；

　　　　t——混合时间（h）；

　　　　A——表征混合过程的常数，当混合条件不变时，该值为一定数。

间歇均化系统的主要优点是均化效果高、调配操作比较灵活，但动力消耗较大。在原料没有预均化的条件下，间歇搅拌库的均化时间需要 1~2h，均化效果一般可达 10~15。搅拌空气压力一般为 200~250kPa，每吨生料需压缩空气 10~20m³，电耗 2.9~4.3MJ/t。各种型式的搅拌库的效率有较大的差异。

采用两座搅拌库的间歇均化系统，其中每一座搅拌库的库容量由下式计算：

$$G_s = nG_m \tag{4-16}$$

式中　G_s——每座搅拌库的有效容量（t）；

G_m——生料磨产量（t/h），如为几台生料磨的成品同时进入一座搅拌库时，则 G_m 为生料磨小时产量的总和；

n——生料磨出料装满一库生料所需的时间（h）。

每一座搅拌库的容量必须满足生料磨均化周期的要求。一般情况下，看磨工可控制连续8h出磨生料的平均成分达到或接近控制指标，所以可取 $n = 8 \sim 12h$。但当原料成分十分复杂、磨头配料设备又不够精确时，则应取 $n = 12 \sim 16h$。

搅拌库的尺寸可按下式计算：

$$G_s = 0.785 D_i^2 H_M \gamma_M \tag{4-17}$$

式中 G_s——搅拌库的有效容量（t）；

H_M——搅拌库装料高度（m）；

D_i——搅拌库内径（m）；

γ_M——生料在库内的平均容积密度（t/m³）。对于生料粉，可取 $\gamma_M = 1.1 t/m^3$。

一般 H_M/D_i 可取 0.8～1.2，确定了 H_M/D_i 的比值，即可求得 H_M 和 D_i。

当库内生料正常流态化时，生料高度与静止时相比要增加 15%～30%。如再考虑到装料误差等原因，应再留10%富余量以防生料从库顶溢出，因此库的净空高度为：

$$H = 1.1 \times 1.3 H_M = 1.43 H_M \tag{4-18}$$

式中 H——库的有效高度，即为库的净空高度（m）；

H_M——库内装料高度（m）。

搅拌库均化所需的空气量可按下式计算：

$$Q = Fq \tag{4-19}$$

式中 Q——搅拌库的空气需要量（Nm³/min）；

F——库的有效截面积（m²）；

q——库的单位截面积在标准状态下的空气需要量 [Nm³/（m²·min）]。

q 值主要取决于充气方法、库直径、搅拌前料面形状、生料的性质、库底结构、充气面积、充气箱安装质量、透气材料性能及操作方法等诸多因素，通常根据经验选取。对于一般生料和搅拌库底采用扇形四分区时，对角充气搅拌的 $\phi 5 \sim 6m$ 库可取 $q = 1.0 Nm^3 /$（m²·min）。强弱气充气搅拌的 $\phi 8 \sim 14m$ 库，可取 $q = 0.8 Nm^3 /$（m²·min）。

搅拌库系统的空气阻力损失可按下式计算：

$$\Delta p = \Delta p_1 + \Delta p_2 + \Delta p_3 + \Delta p_4 + \Delta p_5 \tag{4-20}$$

式中 Δp——搅拌库系统的空气阻力损失（kPa）；

Δp_1——库内流态化床的阻力损失（kPa），可按下式计算：

$$\Delta p_1 = 9.8 H_M \gamma_M \tag{4-21}$$

Δp_2——透气层的阻力损失（kPa）；

Δp_3——管路系统的阻力损失（kPa）；

Δp_4——库内生料由固定床转变为流态化床时，附加的瞬时爆破阻力损失（kPa），当装料高度为 6～12m 时，可取 $\Delta p_4 = 9.8 kPa$；

Δp_5——储备的阻力损失（kPa），如考虑到透气材料孔隙堵塞、装料超过规定高度等因素，可取 $\Delta p_5 = 9.8 \sim 14.7 kPa$。

间歇均化系统的生料储存量必须满足生料储存期的要求。因此，除搅拌库外，往往还需设一个至数个直径较大的生料储存库。库的总储存量为搅拌库和储存库的有效容量之和。储存库的有效容积按装料到距库顶2m计算（ϕ8m库按装料至距库顶1.5m计算）。

间歇均化系统搅拌库与储存库的工艺布置主要有两种型式：一种是将搅拌库置于储存库顶部，即上层为搅拌库，下层为储存库的双层料库，搅拌均匀的生料依靠重力卸入下层的储存库中；另一种是将搅拌库与储存库分开的并列布置，搅拌均匀的生料由输送提升设备送入储存库。双层库布置操作比较简单、设备较少，20世纪70年代在国外得到较广泛的应用。但因库的总高度较大，库的结构设计和施工都比较复杂，土建造价高，只适用于地耐力大、地质条件允许的大中型厂。80年代这种库在国外新建企业中已较少采用。国内中、小型干法厂一般多采用搅拌库与储存库分开布置的型式，采用此种布置时，应考虑搅拌均化后的生料有不进储存库而能直接入窑的可能。

2. 生料粉连续均化系统

连续式均化库一般可分为两种主要类型：混合室均化库和多料流均化库。

混合室均化库的基本型式如图4-31所示，大库内设置一个小的搅拌库，其体积约为大库的3%~5%。库容量几乎不受限制，小到1000t，大到1万t以上，可适应小型、中型到大型水泥厂的生料均化之用。使用上，只需1~2个库即可满足均化和储存的要求。

如图4-31所示的Claudius Peters混合室均化库，由于库直径较大，生料先送至库顶生料分配器，再经放射状布置的空气输送斜槽入库。库顶还设有收尘器、仓满指示器等装置。在大库的下部中心建有一圆锥形混合室。当轮流向大库的环形库底8~

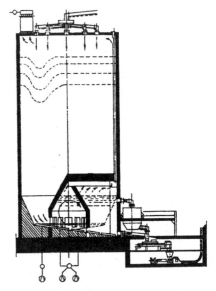

图4-31　Claudius Peters公司混合室库

12个充气区送入低压空气时，生料呈流态化并经混合室周围的8~12个进料孔流入混合室中。同时大库内的生料呈旋涡状塌落，在生料下移的过程中产生重力混合。进入混合室的生料则按扇形四分区进行激烈的空气搅拌，即进行气力均化。混合室的另一作用是靠室内所存一定数量成分均匀的生料起缓冲作用，使进入混合室时略有成分波动的生料缩小其波动。

混合室均化库的均化过程是先进行重力混合均化，然后进行气力搅拌均化，总的均化效果为此两种均化效果的乘积。由于重力混合的耗气量少，所以均化电耗较低。Claudius Peters混合室库的均化效果可达8~10，电耗为0.54~1.08MJ/t（不包括生料的进、出料电耗）。

1975年，公司将锥形混合室改为直径较大的圆柱形搅拌室，称为均化室库（如图4-32所示）。改进后

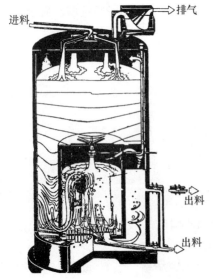

图4-32　Claudius Peters公司均化室库

的均化室库由于搅拌室容积扩大近两倍以上，显著地提高了搅拌室内气力均化的效果，增加了对原料较长时间和较大幅度波动的适应能力，其最佳均化效果可达 11～15，电耗约为 1.8～2.2MJ/t（不包括生料的进、出料电耗），投资费用也较低。

多料流式均化库有 Polysius 公司多料流式均化库（Multiflow，简称 MF 库）和 F. L. Smidth 公司控制流均化库（Controlled Flow，简称 CF 库）以及 IBAU 中心室库等。多料流式均化库（MF 库）其进料与前述混合室库相同，库中心的底部设有不大的中心室，其位置低于库底（如图 4-33 所示）。环形的大库库底分为 10～16 个充气区，每区设 2～3 条装有充气箱的卸料槽，槽面沿径向铺有若干块盖板，并沿径向形成 4～5 个卸料孔。卸料时分区向两个相对区轮流充气，与此同时在卸料孔上方出现多个漏斗凹陷，产生重力混合，漏斗沿直径排成一列，随充气的交换而旋转角度。因漏斗卸料速度不同，也使库底生料产生径向混合。生料从库底卸入中心室后，在中心室底部连续充气，使混合后的生料又经气力混合均化。MF 库在单独使用时，均化效果 H 可达 7，双库并联操作可达 10。由于这种库主要是采用卸料时的重力混合均化，中心室很小，因而电耗很低，单库时电耗为 0.432～0.576MJ/t。两库并联操作时电耗相应增加。

控制流均化库（CF 库）其进料方式采用库中心单点进料。库底分为 7 个卸料区，每区由 6 个彼此无关、独立的三角形充气区组成，因此库底共有 42 个三角形充气区。每个卸料区中心有一个卸压锥覆盖的出料孔，孔下设有卸料阀和空气输送斜槽，将卸出的生料送至库底外部中央的一个小混合室内。混合室由负荷传感器支承，以此控制开停卸料，使混合室内保持一定的料位。CF 库的示意图如图 4-34 所示。库内三角形充气区充气时，使 42 个平行的漏斗料柱在不同流量的条件下卸料，以使每个漏斗料在进行各料层纵向重力混合的同时，实现库内各料柱的最佳径向混合。出库时，一般保持三个卸料区同时出料，进入混合室后再次搅拌混合，进行气力均化。42 个三角形充气区轮流充气卸料的程序复杂，采用微机控制。这种库的设备投资高，均化效果 H 可达 10～16，均化电耗为 0.72～1.08MJ/t。

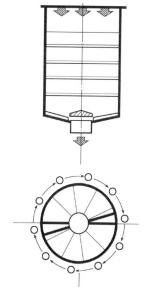

图 4-33　Polysius 多料流式均化库（MF 库）

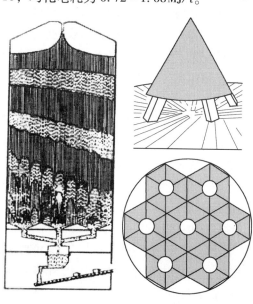

图 4-34　F. L. Smidth 控制流均化库（CF 库）

3. 生料均化系统的选择

生料均化系统的选择，应充分考虑工厂规模、投资及自动化程度、生产方法、原料品种和化学成分的波动情况及对熟料的质量要求等因素，首先结合生料制备均化链的四个均化环节来综合考虑。在生料制备流程中，这四个均化环节应做到合理匹配。在生料制备均化链中，设置生料均化库的目的在于消除出磨生料所具有的短周期高频率的成分波动，使生料碳酸钙及其他成分含量的标准偏差值有较大的降低，最终达到入窑生料的要求。

用于生料粉均化的现有各种生料均化库，都是在库底安装各种充气装置。送入压缩空气使库内生料局部或全部流态化，从而使生料能够充分混合而达到均化目的。因此要求生料粉应不易结团，生料含水量应小于 0.5%，对某些特种水泥的生料，其粒度太细或具有粘结倾向，则应经模拟试验后才能进行均化库的选择。

出磨生料成分的波动情况及出磨生料均化周期是选择生料均化库的重要依据。出磨生料成分的波动一方面受入磨原料成分波动情况的影响，另一方面又与生料磨配料控制水平和磨机型式有关。出磨生料的标准偏差值和入窑生料的标准偏差值，决定选择生料均化库所要求的均化效果 H。

目前设计的生料均化库，一般不考虑对库内生料成分再做校正或调整。即不考虑库内进行生料调配作业，而只是减小入库生料成分的波动幅度。因此要使出库生料的成分合格，必须使入库生料成分围绕着控制指标波动，并要保证在一定时间间隔内，使入库生料的平均成分达到或接近控制指标，这一时间间隔称为均化库的允许波动周期，它主要取决于库的内部结构和均化能力。设计均化库时，必须严格使出磨生料的均化周期符合均化库的允许波动周期。而磨机出料的均化周期同样受磨机配料控制水平和磨机型式的影响。

间歇式均化库的特点是均化能力高（均化效果可达 15～20 或更高），而且在生料入窑前可预先知道其成分，它适用于磨机出料均化周期为 8～12h 或更长的场合。此外，间歇均化库也可设计为对出磨生料进行调配的流程。其缺点是单位库容量的基建投资较高、日常操作管理比较复杂、维修工作量大。由于所需压缩空气的压力较高，所以空压机的电耗较高。此外，由于每座库生料的平均成分不可能完全相同，所以当入窑生料换库供料时，生料成分会出现阶梯性波动。

连续式均化库的主要工艺特点是使生料均化作业连续化，从而操作管理方便，易于实现自动控制，一般基建投资较低，其均化效果有一定限制（一般为 6～15），设计时确定的均化能力不易改变。均化库的电耗较低。其主要缺点是当出磨生料成分发生偶然的大幅度波动时，会引起出库生料成分瞬时波动偏大，而且由于不能进行调配，这种情况难以事先进行纠正。因此采用连续式均化库时，对生产过程中质量控制的要求较为严格。为达到预期的均化效果，要求入库生料成分的绝对波动值不能过大，并要保证出磨生料均化周期小于规定值，混合室均化库允许的磨机出料均化周期为 4～6h（最多放宽到 8h），多料流式均化库允许的磨机出料均化周期小于 4～6h 或更短。要求出磨生料碳酸钙含量的标准偏差不大于 1.5。

表4-10列出几种主要生料均化库的综合比较。

表 4-10　几种主要生料均化库的综合比较

均化库种类\均化库名称	间歇式均化库		混合室均化库		多料流均化库		
	双层间歇式均化库	串联操作连续均化库	Claudius Peters 混合室库	Claudius Peters 均化室库	IBAU 中心室库	Polysius 多料流式均化库	F. L. Smidth 控制流均化库
均化用空气压力（kPa）	200~250	200~250	60~80	60~80	60~80	60~80	50~80
均化用空气量（m^3/t 生料）	9~15	16~29	10~15	18~25	7~10	7~10	7~12
均化用电（MJ/t 生料）	1.44~2.34	2.52~4.32	0.54~1.08	1.80~2.16	0.36~0.72	0.54	0.72~1.08
均化效果 H 值	10~15	8~10	5~9	11~15	7~10	7~10	10~16

第六节　物料粉磨

在水泥的生产过程中，磨制生料、制备煤粉和制成水泥都要进行粉磨作业。因此，物料的粉磨数量很大，每生产 1t 硅酸盐水泥至少有 3t 物料（包括原料、燃料、熟料、混合材、石膏等）需要经过粉磨。物料粉磨所需要的动力约占全厂动力的 60% 以上。在水泥工厂的设计中，合理选择设计粉磨设备及粉磨系统非常重要。

在陶瓷生产中，浆料或粉料的制备同样要进行粉磨作业，粉磨亦是陶瓷生产中的重要工艺环节。

玻璃厂则只对原料进行细碎，不进行粉磨。

一、粉磨方法

粉磨方法可分为干法和湿法两种。

在湿法生产的水泥厂中，是将原料配合入磨粉磨为含水 30%~40% 的生料浆，而后喂入湿法回转窑内煅烧为水泥熟料。湿法生产操作简单，粉磨效率高，生料成分容易控制，产品质量较高；料浆输送、均化比较方便，原料车间扬尘少；但煅烧热耗很高。这种生产方法将逐渐淘汰。为了降低热耗，可对料浆进行脱水干燥，此方法已成功地应用于湿法厂的改造中。

在干法水泥生产中，则是将原料配合入磨粉磨为生料干粉，而后喂入干法回转窑或经成球喂入立窑内煅烧为水泥熟料。干法水泥生产热耗低。随着现代新型干法水泥生产技术的发展与完善，干法生产已成为今后水泥生产方法的发展方向。

陶瓷厂由于后续工序的要求，通常采用间歇式球磨机湿法粉磨为泥浆。

二、粉磨系统

（一）水泥生料粉磨系统

1. 生料粉磨流程和设备发展情况

随着新型干法水泥生产技术的发展，为了适应不同原料和工艺的要求，提高粉磨效率，生料粉磨系统也得到了不断的改进和发展。近年来，其发展特点如下：

（1）原料的烘干和粉磨一体化，烘干兼粉磨流程得到了广泛应用。并且由于结构和材质方面的改进，辊式磨获得了快速发展和广泛应用，粉磨电耗显著降低。

（2）磨机与新型高效选粉机，输送设备相匹配，组成了各种新型干法闭路粉磨流程，提高了粉磨效率，降低电耗。

（3）设备日趋大型化，以简化设备和工艺流程，与窑的大型化相匹配。钢球磨的最大直径已达 5.5m 以上，电动机功率达 6500kW 以上，台时产量达 300t 以上。辊式磨系列中磨盘直径已达 5m 以上，电动机功率 5000kW 以上，台时产量 500t 以上。

（4）新型节能粉磨设备——辊压机作为预粉碎设备得到应用。

（5）采用预烘干（或预破碎）形式组成烘干（破碎）粉磨联合机组，提高了粉磨、烘干效率，简化了工艺流程。

（6）管磨机内部结构的改进：如新型环向沟槽衬板、扬料板角度可调的隔仓板等。

（7）利用悬浮预热器窑和预分解窑 320～350℃ 的废气烘干原料，发展了各种烘干磨。

（8）采用电子定量喂料秤、X 荧光分析仪、电子计算机自动调节系统控制原料的配料，为入窑生料成分的均齐、稳定创造了条件。

（9）磨机系统操作自动化。应用自动调节回路及电子计算机控制生产，代替人工操作，力求生产稳定。

当前，粉磨设备的发展主要集中在节能方面，力求降低粉磨电耗，同时也在采取积极措施尽量降低磨损件的磨耗（如耐磨合金制的衬板和研磨介质，提高辊式磨耐磨性能等）。

2. 生料粉磨流程和粉磨设备的选择

（1）选用粉磨流程和粉磨设备需要考虑的因素

①入磨物料的性质

物料的性质主要包括水分、粒度、易磨性和磨蚀性，也要考虑黏土质原料中的含砂量及石灰质原料中燧石的影响。

②粉磨产品的细度要求

所选的粉磨流程和设备应尽可能便于控制粉磨产品的细度。

③生料粉磨系统的要求小时产量

生料粉磨系统的要求小时产量，由主机平衡计算确定。所选生料磨的生产能力，应能满足这一要求。同时，为了简化工艺线，对于一台窑来说，一般只配置一台生料磨；而对于大型窑来说，生料磨的设置也不宜超过两台。

④粉磨电耗

所选的粉磨流程和设备应尽可能符合节省电耗的要求。干法生料磨的电耗应在 63MJ/t 生料（17.5kW·h/t 生料）以下。

⑤废气余热利用的可能性

对于干法生料磨和煤磨来说，应考虑尽可能利用废气余热来烘干原料和燃料，使生料粉磨与烘干作业同时进行，以节约烘干热能，节省烘干设备，简化生产流程。

⑥操作的可靠性和自动控制以及设备的耐磨性能

⑦所选的生料粉磨设施应力求占地面积小、需要空间小和基建投资低

实际上，没有一种生料粉磨流程能在上述各方面都具有最好指标，故应根据具体条件进行技术经济综合分析，选择最合适的生料粉磨流程和设备。

（2）干法生料粉磨流程和设备选择

①干法生料粉磨系统主要有下列几种型式：

开路流程：管磨；

闭路流程：管磨、烘干磨。

②闭路烘干磨又分下列几种型式：

钢球磨：主要有风扫磨和提升循环磨（有单仓尾卸、双仓尾卸、双仓中卸等）；

辊式磨：亦称立式磨或辊轮磨；

辊压机：亦称挤压机或双辊磨。

开路管磨和闭路管磨对进磨物料水分的要求比较严格，必须把水分较高的原料预先进行烘干后才能喂入磨中粉磨。烘干磨由于能同时进行物料的烘干和粉磨，并可大量利用温度为320～350℃的窑尾废气余热，烘干平均水分达6%～8%的原料，故目前得到了广泛的应用，而分别进行烘干、粉磨的流程已很少采用。

3. 常见的生料烘干兼粉磨流程

（1）风扫磨烘干兼粉磨系统

在磨尾排风机的抽力作用下，热风进入磨内，已被粉磨的生料由通过磨内的热风带入粗粉分离器内分选，粗粉再次回磨，细粉由旋风收尘器收集。为了减少热耗，部分废气重新返回磨内循环使用，其余废气经收尘器净化后，排入大气中。其流程如图4-35所示。

此流程的优点是热废气利用率高，流程简单，输送设备少，维修工作量小，设备利用率高，允许进磨物料水分较高，可烘干水分含量8%～12%的原料。当原料水分含量高，要求烘干能力强，风扫和提升物料所需的气体量与烘干物料所需的热风量相匹配时，系统效率高；否则，则会造成粉磨单位产品的总电耗较高。

图4-36是带预烘干破碎机组的尾卸提升循环烘干兼粉磨流程。在烘干兼粉磨的基础上增设一台烘干破碎机，物料在破碎机内得到预烘干、破碎，由气力提升至分离器分选。由于用破碎机代替了管磨的一仓工作，单位粉磨电耗大大降低。

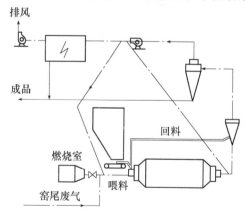

图 4-35 在风扫磨内烘干-粉磨流程

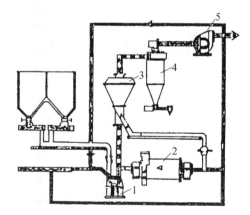

图 4-36 预破碎烘干兼粉磨流程
1—破碎机；2—磨机；3—粗粉分离器；
4—旋风筒；5—排风机

（2）尾卸提升循环烘干兼粉磨系统

物料从磨头喂入，经烘干仓和粗磨仓后进细磨仓，物料由磨尾卸出，由提升机送到选粉机内进行选粉，粗粉由磨头喂料端重新入磨，细粉作为成品。来自窑系统的热废气或热风炉的热气体从喂料端进入，窑尾废气可烘干含 4% ~ 5% 水分的原料，在利用热风炉高温气体时，烘干的水分可达 8%。出磨废气经收尘器净化后排入大气中。其流程如图 4-37 所示。

尾卸提升循环烘干兼粉磨系统的烘干能力差，在采用大型磨机而又利用窑尾废气作为烘干介质时，需要增加一些辅助烘干设施。例如，常在磨机粉磨仓前增设烘干仓、立式烘干塔、选粉机内烘干、预烘干破碎机组等，以适应不同水分含量原料的烘干要求。图 4-38 是带立式烘干塔的尾卸提升循环烘干兼粉磨流程。由于立式烘干塔

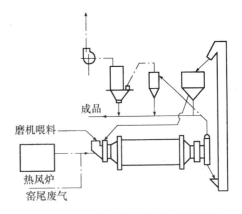

图 4-37　尾卸提升循环烘干-粉磨流程

阻力较小，烘干能力强，故在处理含水分较大的原料时，选择这种流程是有利的；图 4-39 是在选粉机内烘干的烘干粉磨流程；图 4-40 是在选粉机和磨机内同时进行烘干的烘干粉磨流程。

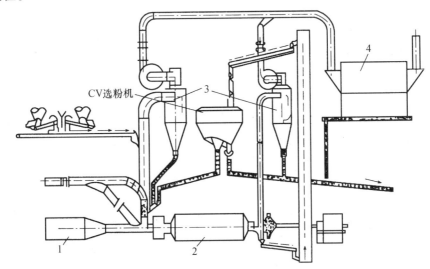

图 4-38　带立式烘干塔的尾卸提升循环烘干兼粉磨流程
1—辅助热风炉；2—磨机；3—旋风筒；4—收尘器

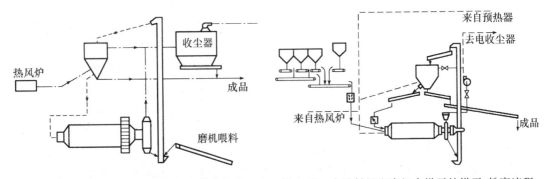

图 4-39　在选粉机内烘干的烘干-粉磨流程　　　图 4-40　在选粉机和磨机内烘干的烘干-粉磨流程

该类系统比较适合处理难磨物料，其缺点是流程复杂、设备多、投资高、维修工作量大、运转率低。

（3）中卸提升循环烘干兼粉磨系统

喂入磨内物料先在烘干仓内经过烘干，再进入粗磨仓进行初次粉碎。然后从磨机中部卸出，由提升机送入选粉机，选出合格细粉。粗粉中的少部分入磨头，大部分入磨尾细磨仓，比例约为1:4。磨机粗、细粉磨分开，有利于最佳配球。物料出粗磨仓后经过分级设备及时选出产品，减少了细磨仓喂料中的细料，消除了过粉磨现象，提高了粉磨效率。磨头喂入部分粗粉，可以起到加速物料流速，增强粉磨的作用，同时也均衡了两仓的负荷。

热风从两端进磨，大部分热风进粗磨仓，少部分进细磨仓，通风量较大，又设有烘干仓，有良好的烘干效果。利用窑尾废气可烘干含水分8%以下的原料，如另设热风炉，则可烘干含水分14%的原料。磨内废气全部由磨机中部排出，这样通风阻力较小，其流程如图4-41所示。

该系统的缺点是密封困难，系统漏风较多，生产流程也比较复杂。

（4）辊式磨系统

辊式磨亦称立磨。常用的辊式磨有 LM（莱歇磨）、伯力鸠斯磨、ATOX 磨、雷蒙磨、MPS磨、E 型磨、MB 磨等。已投产的辊式磨，生产能力已超过 500t/h，产品系列中生产能力最大者可达 1000t/h。

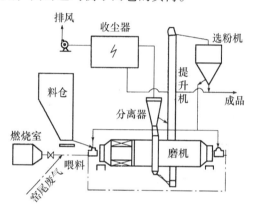

图4-41 中卸提升循环烘干-粉磨流程

辊式磨系按风扫磨的工作原理研制，内部装有粗粉分离器而构成闭路循环，烘干与粉磨作业同时进行。物料在回转的底盘与磨辊间受到挤压而被粉碎，磨机底部进入热风及时将被粉碎的物料带到粉磨室上部的分离室内，或卸出磨外由提升机提至分离器分离，粗粒被分离后返回磨盘再进行磨细，细粉随气流到收尘器被收集下来即为成品。

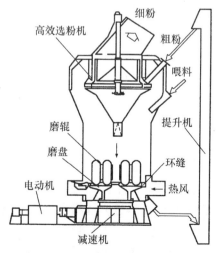

图 4-42 磨外循环辊式磨

与钢球磨机相比，辊式磨的优点是：粉磨方式合理、生产调节反应快、允许入磨物料的粒度较大、烘干能力强、流程简单、设备布置紧凑、占地少、噪声小、电耗低、设备运转率高，是原料粉磨的首选设备之一。其缺点是不能适应磨制硬度大的物料，否则磨辊、磨盘衬板磨损大，影响产品质量。

辊式磨流程可分为物料风力内循环和机械外循环（如图4-42所示）两类。当原料水分含量高时，可考虑采用内循环；当原料水分含量较低时，应采用外循环。

内循环流程，物料依靠风力提升，入磨热风量大，烘干能力强。利用窑尾废气可烘干含水分 8%的原料，如另设热风炉，可烘干含水分 15%～20%的原料，但该流程风机的动力消耗大。

外循环流程，要求入磨风量减少，大部分被粉碎物料从环缝间卸下至磨外，由提升机提至分离器分离，降低了气力内循环的动力消耗，节能效果更显著。

产品的收集，亦有两种方式可以采用。一是使用高浓度袋式收尘器（允许气体含尘浓度 $1000g/m^3$）一级收尘 [如图 4-43（a）所示]，流程较简单；二是采用二级收尘系统，一级用旋风收尘器，二级用普通袋式收尘器 [如图 4-43（b）所示]，流程较前者复杂，但投资要低。

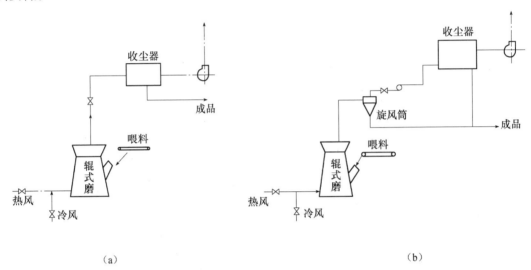

（a）　　　　　　　　　　　　　　　　（b）

图 4-43　辊式磨产品收集流程

（5）辊压机

辊压机是一种料床粉碎设备，其能量利用率高。辊压机可用于粉磨水泥原料及熟料。辊压机粉磨系统的流程可分为以下几大类：

①预粉磨系统　预粉磨系统如图 4-44 所示。在现有粉磨系统中，安装一台辊压机作为预粉磨设备，可以使产量大辐度提高。物料喂入辊压机，挤压过的料片再喂入磨机，在闭路系统中进行最终粉磨。

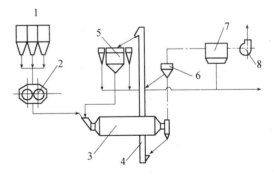

图 4-44　预粉磨系统流程

1—料仓；2—辊压机；3—磨机；4—提升机；
5—选粉机；6—粗分离器；7—收尘器；8—排风机

②终粉磨系统　终粉磨系统如图 4-45 所示。经配合的各种物料喂入辊压机后，压成碎片，然后在细粉碎设备中将团聚在一起的细粉打散，同时使已经压出裂纹的小颗粒进一步粉碎。在打散料片的粉碎机中，一部分物料靠重力卸出，另一部分物料靠风扫带出，分别经斗式提升机和粗粉分离器进入选粉机进行分选。细粉经旋风筒或其他收尘设备收集作为最终产品，粗粉则返回辊压机内再次处理。

③混合粉磨系统　混合粉磨是预粉磨和终粉磨相结合的方式，如图 4-46 所示。从选粉机中卸出的一部分粗粉回入磨中、一部分粗粉与原料一起喂入辊压机进行循环粉磨。

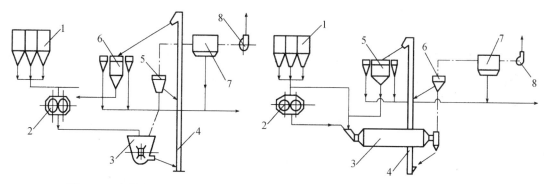

图 4-45　终粉磨系统流程

1—料仓；2—辊压机；3—打散机；4—提升机；

5—粗分离器；6—选粉机；7—收尘器；8—排风机

图 4-46　混合粉磨系统流程

1—料仓；2—辊压机；3—磨机；4—提升机；

5—选粉机；6—粗分离器；7—收尘器；8—排风机

几种常用生料烘干磨的比较列于表 4-11。

表 4-11　几种生料烘干磨的比较

磨机 性能	风扫球磨	双仓尾卸提升 循环磨	双仓中卸提升 循环磨	辊式磨
烘干湿原料的能力	好	较差	好	很好
处理黏性物料的能力	好	中等	好	好
处理硬质原料的能力	中等	好	好	对金属夹杂物敏感
处理中硬原料的能力	进磨粒度粗时差	好	好	中等
处理中硬到软质原料的能力	好	差	好	好
适应进料粒度（mm）	10～15	23～30	23～30	50～100
单位粉磨电耗	较高	低	低	最低
利用窑废气的能力	好	较差	较差	好
耐磨损性能	好	好	好	对磨琢性物料敏感
占地面积和所需空间	中等	大	大	小
噪声	大	大	大	较小
基建投资	低	高	高	低
产品质量	均匀	均匀	均匀	各原料易磨性差别大时， 产品粒度组成变化较大

几种烘干磨在生料细度为 90μm 筛筛余 12% 时的电耗比较列于表 4-12。

表 4-12　几种生料烘干磨的电耗比较

磨机类别	预破碎机	磨机本身	风机及附属设备	总电耗 [MJ/t（kW·h/t）]
风扫球磨	1.44	57.24	15.84	74.52（20.7）
双仓尾卸提升循环磨	1.44	50.08	18.00	69.52（19.3）
双仓中卸提升循环磨	1.44	46.08	19.08	66.60（18.5）
辊式磨	—	27.36	25.20	52.56（14.6）

（6）各种粉磨系统的选用条件

几种烘干粉磨系统的特性已如上述，至于在设计和生产中如何选型，则应根据具体的使用条件综合权衡。一般来说，除了设备制造加工、材质、备品配件供应等条件外，还应着重考虑粉磨物料的水分含量、粒度、易磨性、磨蚀性等因素。

1）钢球磨与辊式磨的选用条件

对于钢球磨系统与辊式磨系统的选型，主要应考虑物料水分、难磨程度、电耗和维修条件。

①从物料水分及电耗方面分析：磨机驱动电机电耗，对于钢球磨来说总是较高的，一般为 50.4 ~ 54.0MJ/t 生料，而辊式磨则较低 。当采用新的耐磨部件时，电耗为 25.2 ~ 28.8MJ/t 生料；采用已磨损的耐磨部件时，电耗约增高 25%。气体和物料输送及选粉机等设备电耗，对于钢球磨系统来说，是随物料水分的增加而增大，当水分低于 3% ~ 4% 时，与辊式磨大体相当，当水分较高时，钢球磨则较辊式磨为大；而辊式磨由于通过磨机的气流是输送物料和选粉的必需部分，故受物料水分的影响不大，一般为 25.2 ~ 28.8MJ/t 生料。因此，就物料水分的影响而言，当物料水分在 3% ~ 4% 时，可考虑选用钢球磨系统，物料水分较大（可达 15%）时宜选用辊式磨系统。

②从物料难磨程度及维修条件分析：钢球磨系统对物料的易磨性和磨蚀性要求不高，适应性和可靠性较好，维修费用较低；而辊式磨对耐磨部件材质要求较高，对硬质物料特别是磨蚀性物料较难适应。因此，当粉磨易磨性较好的非磨蚀性物料，物料水分又大时，应优先选用辊式磨；反之，可考虑选用钢球磨。一般来说，虽然钢球磨系统的电耗较辊式磨为高，但当粉磨水分较小、易磨性较差的硬质物料时，由于钢球磨系统的可靠性较好，维修费用较低，其电耗较高的问题也可从中得到一定的补偿。这也许是在许多情况下，钢球磨系统仍然受到重视和选用的一个原因。

2）几种钢球磨机系统的选用条件

对用于烘干粉磨过程的风扫磨、尾卸提升循环磨和中卸提升循环磨三种钢球磨机系统来说，选型中应考虑的因素主要是物料的水分及粉磨电耗。当物料水分在 3% ~ 4% 以内时，后两者的经济效益更好。当物料水分超过 4% 时，由于风扫磨通风和烘干能力最强，而此时烘干物料所需的热风量已足以提升物料，故以选用风扫磨为宜。至于尾卸和中卸提升循环磨的选型，也应首先从物料水分方面考虑，对于尾卸双仓提升循环磨来说，由于其隔仓板限制了磨内的热风通过量，烘干能力差，故仅适合磨制较低水分的物料；中卸提升循环磨，由于利用磨机中部的中卸仓周边卸料，烘干热风从磨头、磨尾两路进入，故烘干能力较尾卸提升循环磨为大，可磨制物料水分较大的物料，但其机械设计及维护较为复杂。因此，在设备选型时，必须掌握这些磨机的特性，根据使用条件综合权衡。

3）其他烘干粉磨系统的选用条件

如前所述，为了各种其他烘干粉磨条件的需要，许多辅助设备（例如预烘干破碎机等）亦可用于烘干粉磨过程。其选用条件如下：

①带有预烘干破碎机的球磨机系统，被粉磨物料的水分最高可达 12%；

②带有预烘干破碎机的风扫磨系统，物料水分最高允许 15%；

③当物料水分在 15% 以上时，可考虑选用无介质磨或单独的预烘干装置；

④当某种原料或配合后的物料容易在输送过程或中间储仓发生粘结堵塞时，应考虑采用单独的烘干设备预烘干；

⑤当磨制难磨物料时，可采用预烘干装置及简单的管磨机系统。

总之，烘干粉磨系统的选型，应根据使用条件及各种磨机系统的特性综合权衡。在一般的条件下，选用风扫磨、尾卸提升循环磨、中卸磨及辊式磨系统，利用窑系统废气作为烘干热源，从节能和粉磨效率方面考虑都是有利的，工艺流程也比较简单，并且随着近年辊式磨耐磨材料性能的不断提高，生料的粉磨应优先考虑选用辊式磨。只有在选用这些烘干粉磨系统尚难以满足需求时，才考虑选用其他粉磨系统。因为采用其他系统，不但工艺流程复杂，基建投资高，还会产生中间储存、输送过程的除尘等一系列问题。

（二）水泥粉磨系统

1. 水泥粉磨流程和设备发展情况

水泥粉磨是水泥工业生产中耗电最多的一个工序。近年来，随着新型干法水泥生产的发展，为了提高粉磨效率，节约能源，提高经济效益，水泥粉磨设备在大型化的同时，也得到了不断的改进和发展，其发展情况是：

（1）在设备大型化的同时，力求选用高效、节能型磨机。用于水泥粉磨的钢球磨机直径已达 5m 以上，电机功率达 7000kW 以上，台时产量达 300t/h 以上。丹麦史密斯公司开发了微钢段节能的康必丹磨（Combidan mill）、辊式磨、辊压机用于水泥粉磨系统。

（2）采用高效选粉机。为了适应磨机大型化的要求，闭路流程的选粉设备也得到了较大发展。选粉效率达 74% 的日本小野田重工业公司的 O-SEPA、丹麦史密斯公司的 SEPAX 和美国斯特蒂文特公司的 SD 等高效选粉机相继出现。目前，机械旋转式空气选粉机的最大直径已达 11m 以上，选粉能力达 300t/h 以上；旋风式选粉机的最大选粉能力已达 500t/h。

（3）采用新型衬板，改善磨机部件及研磨件材质。目前水泥磨常用的衬板有压条式凸棱衬板、大曲波形衬板、曲面环向阶梯衬板、锥面分级衬板、螺旋凸棱形分级衬板、角螺旋分级衬板、圆角方形衬板、环沟衬板、橡胶衬板、无螺旋衬板等。

在改善易磨部件及研磨体材质方面，日益广泛地采用各种合金钢材料，提高耐磨性能，降低磨耗率，提高部件及研磨体的使用寿命。原来使用耐磨性低的普通钢材时，每吨水泥磨耗的衬板及研磨体多达 1000g，目前一般可降到 100g 以下。

（4）添加助磨剂，提高粉磨效率。助磨剂能够消除水泥粉磨时物料的结块和消除物料黏糊研磨体及衬板的弊端，改善粉磨作用，有效地提高粉磨效率。常用的助磨剂有三乙醇胺、多缩乙二醇等，一般从磨头加入，掺加量约为 0.008%~0.08%。

（5）降低水泥温度，提高粉磨效率，改善水泥品质。在水泥粉磨作业中，为了防止石膏脱水，降低水泥粉磨的温度，提高粉磨效率，改善水泥品质，除已广泛采用的磨体淋水，加强磨内通风等措施外，近年来采用了向磨内喷水的方法。在选粉机内通冷风和采用水泥冷却器对出磨水泥进行冷却等方法。

（6）实现操作自动化。目前水泥粉磨已广泛采用电子定量喂料秤、自动化仪表及电子计算机控制生产，实现操作自动化，以进一步稳定磨机生产，提高生产效率。磨内作业主要利用电耳和提升机负荷、选粉机回料量等参数进行磨机的负荷控制；对石膏掺加量等亦可用 X 荧光分析仪、电子计算机进行配料控制。

2. 水泥粉磨流程

水泥粉磨流程主要有下列几种型式：

（1）开路流程：管磨、康必丹磨。

（2）闭路流程：一级管磨闭路、康必丹磨一级闭路、辊式磨和辊压机。

近年来，水泥粉磨已趋向于闭路流程，特别是大型磨机更是这样。在闭路流程中，又趋向于球磨机、辊压机及高效选粉机不同组合的粉磨流程。辊压机与球磨机组成的混合粉磨系统采用较多（如图4-47所示），与传统的球磨机相比，可节省水泥单位粉磨电耗近30%。康必丹磨由于研磨效率高、电耗低、产品性能好、可开路或闭路操作，也是首选的设备之一。

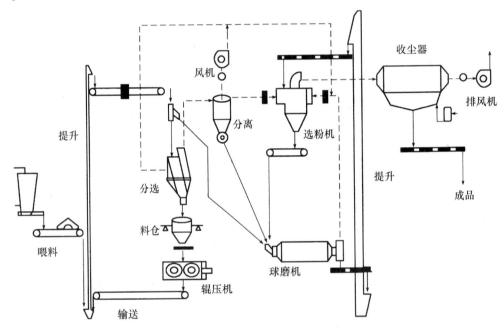

图 4-47　辊压机与球磨机混合型粉磨系统流程

（三）陶瓷厂物料的粉磨

陶瓷厂物料的粉磨有湿法和干法，以湿法居多，多采用间歇式石衬或橡胶衬湿法球磨机。球磨机的进料粒度由轮碾机出料口的筛孔或雷蒙磨的风选来保证。球磨机的规格应力求一致，生产规模较大的工厂，宜采用15t或15t以上的大型球磨机。

球磨机实际台数计算

$$M_{实} = k \frac{Qt}{H_台 F} \qquad (4-22)$$

式中　$M_实$——球磨机的实际台数（台）；

　　　　Q——配合料年加工量（t/a）；

　　　　$H_台$——设备的年时基数（h）；

　　k——不平衡系数，取 1.2；

　　t——球磨周期（h）；

　　F——每台球磨机的加工量 [t/（次·台）]。

　　球磨机装、出料总时间可按 1～1.5h 计算，一并计入球磨周期内。球磨周期根据原料性质和球石配比来决定，一般情况下，坯料取 10～12h、釉料取 48～60h。球磨机的投料方式有两种：一种是粉料入磨，磨机上方有喂料仓，喂料仓的倾斜角度一般不小于 60°，球磨机加水量可用水表或计量罐控制；另一种是浆料入磨，可以采用压力进浆或真空入磨，泥浆量由计量罐或计量标尺控制，球磨机出料多采用压缩空气加压排出，以缩短出浆时间。压缩空气的压力一般 0.1～0.2MPa。

　　干法制粉也可以采用雷蒙磨。雷蒙磨由于铁质混入，一般仅用于有色坯料。而白色坯体，须先将雷蒙粉化浆，经湿法除铁后使用。

　　随着生产线规模的扩大，出现了连续式球磨机，实现了泥浆制备的连续化、自动化生产。连续式球磨机由一端连续入料，一端连续出料。泥浆通过泵送到过滤筛，符合粒度要求的泥浆去浆池备用，筛上的泥浆回球磨机继续研磨。

三、粉磨车间布置

（一）水泥厂粉磨车间布置

　　粉磨车间的布置，随粉磨流程和粉磨设备的不同而有较大的差异。在进行系统布置时，应结合车间的位置，对供料系统、磨机传动系统、出磨物料的分级（选粉）系统、粉磨产品的输送系统、收尘系统以及检修设施等做全面合理的安排。

　　当工厂设置预均化堆场（或预配料堆场）时，生料磨布置在窑尾预热器框架附近，并将磨头仓建设在磨房中，以便带有电子皮带秤的胶带输送机向磨头仓供料。

　　当工厂设置预配料堆场时，也可不设磨头仓，以便石灰石、黏土质混合料从预均化堆场来，后经带有电子皮带秤的胶带输送机进入原料磨。

　　磨头仓供料用斗式提升机、胶带输送机或其他输送设备。磨头仓数目一般与入磨物料的种类相同。当使用 2～3 种物料时，仓位可按直线排列；当采用 4 种物料时，可按田字形排列。相邻两台磨机的同一种物料，可共用一个磨头仓。磨头仓的容量一般以满足磨机 3h 左右的产量来考虑。仓面应设置箅条，以防止大块物料落入仓中。布置磨头仓时，还应注意采用的仓壁交线倾角应不小于 45°，必要时可设置光滑衬板，以使物料顺利下落。

　　磨头仓下面的布置形式通常有两种：一种是磨机喂料端（磨头）紧靠仓下面的喂料操作平台，物料由仓底喂料机经溜管直接送入磨中，当原料种类少时适宜采用；另一种是磨头与喂料操作平台之间拉开一段距离，中间加设喂料皮带机，当原料种类多时适宜采用。避免磨头过于拥挤，使设备检修困难。

　　也可不采用磨头仓配料而采用圆库库底配料，即在适当的位置分别建设原料配料库，喂料机设置在库底，用胶带输送机将物料送入磨机。这种布置厂房土建费用降低，磨头空间大。

磨机中心线距地面的高度，一般为磨机直径的 0.8～1.0 倍。当车间有两台或两台以上的磨机时，磨机中心线的距离一般为磨机直径的 3～5 倍，以便合理布置设备的基础，并有足够的操作和检修场地。

为了吊运磨门、钢球、衬板、篦板、空心轴承盖和大齿轮等，在大中型磨机上方可设置检修用的轻级工作制起重机或电动葫芦，以便加快检修速度。电动葫芦轨道位置应使电动葫芦能停放在各磨门的中心。对于小型磨机、提升机和排风机，可考虑在它的上方房梁上设置吊钩；在大中型磨机的减速机、电动机的上方，一般也应设检修用起重设备。

粉磨车间的电气控制室应以隔墙单独隔开，以防止粉尘的污染。

在考虑磨房扩建时，为了方便施工和尽量不影响生产，当生料磨和水泥磨的联合磨房扩建时，应分别向两侧发展；当生料磨房和水泥磨房是分设时，对于侧传动的磨机，宜向传动的另一侧方向发展。

图 4-48 是设有辊式磨的干法生料磨系统布置示意图（图中示出了与窑尾的联合关系）。

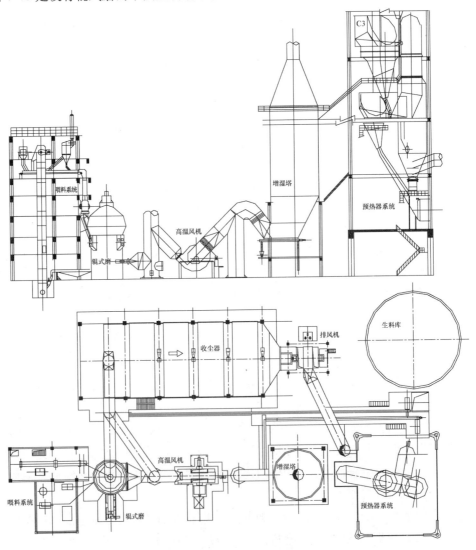

图 4-48　设有辊式磨的干法生料磨系统布置示意图

图 4-49 是设有中卸提升循环磨的干法生料磨系统布置示意图。

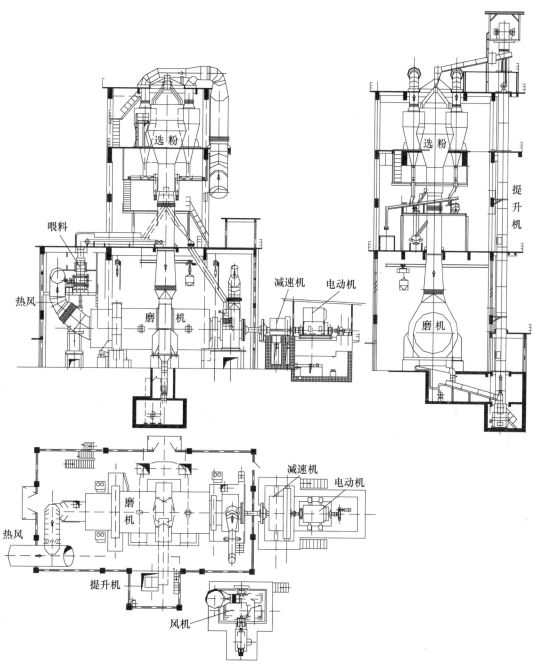

图 4-49 设有中卸提升循环磨（带组合式选粉机）的干法生料粉磨系统布置图

图 4-50 是设有闭路中长磨的水泥磨车间布置示意图。

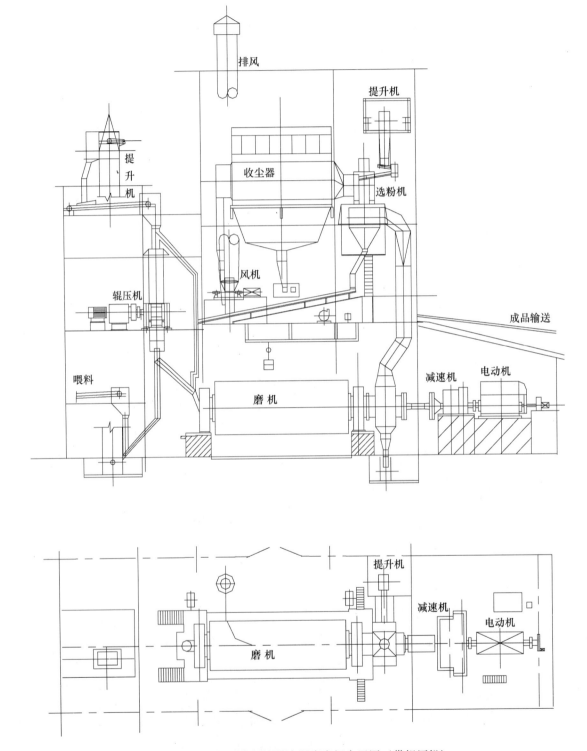

图 4-50　设有闭路中长磨的水泥磨车间布置图（带辊压机）

（二）陶瓷厂球磨机的布置

球磨机布置时，根据球磨机的数量和加料方式，可以布置成一排或两排。球磨机布置尺寸要求如图 4-51 所示。其中：$A = 4.5m$；$B \geqslant 5.5m$（1t 球磨机），或 $B \geqslant 6m$（1.5~2.5t 球磨机），或 $B \geqslant 7.5m$（5t 球磨机），B 的具体尺寸视球磨机筒体长度和基础长度而定，采用大吨位球磨机时，B 的尺寸要在 8m 以上；C 视具体情况而定，一般 $C = 2.5~3m$；$D \geqslant 6m$。

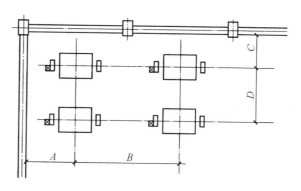

图 4-51 球磨机布置

一排布置适用于皮带机或电动称量小车的加料方式；两排布置适用于电动葫芦的加料方式。两排布置时可以布置在厂房的两边，中间放置泥浆池，其尺寸要求同一排布置，也可以两排球磨机集中布置在相邻位置。1.0t 以上球磨机均应设置加料平台。球磨机喂料仓的倾斜角度，一般不小于 60°。球磨机出料口距地面一般以 500mm 为宜，并以此来决定球磨机中心至地面的距离。在球磨机工段布置中，必须考虑球磨机研磨体、回坯料的堆放面积及加入球磨机的措施。此外，球磨工段还必须设置起吊设备，供安装维修之用。起吊设备可根据最大部件的选型选用。

第七节　陶瓷制品的成型

成型车间的任务是将原料车间提供的可塑泥料、浆料或粉料加工成坯体，并经修坯、干燥、上釉，为烧成车间提供质量合格的坯件。

一、成型

（一）成型工艺选择

陶瓷产品种类繁多，形状相差悬殊，坯料性能又不一致，所以生产中采用的成型方法是多种多样的。在设计中一般是根据制品的形状、大小、厚薄、产量、质量、泥料性质、技术及设备条件和经济效果等因素来确定成型工艺。

选择成型工艺的原则是：

1. 尽可能选用先进的工艺和技术，减少工序，缩短生产周期，提高生产率，降低原料、材料、燃料消耗，改善劳动条件，但必须切实可行。

2. 在满足制品加工要求的前提下，成型生产工艺流程应力求单一化，即不同规格或品种的产品尽可能采用相同的工艺流程，以利于安排生产计划和生产调度。

（二）成型方法

1. 可塑成型

大部分日用瓷、电瓷产品均采用可塑成型。常用的可塑成型方法有旋坯、滚压、挤坯、拉坯、车坯和湿压等。旋坯是半机械化的成型方法，适合任何尺寸规格回旋对称型器皿，如碗、盘、杯、碟和悬式、针式绝缘子等的生产。在不同模型的配合下，能使器皿产生浮雕、花纹、图案条棱的效果。改变模型，调整型刀还可用于口径大的壶类及鱼盘等制品；滚压成型是机械化半自动化成型方法，坯件产量高、质量好，可取代旋坯成型，为目前国内日用瓷厂普遍采用；挤压、车坯适用于管件、棒件、板件及砖瓦的塑性成型，在电瓷、无线电陶瓷及砖瓦等行业中广泛应用。一般套管、棒形、支柱类电瓷产品都采用低水分泥段在横式或立式车床上车修成型。空心和中孔大小不等的坯件多采用立式多刀湿车，内径为直筒形的多采用横式湿车。对于大套管，可以采用湿坯接、瓷接和整体车修三种成型方法。此外，还可以用湿压法成型支柱、悬式和针式绝缘子。

2. 注浆成型

适用于成型薄壁、空心、外形复杂及大而厚的异形制品。广泛用于卫生陶瓷、艺术瓷、薄胎高档瓷及日用瓷的壶类、酒具、鱼盘等制品的成型，也可用于电瓷绝缘子、套管的成型。对于大批量产品应采用立式浇注。对于批量较小的产品可采用手工管道注浆。

3. 压制成型

根据含水率不同可分为干压和半干压成型。适用于成型形状规整，尺寸要求严格，体积不大的制品，主要用于釉面砖、墙地砖、锦砖及低压电瓷等制品。

（三）成型用泥料的主要工艺参数

主要工艺参数见表4-13～表4-15。

表4-13 可塑料主要工艺参数

产品名称	成型方法		泥料水分（%）	泥料细度（万孔筛余,%）	适用范围
日用陶瓷	旋坯		22～28	0.5～2	盘、碗、碟、杯、壶类等
	滚压		20～24	0.5～2	
电瓷	旋坯		20～25	0.5～3	旋式、针式绝缘子等
	钢丝刀旋坯		19～21	0.5～3	针式、通信、蝴蝶、支柱绝缘子，小套管
	压旋		19～22	0.5～3	针式、支柱、通信绝缘子
	真空挤制		19～24	0.5～3	瓷管、瓷套、拉紧绝缘子等
	拉坯		23～25	0.5～3	圆筒形、圆柱形制品
	湿压	冷压	18～20	0.5～3	针式、旋式、通信绝缘子
		热压	19～22	0.5～3	针式、旋式、通信绝缘子
	车坯	干车	6～11	0.5～3	圆管形和圆柱形套管、棒形支柱
		湿车	16～18	0.5～3	棒形绝缘子

表4-14 注浆料主要工艺参数

产品名称	注浆方法	水分（%）	相对密度	泥料细度（万孔筛余,%）	稠化度	适用范围
卫生陶瓷	空心、实心	28～32	1.75～1.85	0.5～2	1.5～2.2	各种卫生洁具
日用陶瓷	空心、离心	33～45	1.50～1.70	0.05～1.5	1.1～1.4	壶类、糖缸、奶盅等
	实心压力	27～42	1.70～1.94	0.1～2 大型3～5	1.3～2.2	鱼盘、盅、羹匙等
电瓷	空心	34～35	1.65～1.80			管状和不规则的杂件
	实心	28～33	1.80以上			

表 4-15　压制粉料主要工艺参数

产品名称	成型方法	物料水分（%）	粒度（25 孔/cm²）	闷料时间（h）	适用范围
建 筑 陶 瓷	半干压 其中：自动压砖机 手动摩擦压砖机	6～9 6～7 8 左右	全部通过	16～24	釉面砖
	半干压	6～10	全部通过	16～24	墙地砖
	半干压	9～11		24～72	锦 砖
电 瓷	半干压	4～7			电器杂件、灭弧罩等低压电器
	半干压	8～15			
	等静压	4～7 或更低			棒形绝缘子、火花塞绝缘体等

（四）设备选型及定额指标

1. 可塑成型设备

可塑成型设备有旋坯、滚压、挤压和热压等成型机。旋坯成型机又分为单刀旋坯机和双刀旋坯机。单刀旋坯机适用于各种回转器形，生产能力同产品最大直径有关。对于日用瓷，生产能力一般为 60～300 件/h，大直径产品取低值。双刀旋坯机适合碗、盘、杯和碟的成型，生产效率高；单刀旋坯机，当产品最大直径为 250mm 时，生产能力为 420～540 件/h。此外还有鱼盘旋坯机，生产能力 800～1600 件/班，旋壶机其生产能力 900 件/班。滚压成型机有固定式、转盘式和往复式三种。生产能力因产品而异，一般盘、碗、碟为 480～1000 件/班。

在陶瓷生产中，按生产工艺流程，将喂泥、预压、滚压、干燥脱模、白坯干燥以及模型循环使用等操作组合联动，成为连续生产的作业线，称为滚压成型干燥联动生产线。各瓷厂可根据本厂的生产工艺及产品特点组合成线。如某厂碗类四头滚压成型干燥线，全线操作人数 4 人，生产能力 1500 件/h。

成型定额指标可根据成型设备的生产能力及设备利用率来确定，一般成型设备利用率为 50%～70%，滚压成型干燥线大于 90%。

2. 注浆成型设备

注浆成型可采用离心注浆机、高位压力管道注浆机和气流压力管道注浆机，也可建立注浆成型干燥联动生产线。离心注浆机供各种壶类、坛类和花瓶等坯体注浆成型，生产能力为 240～360 件/h。卫生陶瓷主要采用管道注浆，成型定额因产品种类而异。可参照实际经验选取，如蹲式便器 44～46 件/（人·班），高水箱 50 件/（人·班），低水箱 30 件/（人·班）。

3. 压制成型设备

通常采用不同类型的压砖机和等静压机。电瓷产品中棒型绝缘子、高压绝缘子及火花塞绝缘体等可采用等静压成型。建筑陶瓷一般采用摩擦压砖机、摩擦加油压压砖机和全油压压砖机。要求压机单位面积上的压力达到 15～20MPa，粉料的压缩比为 2.17～2.5。大中型厂的釉面砖或墙地砖的成型应采用油压压砖机，大规格的墙地砖以采用大吨位的全油压压砖机为宜。设计中采用油压压砖机时，应配备相应的磨边码垛机和装窑车。同时，还应考虑所

135

设计工厂的模具加工能力以及机械设备和电子仪器的维修能力，配备相应的技术工人。而对于中小型厂，则可采用手动摩擦压砖机，应配以磨边机、模具加热和防止铁屑及油污等掉入粉料中的托盘等装置。

国产 YP 系列液压自动压砖机的主要技术性能见表 4-16。

表 4-16　国产 YP 系列液压自动压砖机的主要技术性能

压 机 型 号	YP4280	YP3280	YP2080	YP1680	YP1280	YP1000	YP600
最大压力（kN）	42800	32800	20800	16800	12800	10000	6000
模芯顶出力（kN）	243	243	180	180	180	180	70
动梁最大行程（mm）	170	160	140	140	140	140	150
动梁与底座最小间距（mm）	510	460	460	460	395	390	370
动梁与底座最大间距（mm）	680	620	600	600	535	530	520
左右立柱间净空（mm）	1750	1750	1600	1450	1550	1400	1070
动梁工作面宽度（mm）	1190	920	700	640	600	500	370
最大填料高度（mm）	60	60	60	60	60	60	55
空循环次数可达（次/min）	18	20	22	24	24	26	28
周期加压次数	2～3	2～3	2～3	1～2～3	2～3	1～2～3	1～2～3
电动机装机容量（kW）	98.42	94.92	80.29	79.29	58.55	57	45.8
整机质量（t）	113.6	94.8	64.5	43.8	39.9	28.8	19

二、干燥

（一）干燥设备

陶瓷制品均采用人工干燥。主要干燥设备有链式干燥机、连续式隧道干燥室、间歇式隧道干燥室及室式烘房。

日用陶瓷及小型坯件多采用链式干燥机，它是以两条平行的闭合链条，作为坯体的悬挂输送机构，在干燥室内以一定的运动规律运行，使坯体得到干燥。链条可以水平布置、垂直布置或综合布置，水平布置又分为单层布置和多层布置。生产能力：杯类 3000～4000 件/h，盘类 350～1228 件/h。卫生陶瓷及大型电瓷坯体一般采用便于调节各段温度、湿度的间歇式隧道干燥室或室式烘房。釉面砖及墙地砖的干燥采用隧道干燥室、快速干燥机或快速辊道干燥器。隧道干燥室的断面尺寸以内宽 1.0m、内高 1.7m 为宜，当采用大断面干燥室时，干燥室断面应和烧成隧道窑断面一致，以便干燥后直接入窑。干燥的热源应尽量利用窑炉余热，余热不足设加热器。

干燥设备选型计算：

1. 连续式隧道干燥室

$$n_车 = \frac{qt}{24XY} \tag{4-23}$$

式中　$n_车$——干燥室内容车数（辆）；

　　　q——日干燥产量（片/d 或 m²/d）；

　　　t——干燥周期（h）；

X——干燥室内干燥车排数或轨道条数，若为大断面干燥室，$X=1$；

Y——干燥车装载量［片（或 m^2）/车］。

根据干燥室内容车数及干燥车（或窑车）的尺寸，可以确定干燥室的尺寸或座数。

2. 间歇式隧道干燥室或室式烘干房间数的计算

（1）干燥室的总容坯量计算：

$$Q_烘 = q_t t \tag{4-24}$$

式中 $Q_烘$——干燥室的总容坯量（件/座）；

q_t——前道工序的生产率（件/h）；

t——干燥周期（h）；

（2）干燥室所需间数计算：

若每间烘房可停放两排烘坯车时：

$$n_间 = \frac{Q_烘}{2XY} \tag{4-25}$$

式中 $n_间$——干燥室间数（间）；

X——每排烘坯车数（辆）；

Y——每辆烘坯车的装坯量（件）。

若室式烘房采用固定承坯架时，Y 为每承坯架的装坯量，仍可按上式计算。烘房尺寸与固定坯架相配合。

由于干燥周期长，干燥设备占地面积大，设计中干燥设备应考虑足够的储备能力，才能适应组织流水作业线的要求。

（二）干燥制度

陶瓷坯体干燥主要工艺参数见表4-17。

表4-17 干燥主要工艺参数

产品名称		坯体水分（%）		干燥周期（h）		干燥介质参数		备 注
		干燥后	干燥前			温度（℃）	相对湿度（%）	
日用陶瓷坯体		1~3	8~20	链式	1~2.5	45~65	16~18	
				室式	6~20	65~100		
卫生陶瓷坯体		1~2	15~16	24		90		排出热风温度35~45℃ 相对湿度70%~80%
墙地砖坯体		1~2	8~11	24~36		100~120		排出热风温度35~45℃
釉面砖坯体		1~2	8~9	36		100~120		相对湿度60%~80%
泥饼		8~11	22	20~24		150~200	85	排出热风相对湿度<80%
电瓷	悬式绝缘子	<1.5	<20	96~104		室温至80℃，72h	75~80	大型套管和支柱采用高湿低温至低湿高温干燥法
	棒形绝缘子	<2~2.5	<17	280~360			80	
	大套管	<1.5	<17	224		室温至90℃，80~120h		
石膏模型		6	18~20	48				排出热风相对湿度<70%

注：若采用热风干燥时，热风温度应以坯体允许的最高干燥温度为准，一般为150℃，不超过200℃。

（三）干燥车的选型与车数的确定

1. 干燥车选型

卫生陶瓷坯体用干燥车一般采用长 1.4m，宽 0.9m，高 1.4m，三层；釉面砖用干燥车推荐尺寸长 1.2m，宽 0.9m，高 1.4m；墙地砖用干燥车推荐尺寸长 1.2m，宽 0.9m，高度按产量及装车方式确定，总的装载高度一般为 1.0~2.0m。墙地砖、釉面砖采用大断面干燥室时，干燥车可直接采用窑车。

2. 干燥车数量的确定

干燥车数量应包含以下三部分：

（1）干燥室内容车数。

（2）干燥前、后周转车数。它同干燥前、后各工序作业班制及半成品是否存放在干燥车上等条件有关。对于卫生陶瓷坯体，如不存放在干燥车上，为干燥室 3.5 班的出车总数，如存放在干燥车上，则应增加储车数，其数量视下道工序的具体情况定；釉面砖、墙地砖坯体如干燥前、后砖坯不存放在干燥车上，为干燥室内车数的 20%~25%。

（3）修理车占用车数。一般为总车数的 3%~4%。

三、半成品贮存和施釉

（一）半成品贮存

在修坯和上釉工序附近，必须贮存一定数量的半成品，作为工序平衡之用，白坯（即釉坯）贮存量可按烧成工序的产量、烧成设备的类型以及我国传统节假日等因素考虑。一般青坯按 3~4d，白坯按 1~2d 的生产量考虑，并以此计算存坯架数量。

半成品贮存以温度 20℃、湿度 <60% 为宜。而卫生陶瓷青坯需 30℃，白坯 30~40℃，贮存湿度 <50%，一般存放在存坯架上，存坯架规格长 3m，宽 0.6~1m，高 1.7~1.9m，分 3~4 层。若存放于地面，平均面积定额为 17m²/100 件。

（二）施釉

常用的施釉方法有浸釉、喷釉、浇釉、滚釉及刷釉等，应根据产品的形状、大小、坯体的强度及施釉部位等的不同来选择。釉浆性能见表4-18。

表4-18　釉浆性能

釉浆性能	相对密度	水分（%）	细度（万孔筛余,%）	备　注
日用陶瓷釉	1.28~1.98	39~63	0.03~0.2	精陶釉浆相对密度 1.5~1.6 普陶釉浆相对密度 1.6~1.8
电瓷釉	1.28~1.40	40~50	0.05~0.08	半导体釉浆相对密度 1.6~1.64
卫生瓷釉	1.36~1.50	50~60	0.05~0.1	乳白釉万孔筛余 0.3%~0.5%
釉面砖釉	1.25~1.42	50~68	0.03~0.06	
墙地砖釉	1.30	65		

日用陶瓷施釉可采用浸釉、浇釉和喷釉等方法，所谓"蘸釉法"、"漂釉法"均属于浸釉。浸釉釉浆相对密度 1.3~1.6，浇釉时，除大件制品手工浇釉外，一般碗、盘、碟制品使用机轮浇釉，釉浆相对密度 1.5~1.9，小口径杯类采用喷射浇釉法，釉浆相对密度 1.3~1.5。

喷釉适用于薄壁和小件易脆的生坯或特大制品以及厚釉制品，如艺术瓷等。主要施釉设备有转盘施釉机，生产能力 420 件/h（8～9 英寸盘类），每台 2 人操作；三管施釉机生产能力 660 件/h（9 英寸盘），操作人数 2 人/台，其中 1 人抹水及检验；喷釉机生产能力 4000 件/h（杯类），操作人数 2 人/台，放坯、验坯各 1 人。

电瓷施釉方法同日用瓷。浸釉时，中小型坯件多采用转盘式或水平输送带式浸釉机。如 24 头自动上釉机，生产能力 480～720 件/h（盘形悬式类），操作人数 4 人/台，大型瓷套坯件采用立式或卧式浸釉机。浸釉定额悬式绝缘子 1800 件/班，棒形支柱 96 件/班，操作人数 5 人/组，薄壁、强度较低或大型瓷套、形状复杂的坯件也可采用喷釉。

卫生陶瓷主要采用喷釉法。喷釉操作在施釉间内进行。施釉间平均面积 30～40m²，内设有收尘装置。喷釉定额 30～40 件/（人·班），即每个施釉间的台班产量。中、小型建筑卫生陶瓷厂也可采用人工浸釉，每 100 件（混合件）需 1.7～2 个工，包括吹灰、擦水、涂蜡、上釉、检验、刷釉、修釉、贴商际等全部施釉过程。

对于墙地砖和釉面砖，大、中型建筑陶瓷厂多采用多功能的施釉机组，全线长 50～100m，设有浇、喷、甩和丝网印刷等设备，可按产品要求分别选用。生产能力 4000～6000 块/（台·h），每天 1～2 班，每班 7h。人员配备约 15 人/（台·班）（包括素检），中、小型建筑陶瓷可采用喷釉机，生产能力：釉面砖 6000～6500 块/（台·h），墙地砖 4500～5500 块/（台·h）。每天 1～2 班，每班 7h。人员配备：釉面砖 4 人/（台·班），墙地砖 6 人/（台·班），均不包括辅助人员。

四、成型车间工艺布置

（一）成型车间工艺特点

1. 产品品种变动较大

除墙地砖外，大多数陶瓷制品品种多样、规格不一，且多属于小批量生产。因此成型车间对产品品种的变通应具有较强的适应能力。

2. 机械化、自动化程度较低

目前，国内除了大型墙地砖工厂的成型车间具有较高的机械化、自动化水平外，一般陶瓷工厂成型车间自动化、机械化程度均较低，多为人工操作。因此，车间人员密度大。

3. 运输量大

由于多品种同时加工，形成泥料运输、坯件传递、废坯料、回坯料等复杂的物流与人流路线。不同产品运输方式各异，为了防止坯件被碰损，应避免或减少坯体的重复搬放，并尽可能采用机械化运输。

（二）成型车间布置原则和要求

1. 布置原则

（1）合理组织物流与人流，避免交叉往返与不均衡现象。

（2）工艺设备和工作位置应根据设备外形及基础尺寸要求，按生产流水线布置，工艺相同的产品，其成型设备宜集中布置在一条线上，以便成型余泥和废坯采用皮带运输方式回收和加工以及干燥热风管道的布置。

（3）成型、修坯、上釉等设备附近要留出空地以堆放模子，安置活动层架车或坯架。

2. 对土建、采光、采暖通风等方面的要求

（1）土建要求

成型车间跨度一般选 12m，柱距为 6m，到房架下弦的高度一般为 4.0～7.0m。考虑夏季通风，南方地区可取厂房高度的上限值。采用大跨度的连跨或单跨度的建筑厂房，可利用锯齿形结构的天窗来满足采光的要求。车间与车间通道，车间内上、下工序之间的通道，主要人流通道其宽度一般在 3m 左右，干燥车单向通道宽度一般为 1.5～1.7m，注浆接粘工序操作通道净距一般为 0.6～0.8m。干燥室两端净空不得小于 4m，以使车辆运转和进出干燥室之用。成型车间及粉料制备车间的墙和地面应光滑，避免起尘且便于冲洗。门窗应有防止室外尘土侵入的措施。卫生陶瓷成型车间的门窗应避免阳光直射和冷空气直接侵袭坯体。

（2）采光要求

成型车间对采光的要求较高，车间的方位对采光的影响较大，应特别予以注意。车间采光可利用天窗、侧窗，并辅以局部照明。各种制品的成型、检验、上釉及卫生陶瓷注型、修粘、打磨等部分的采光，一般不低于三级。但对釉面砖半成品检验部分应提高采光要求。

（3）采暖通风要求

车间内不允许存在不均匀的气流股，对北方地区应考虑冬春季节的保温和防风措施。卫生陶瓷成型车间温度一般为 20～28℃，相对湿度 60% 左右，采暖高度 0.4～1.2m。大面积厂房中可允许在注浆台下设置蒸汽排管，排管的设置高度应低于注浆台面 100～120mm，一般在成型车间均装有热风管、热风机和通风设备。

（三）压砖机的布置

1. 摩擦压砖机及砖坯输送机的布置

如图 4-52 所示。其中：$A=4～5m$；$B=3.5～4.5m$（前者小车不能进入两输送带之间，不能放托板，较适合某些釉面砖压砖机的布置；后者小车可进入输送带之间或可放一些托板，较适合地砖压砖机的布置）；$C=3～4m$（前者适合机械运料，后者适合人工小车运料）；$D≥6m$。

砖坯输送机长度一般为 2.0～3.0m，带速 2.0～3.0m/min。

2. 摩擦加油压砖机和全油压压砖机的布置

如图 4-53 所示。其中：$A≈24m$；$B≥3m$；$C=6～6.5m$；D 视压砖机和装窑车机的关系而定。

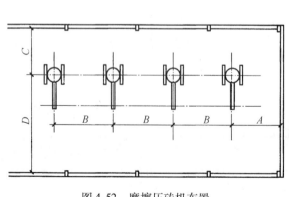

图 4-52　摩擦压砖机布置

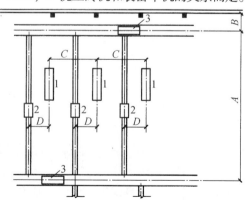

图 4-53　油压压砖机的布置

1—油压压砖机；2—窑车；3—电托车

压砖机要求布置在车间内采光条件较好的位置，比如侧窗旁。

（四）其他布置要求

1. 干燥室回车线的布置

当不需要在干燥车上存放和检查坯体时，一般每 1 ~ 4 条隧道干燥室设一条回车线，5 ~ 8 条设 2 条回车线，否则应增加存车线。干燥室转运托车轨道一般应采用 18kg/m 轻轨。车间内轻便轨的轨面应尽量与车间地坪标高一致。

2. 成型车间生活间及工具间等设计要求

釉面砖粉料制备及成型工序内，不得设置办公室或工具模具修理间。大中型厂砖坯成型间内，应设置车间质量控制室，测定粉料粒度、水分、砖坯水分及砖坯强度等。釉面砖打粉间入口应设换鞋处。

卫生陶瓷成型车间内，应设单独的工具修理间。注型、接粘、打磨、精坯及釉坯检查等工序，应设置 36V 安全灯，功率 60 ~ 75W，供检坯修坯之用。

3. 回坯料存放要求

回坯料存放地点应根据车间面积大小考虑。卫生陶瓷回坯料一般 2 ~ 3 处，打磨施釉间另设一处。回坯料浆池应力求清洁，池底和内壁应镶白色瓷砖或水磨石。

（五）车间面积计算

为了便于设计时组织车间平面布置，根据有关工厂实际情况，提供下列参考数据。

1. 日用陶瓷成型操作面积

（1）可塑法半自动成型机操作面积

可塑法半自动成型机操作面积（包括泥段切片工人操作位置）一般为 $4 \times 4 = 16m^2$ 或 $4 \times 6 = 24m^2$。单刀机轮操作面积一般为 $2 \times 3 = 6m^2$。半自动成型操作面积与链式干燥机、修坯、施釉工序占地总面积之比为 1:10，与隧道式干燥室、修坯、施釉工序占地总面积之比为 1:（15 ~ 20）。单刀成型机与室式烘房、修坯、施釉工序占地总面积之比为 1:10。

（2）注浆成型操作面积

普通注浆成型操作面积和压力注浆成型操作面积（包括高位泥浆桶、压力注浆设备占地面积）一般为 $3 \times 4 = 12m^2$；离心注浆成型操作面积一般为 $3 \times（4 ~ 5）= 12 ~ 15m^2$；压力注浆成型面积与室式烘房、修坯、施釉工序占地面积总和之比为 1:（15 ~ 30）（小件产品取下限，鱼盘取上限）；离心注浆成型面积与室式烘房、修坯、粘接、施釉工序占地面积总和之比为 1:（15 ~ 20）。修坯、粘接、抹水、施釉、检查等工序占地面积均按 $3 \times 2 = 6m^2$/（台·人）（不包括坯架位置）。

2. 卫生陶瓷成型、上釉操作面积

卫生陶瓷注型、修坯、粘接操作面积定额：100 件大小便器、洗面器及低水箱等坯体所需面积一般为 400 ~ 600m²；100 件返水管、高水箱等坯体所需面积大约为 140 ~ 200m²；打磨面积平均每人 25 ~ 27m²。卫生陶瓷上釉操作面积定额：日产 100 件所需面积为 35 ~ 40m²，不满 100 件仍按 100 件进行计算。采用喷釉法施釉时，喷釉面积定额：每个施釉间平均占地 30 ~ 40m²/间。施釉间内应附设收尘装置。

3. 车间内通道宽度

一般取 1.5 ~ 2.2m，以便运泥车、回坯小车及坯层架车的通行。

（六）生产线工艺布置实例（如图 4-54 ~ 图 4-57 所示）

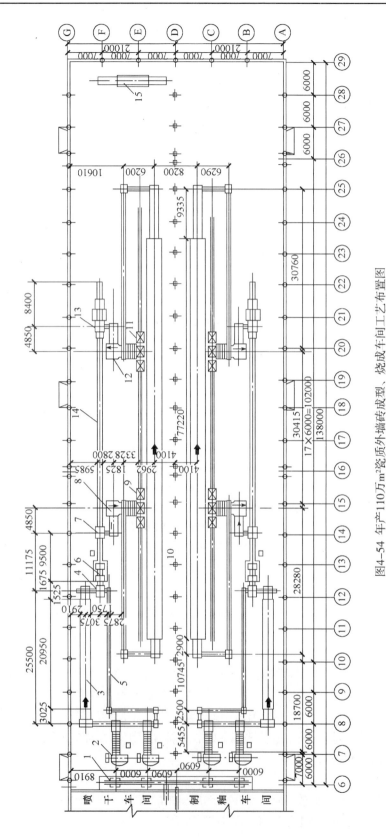

图4-54 年产110万m²瓷质外墙砖成型、烧成车间工艺布置图

1—压机前小料斗；2—自动压机；3—卧式干燥器；4—卸垫板机；5—垫板输送线；6—喷釉装置；7—装耐火材料垫板机；8—装坯机；9—储坯装置；10—辊道窑；11—储产品装置；12—卸产品机；13—卸前耐火材料垫板机；14—耐火材料垫板输送线；15—铺贴机

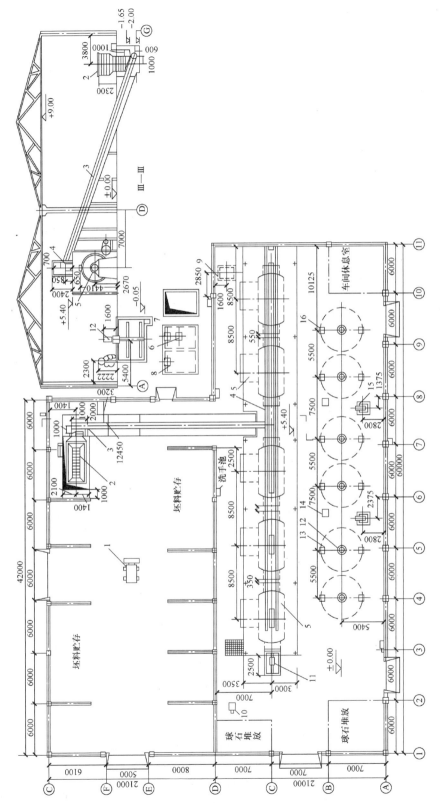

图4-55　年产110万m²瓷质外墙砖坯料制备车间工艺布置图

1—铲车；2—喂料机；3，4—胶带输送机；5—球磨机；6—高位水箱；7—给水泵；8—储水池；9—沉淀池；
10—台秤；11—电动葫芦；12—平浆搅拌机；13—泥浆池；14—四缸隔膜泵；15—双缸隔膜泵；16—振动筛

143

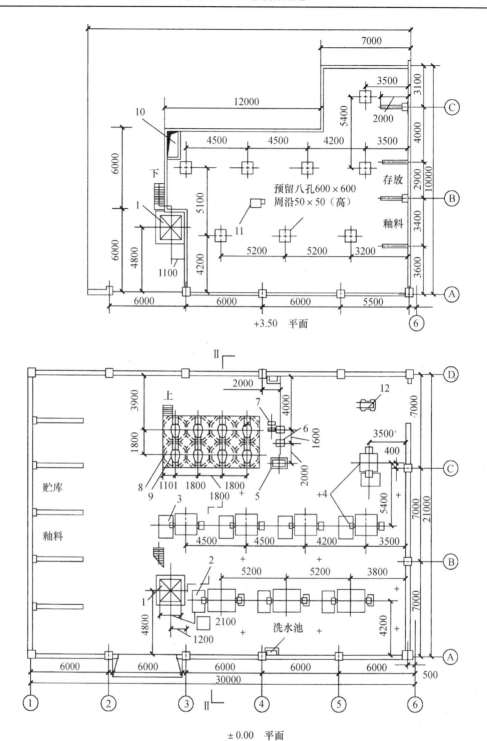

图 4-56　年产 110 万 m^2 瓷质外墙砖釉料制备车间工艺布置图

1—平台提升机（吊笼）；2，3，4—球磨机；5—振动筛；

6—磁选机；7—隔膜泵；8—储釉池；9—螺旋桨搅拌机；

10—高位水箱；11—磅秤；12—送釉车

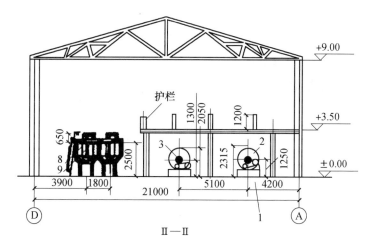

图 4-57　年产 110 万 m^2 瓷质外墙砖釉料制备车间 Ⅱ—Ⅱ 布置图

第八节　高温加工车间

一、水泥厂熟料烧成车间

（一）熟料烧成系统发展概况

目前，熟料烧成设备主要有回转窑和立窑两大类。立窑为干法生产，回转窑则按其生料制备方法又可分为湿法生产与干法生产两种。湿法窑有湿法长窑及带料浆蒸发机窑；干法窑有中空干法长窑及立波尔窑、带余热锅炉发电窑、旋风预热器窑、立筒预热器窑和预分解窑等短窑。从世界水泥工业发展看，干法中空窑及湿法长窑由于单机产量低、热耗高；立波尔窑及料浆蒸发机窑则有本身结构复杂，操作维修要求高，扬尘大等缺点，其单机产量虽较高，而熟料质量却不如湿法窑；余热锅炉发电窑则由于窑的生产和发电机组的运行互相牵制，有时会形成恶性循环，因而使这些窑型在世界水泥工业中所占的比重日益减少。更由于世界性的能源日趋紧张，代之而起的是新型干法悬浮预热器窑和预分解窑。我国已明确发展新型干法窑生产，新建大中型厂多采用预分解窑。现有的湿法长窑及其他类型的老式干法窑，在条件具备时亦将陆续改造为新型干法窑或被淘汰。

（二）熟料烧成系统选择的原则

熟料烧成系统是水泥生产过程的中心环节，也是大量消耗燃料的工序。它包括窑、预热器、分解炉、冷却机、喂料系统以及其他附属设备等。因此，选择烧成系统时，总的原则是应该综合考虑原料和燃料情况、产品质量要求、工厂规模、建厂的各种具体条件以及不同的烧成系统的特点，进行正确的判断，从而使所选的烧成系统技术先进、经济合理。

熟料烧成过程中消耗燃料的费用在水泥生产成本中占有较大的比重。其所占比重又随生产方法，产品品种、燃料种类、价格、运输距离以及其他因素的不同而异，一般约占20%～30%，有时更高些。因此，节能是熟料烧成系统最突出的问题之一，在进行烧成系统的选择时，对节能问题应予以充分的重视。

为达到综合节能的目的，在进行烧成系统设计时，应注意下列一些问题：

1. 大、中型厂优先考虑采用预分解窑，中、小型厂可选用旋风预热器窑。

2. 窑和分解炉用煤（包括低质煤）作燃料。

3. 采用冷却效率高的熟料冷却机，充分利用熟料冷却机的热气体作为烘干物料的热源（可从窑头或冷却机抽取热风）。

4. 采用烘干兼粉磨的煤磨，充分利用系统余热作为烘干煤的热源。

5. 充分利用出窑废气作为烘干生料及其他物料的热源。

6. 保证窑和管道系统的密封装置情况良好，减少系统漏风和压力损失，选用适当的风机。

7. 选用适当的窑衬，采取良好的窑体隔热措施。

8. 采用高效率的电收尘器或袋收尘器处理含尘气体。

9. 配制易烧性好的生料，选择适宜的工艺热工参数。

（三）熟料烧成系统及其主机设备选型

1. 悬浮预热器窑

悬浮预热器窑又可按预热器型式不同，分为立筒预热器窑和旋风预热器窑以及由旋风筒与立筒混合组合的预热器窑。

（1）立筒预热器窑

立筒预热器具有结构简单、通风阻力小、电耗低、对原燃料适应性强等优点，可用于中、小型窑。

进入立筒的窑烟气温度一般为 950～1050℃，出预热器废气温度不超过 360℃，当出窑烟气在 1050℃左右时，生料可预热至 780～820℃，表观分解率可达 30% 左右，其热耗为 3260～3596kJ/kg 熟料（780～860kcal/kg 熟料），小型立筒预热器窑约 3638～5018kJ/kg 熟料（870～1200kcal/kg 熟料）。整个系统的压力降不超过 3.5kPa，系统废气含尘浓度为 30～50g/Bm³。

目前，立筒预热器主要有德国的 Gepol（盖波尔，亦称 Krupp-克虏伯）型、ZAB 型和捷克的 Preror（普列洛夫）型，如图 4-58 所示。

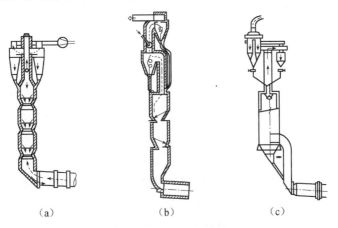

（a）　　　　　　（b）　　　　　　（c）

图 4-58　三种立筒预热器示意图

（a）盖波尔型；（b）ZAB 型；（c）普列洛夫型

（2）旋风预热器窑

窑尾采用的是旋风预热器，由多级旋风筒组合而成。早期多为四级预热器，现在，由于新型旋风筒阻力的降低及窑尾排风机能力的提高，则多采用五级预热器，有的用了六级预热器。如果原料或燃料中碱、氯、硫超过一定限度，可增设旁路系统，使部分窑尾废气不经旋风预热器而排出（经冷却和净化后排入大气），以减轻碱、氯、硫的危害。

旋风预热器窑具有热效率高的优点，一般情况下入窑生料温度可达800℃，碳酸钙表观分解率可达30%以上，热耗较低。在原料、燃料条件适宜的情况下，一般都采用旋风预热器窑，因为它对达到产量和热耗指标更有保证。

旋风预热器主要有洪堡型、史密斯型、EVS型及维达格型四种型式。

洪堡型预热器开发最早，其结构简单，在保持一定收尘效率和压力损失时旋风筒体积和高度较小，有利于减少设备投资，有利于工艺布置，因而使用较普遍。图4-59为洪堡型预热器。当物料以70℃温度喂入时，通过一至四级旋风筒分别被加热至300℃，495℃，670℃和800℃以上。出窑尾气体温度约950～1050℃。经过各级旋风筒与物料进行热交换，离开预热器的废气温度约为350℃。生料通过预热器系统时间约为25s。全窑系统阻力约4kPa。单位容积产量约为1.75t／（m^3·d）。

史密斯型预热器的结构与洪堡型相似，如图4-60所示，一般由四级或五级旋风筒组成。大型窑选用双系列。

EVS型预热器亦与洪堡型预热器相似，如图4-61所示。与洪堡型预热器的不同之处是在窑尾与最下一级旋风筒连接的上升烟道内部为灯笼形结构，目的是用来加强物料与气流之间的热交换和防止粉尘粘附。

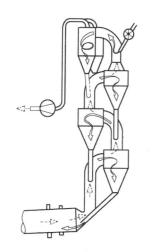
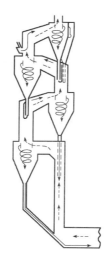
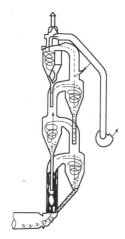

图4-59　洪堡型预热器　　　图4-60　史密斯型预热器　　　图4-61　EVS型预热器

维达格型预热器为德国维达格公司产品，分为标准型（如图4-62所示）和大型（如图4-63所示）两种。它与洪堡型预热器相比的特点是：窑尾出口与最下一级旋风筒之间的上升烟道为灯笼型立筒，用以防止粉尘粘结和加强热交换；标准型在第二级及第四级旋风筒出口处各设一个"涡流容器"，大型则在第三级设有涡室，生料喂入容器之中；各级旋风筒的规格不尽相同，布置及排列也不尽一致。标准型的旋风筒的数量及布置为2-1-2-1，大型则为4-2-1-2；预热器的阻力比洪堡型大，要求排风机负压高，一般为8kPa（350℃）。

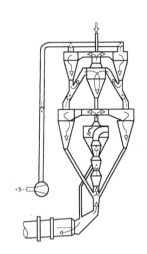
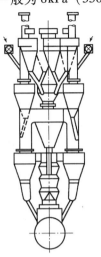

图4-62　标准维达格预热器　　　　　　图4-63　大型维达格预热器

（3）旋风筒与立筒混合组合的悬浮预热器窑

这种悬浮预热窑的预热器一般由三个旋风筒（包括管道）热交换单元和一个立筒热交换单元所组成，属于混流热交换型预热器，主要有多波尔型和米亚格型两种类型。

多波尔型预热器是德国Polysius（伯力鸠斯）公司开发的。典型的多波尔预热器如图4-64（a）所示。其特点是，生料在双流程的悬浮预热器内进行预热。作为热交换单元的旋风筒和涡流立筒的排列与洪堡型不同之处是由下而上排列，第一、第二、第四级都由两个平行布置的旋风筒组成。而第二级则是一个涡流立筒，由第二级旋风筒下来的生料喂入涡流立筒上部，是一个逆流热交换单元。其自上而下排列为2-2-1-2。同时，为了防止结皮，窑尾上升烟道断面为椭圆形。发展这种双旋风筒系统的目的有三：一是为了选用较小的旋风筒，提高分离效率；二是适用于大型窑发展，而不需要作设计上的根本改变，也不需要采用双系列或多系列；三是为了防止在双旋风筒出现的生料预热不均匀情

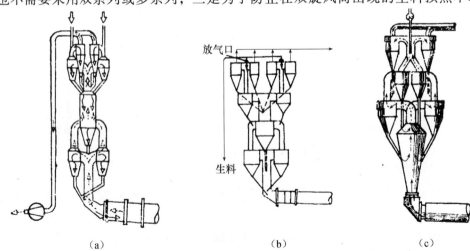

（a）　　　　　　　　　　（b）　　　　　　　　　　（c）

图4-64　旋风筒与立筒混合组合的悬浮预热器

（a）多波尔型；（b）多波尔改进型；（c）米亚格型

况，在生料经过两级旋风筒预热后，将两股料流引入一个涡流立筒以加强混合，并希望借逆流热交换提高热交换效率。

多波尔型预热器出现后，已得到比较广泛的应用。目前除悬浮预热窑外，在 MFC 型、KSV 型及普列波尔型预分解窑系统中，也都广泛采用。

随着生产的发展，多波尔预热器也有所改进，为了降低系统阻力，第二级的涡流立筒也逐渐改为双进风的旋风筒，即气体进口已由原来的涡流立筒中部改为上部，从第三级旋风筒下来的两股生料，已由喂入涡流立筒顶部改至由第一级旋风筒来的两个连接管道之中，原来的第二级涡流立筒作为一个逆流热交换单元的作用已不存在，实际上已成为一个有两个切线进风口的旋风筒，称为涡流室。各个热交换单元级的布置和排列亦有所变化，一般自上而下排列为 4-2-1-2，如图 4-64（b）所示。

米亚格型悬浮预热窑系德国 Buhler-Miag（比勒-米亚格）公司开发［如图 4-64（c）所示］的。其特点有四点：（1）第一、第二、第三级为旋风筒，第四级为锥形立筒，下部做成喷口形，气体流速为 18～20m/s，物料在立筒中进行逆流热交换；（2）由于立筒的物料被气流再次带入第三级旋风筒，故延长物料在预热器高温区停留的时间，强化了热交换，从而使入窑物料的分解率可提高到 50% 左右；（3）第四级立筒与窑尾连接的过渡仓断面大，生料沉积后由此入窑，这比旋风筒的下料管断面增大十多倍，因此有利于防止结皮堵塞；（4）在原料有害的挥发成分较多，需要旁路放风时，可将放风量减少到最低限度，从而也减少了热量损失。米亚格型悬浮预热窑的单位熟料热耗一般为 3140～3350kJ，可用于预分解窑系统。

米亚格型悬浮预热窑，选用单系列预热器时，最大日产量可达到 2200t。日产量超过 2200t 时，采用双系列预热器。据德国 OK 公司介绍，有关技术参数如下：

出窑废气温度 1000℃；C_4 级立筒下部喷嘴风速 18～20m/s；入窑物料温度 820℃左右；C_4 级筒至 C_3 级筒预热器气温 790～820℃；C_2 级筒出口气温 700℃；C_2 级筒出口料温 500℃；C_2 级筒至 C_1 级筒气温 540～560℃；C_2 级筒至 C_1 级筒风速 16～19m/s；C_1 级筒气温 350℃；C_1 级筒收尘效率 94%～97%。

（4）悬浮预热器窑的设计计算

1）确定窑的规格

①按照窑的单位容积产量计算窑的规格

根据要求的生产能力 G 及现有已生产的同类型窑的单位容积产量，算出窑的总容积，并根据窑的长径比 H/D 值，确定窑的直径及长度。

窑的有效容积

$$V_i = \frac{G \times 1000}{g_v} \tag{4-26}$$

式中　V_i——窑的有效容积（m）；

　　G——设计要求的熟料产量（t/h）；

　　g_v——窑单位容积产量［kg/（m³·h）］，见表 4-19。

表 4-19　不同类型窑的单位容积产量

窑　型	单位容积产量 [kg熟料/（m³·h）]	比　率 （%）	窑　型	单位容积产量 [kg熟料/（m³·h）]	比　率 （%）
悬浮预热器窑	63.4	100	SF 预分解窑	110~150	220
立波尔窑	62.7	99	RSP 预分解窑	110~160	220
干法带余热锅炉窑	39.0	62	KSV 预分解窑	110~150	220
湿法长窑	22.8	36	MFC 预分解窑	90~150	220
			立　窑	126	199

　　一般悬浮预热器窑的长径比 L/D 大多在 15~20 之间，则 $L =$ （15~20）D，再根据计算得到 V_i 值，即可求出所需窑的规格。

　　②按经验公式计算

　　南京化工学院通过对国内外 136 台悬浮预热器窑的生产统计，用回归分析法提出求悬浮预热器窑产量的计算公式如下：

$$G = 0.03669V_i^{1.08101} \qquad (4-27)$$

或

$$G = 0.06139D_i^{2.48866}L^{0.79101} \qquad (4-28)$$

式中　G——窑的小时产量（t/h）；

　　　　V_i——窑的有效容积（m³）；

　　　　D_i——窑的有效内径（m）；

　　　　L——窑长度（m）。

　　上述公式的统计范围是：平均内径 D_i 为 2.07~5.8m，窑长度 L 为 34~125m，产量为 7.38~212t/h。在应用此公式时需考虑原料、燃料物理化学性能的不同，窑结构形式不同，操作管理水平不同以及当前的技术经济政策等影响因素。

　　2）确定立筒预热器的规格

　　在参照同类型厂立筒预热器窑计算并确定回转窑规格后，即可进行立筒预热器规格的计算。立筒预热器的设计，关键在于正确确定立筒直径、缩口直径以及钵室高度和立筒高度。在进行设计前，正确地选定各项工艺参数，对于正确确定立筒规格，提高立筒内的传热效率是十分必要的。

　　①立筒规格的确定

　　一般先按立筒出口气体流速（立筒上部出口断面工况风速）求得立筒内径，再根据立筒高径比求出立筒高度。立筒内径（D）按下式计算：

$$D = \sqrt{\frac{Q}{0.785V_A}} \qquad (4-29)$$

式中　Q——立筒出口废气量（m³/s）；

　　　　V_A——立筒出口断面平均气流速度（m/s）。一般可取 $V_A = 1.8~2.5$m/s，窑大时，可选高值，反之选取较低值。

　　立筒高度（H）按下式计算：

$$H = (4.5 \sim 5.5)D \qquad\qquad (4\text{-}30)$$

式中　H——立筒高度（m）；

　　　D——立筒内径（m）。

即立筒高径比 H/D 一般选 $4.5 \sim 5.5$，小窑可选大值，大窑可选较小值。

②缩口直径的计算

缩口直径（D_0）可根据立筒断面计算，一般缩口断面取立筒断面的 $1/3 \sim 1/4$，按下式计算：

$$D_0 = \sqrt{\left(\frac{1}{3} \sim \frac{1}{4}\right)D^2} \qquad\qquad (4\text{-}31)$$

设计缩口直径时，应考虑到投产后在不同生产情况下可加以调节。

3）旋风预热器规格的确定

在以旋风筒为主的组合悬浮预热器中，物料同热气流的热交换约为 80%，在各级旋风筒之间的连接管道中进行，因此，不但旋风筒本身设计要合理，技术参数选取要适当，且对其间的连接管道结构设计也要合理。从而才能使全窑系统的生产效率、热效率提高，热耗和电耗降低，以获得良好的技术经济指标。而对旋风筒本身的设计，则主要应考虑如何获得较高的分离效率和较低的阻力损失。

①旋风筒直径的确定

旋风筒的结构，以圆锥体及圆柱体的设计最为重要，由于它们之间的尺寸及其比例不同而构成不同类型的旋风筒。在旋风筒各部分尺寸的设计中，大多以圆柱体部分的直径 D 为基础，因此首先要确定 D 的尺寸。在水泥工业中，是将旋风筒作为悬浮预热器的组合单元来考虑的。一般可按下式计算：

$$D = 2\sqrt{\frac{Q}{\pi V_A}} \qquad\qquad (4\text{-}32)$$

式中　Q——通过旋风筒的气体流量（m³/s）；

　　　V_A——假想截面风速，即假定气流沿旋风筒全截面通过时的平均流速，见表 4-20。

表 4-20　各级旋风筒推荐分离效率、圆筒断面风速

旋风筒	C1	C2	C3	C4	C5
分离效率 η（%）	95	~85	~85	85~90	90~95
V_A（m/s）	3~4	6	6	5.5~6	5~5.5

②进风口尺寸、型式

进风口的结构过去一般为矩形，高宽比为 2 左右。进口面积（ab）与旋风筒圆柱体直径的平方（D^2）之比，平均为 0.2 左右，中间级大些，最下级小些。进口风速一般为 $15 \sim 25$m/s。新型旋风筒为降低阻力，进风口已改为五边形或菱形结构。

旋风筒气流进口方式一般有直入式和蜗壳式两种，如图 4-65 所示。蜗壳式又可按包角分为 90°，180°，270°三种。蜗壳式进口能使进入旋风筒气流通道逐渐变窄，有利于减小颗粒向筒壁移动的距离，增加气流通向排气管的距离，避免短路，可以提高分离效率，同时还具有处理风量大、压损小的优点，故常被采用，但制造复杂。新型旋风筒多采用270°包角。

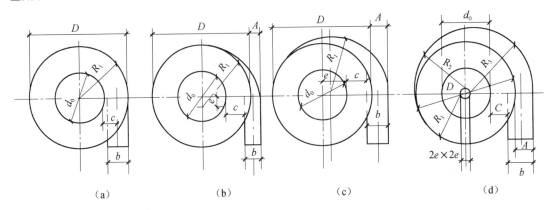

图 4-65　旋风筒进风口蜗壳形式图

（a）直接切入（0°）；（b）90°；（c）180°；（d）270°

③排气管一般为圆形。其结构、尺寸对旋风筒流体阻力及分离效率亦是重要。其直径（$d_{出}$）与旋风筒圆柱体直径（D）之比约为0.5。其插入旋风筒内的长度，对分离效率及阻力亦有重要影响。通常内筒深度有三种情况：一是插入深度达到进气管中心附近；二是与排气管直径相当；三是约超过进气管高度。

④圆柱体及圆锥体的高度

圆柱体高H_1及圆锥体高H_2的大小，关系到生料粉是否有足够的沉降时间。可根据不同的分离要求，用它们和旋风筒直径D的相对比例关系来确定。此两者高度越大，则其分离效率越高。

旋风筒的结构类型很多，但根据其高度H（$H = H_1 + H_2$）与直径D之比H/D，可分为三种基本类型：$H/D > 2$者，称为高型旋风筒；$H/D < 2$者，称为低型旋风筒；$H/D = 2$者，称为过渡型旋风筒。其中高型旋风筒又可根据圆柱体高度H_1与圆锥体高度H_2的比值分为三种：$H_1/H_2 > 1$者，称为圆柱型旋风筒；$H_1/H_2 < 1$者，称为圆锥型旋风筒；$H_1/H_2 = 1$者，称为过渡型旋风筒。一般说来，高型旋风筒直径较小，含尘气体停留时间较长，可使粒度较小的尘粒沉降，故其分离效率较高；在高型旋风筒中，又以圆锥体高度较大的圆锥形旋风筒分离效率较高。

用于悬浮预热器最上一级的旋风筒，由于其主要作用是收尘，因而为了提高其分离效率，减少出预热器系统废气中带出的粉尘，一般宜选用高型旋风筒中的圆锥型旋风筒，并且大多采用双筒，以缩小筒径，使其更有利于分离作业。二级、三级旋风筒，则从降低整个系统阻力的角度出发，综合权衡，其分离效率可较上一级旋风筒稍低，故一般选用低型旋风筒，并且大多选用单筒。第四级旋风筒则需要有适当的分离效率，减少已分解物料的不必要的内部循环和高温热损失，故应适当增大其高径比。实践证明，旋风筒分离效率高低亦将对系统的阻力及热耗产生一定的影响，故在进行各级旋风筒选型时必须权衡利弊，综合判断，力求获得最佳的经济效益。表4-21和图4-66是部分厂家旋风筒结构尺寸资料。

表 4-21　旋风筒结构尺寸资料

	厂家	法国	三菱重工	石川岛	川琦	神户制钢	史密斯	太原	四平	邳县	新疆	罗马尼亚
最上级旋风筒	直筒高 h_1/D	1.2~2	0.74	1.89	1.04	1.00	0.82	1.86	2.0	1.91	1.93	
	锥体高 h_2/D	1.6~1.8	1.75	0.99	1.36	1.59	1.63	1.43	0.9	1.0	0.97	
	内筒直径 d/D	0.5	0.5	0.51	0.47	0.46	0.42	0.5				
	内筒插入 h_3/D	0.5~0.7	0.5	0.70	0.63	0.56	0.28					
	进口宽度比 a/b	0.5~0.7	0.62	0.74	0.61	0.51	1.15	1.0				
最下级旋风筒	直筒高 h_1/D	0.75	0.64	0.76	0.67	0.65	0.81	0.80	0.76	1.06	0.79	0.8
	锥体高 h_2/D	0.9~1.0	1.09	1.16	1.21	1.16	0.97	0.93	1.0	1.0	0.79	1.0
	内筒直径 d/D	0.4~0.6	0.51	0.47	0.46	0.44	0.39					0.5
	内筒插入 h_3/D	0.13~0.2	0.29	0.30	0.25	0.27	0.12	0.4×0.4				0.625
	进口宽高比 a/D	0.5~0.7	0.68	1.0	0.6	0.55	0.9	1.0				0.5
	预热器型式	2-1-2-1系统	多波尔	洪堡	维达格		史密斯	洪堡	洪堡	2-1-2-1系统	2-1-2-1系统	史密斯

如法国拉法基公司及克雷苏·罗阿公司对风速的选取是：连接管道风速 16~20m/s（极限 23m/s），旋风筒截面风速 3~5m/s，旋风筒内筒截面极限风速 18m/s；丹麦史密斯公司管道风速一般选用 18m/s。法国两公司对四级旋风筒的分离效率，设计指标分别选取为 95%（最上级），85%，80%，60% 及 90%~95%，80%~85%，80%，60%~75%；丹麦史密斯则定为 95%，90%，85%，70%~80%。

丹麦史密斯公司为进一步降低预热器系统阻力，已研究出一种新型旋风筒，据介绍其阻力系数仅相当于原有旋风筒的 2/3。新型旋风筒在进风口型式、锥体形状方面均有改进，且其直径减小，内筒缩短加粗，如图 4-67 所示。

日本宇部公司研制了与宇部式分解炉相匹配的宇部式低压损旋风筒（图 4-68）。旋风筒出口管道内筒做成"靴形"结构，有利于提高分离效率，且可降低压力损失，其压损可较普通旋风筒降低 1/3，并且有气流运动流畅、操作稳定和能防止结皮堵塞事故等优点。

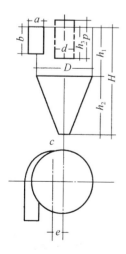

图 4-66　旋风筒结构
尺寸资料图

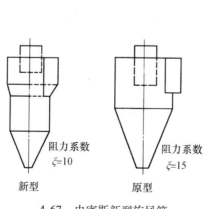

4-67　史密斯新型旋风筒

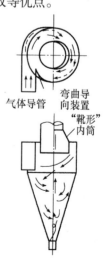

图 4-68　宇部式低压
损旋风筒

2. 预分解窑

预分解技术的特点是在预热器和窑之间增设分解炉，在分解炉中加入占总用量50%～60%的燃料，使燃料燃烧的过程与生料的预热和分解过程在悬浮状态或沸腾状态下迅速地进行。入窑的生料分解率可达90%左右，因此窑的热负荷大为减轻，而产量却成倍增长。由于窑的单位容积产量高，窑衬寿命长，在单机产量相同的情况下，窑的体形较小，占地面积减少，制造、运输和安装较容易，基建投资较低，且可制造单机产量高达8000～10000t/d的大型窑。由于一半以上的燃料是在较低的温度（900℃左右）下燃烧，故产生的有害气体NO_x较少，减少了对大气的污染。预分解窑热耗约为3000～3300kJ/kg熟料，电耗与悬浮预热窑大致相同。

（1）分解窑的种类

现在，预分解窑的炉型已有30种以上，但按照气流及物料不同的运动方式可以主要分为四组。图4-69为各主要炉型示意图。

第一组：以SF炉为基型，其特征是窑气从炉底部喷腾上升，三次风螺旋形进炉。在此基础上加以改进的有NSF，CSF。

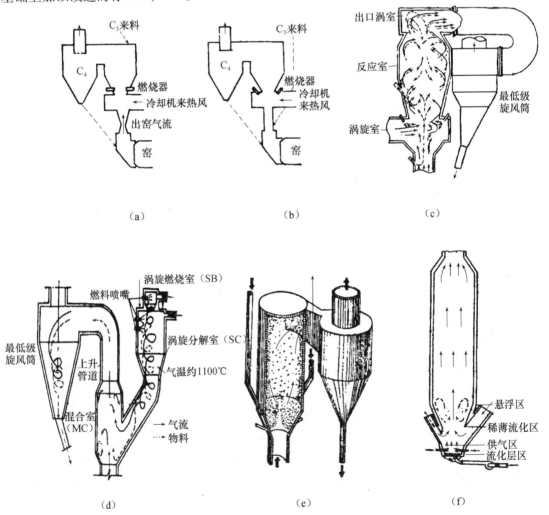

（a）　　　　（b）　　　　（c）

（d）　　　　（e）　　　　（f）

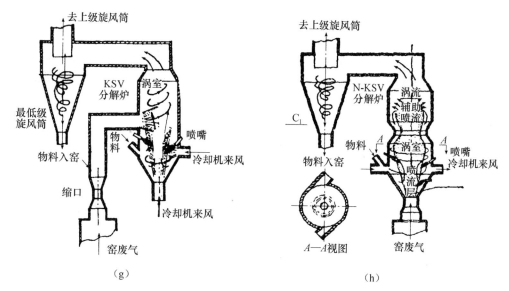

图 4-69　各主要炉型示意图

(a) SF 炉；(b) NSF 炉；(c) CSF 炉；(d) RSP 炉；(e) FSL 炉；
(f) N-MFC 炉；(g) KSV 炉；(h) N-KSV 炉

第二组：RSP 型及相仿的 GG，EVS-PC 型等。其特征是燃料在预燃室预先点燃，冷却机来热风及生料在分解室预先混合及燃烧，然后再与窑气混合，在混合室或上升管道内继续分解，再进入第四级旋风筒。RSP 型炉是最早实现烧煤的炉型之一，也是目前世界上使用最广泛的炉型。

第三组：以 MFC 炉的流化床为基型的 N-MFC，CFB 型等。其特点是在炉底部带流态化床，可燃烧劣质煤。

第四组：按喷腾式原理设计的炉型，其种类相当多，但均大同小异。如 FSL，KSV，N-KSV，DD 型等。有些炉型在炉腔内增加缩口形成喉管，使气体湍流，增加扰动，加强物料与气流的热交换，以加速分解过程。

（2）预分解窑主要设备的设计计算

1）回转窑规格的确定

根据设计任务要求的熟料产量，带入下式算出所需窑的直径：

$$G = 1.5564 D_i^{3.0782}$$

（4-33）

式中　G——窑产量（t/h）；

　　　D_i——窑的有效内径（m）。

预分解窑的长径比 L/D，一般在 14～17 之间。近年来设计的窑，长径比有减小趋势，甚至 $L/D = 10$。短窑具有以下优点，如减轻设备质量，减少动力消耗，节约耐火材料，减少窑体表面热损失等。但如窑体太短，则会引起窑尾温度显著升高、预热器和预分解炉结皮、堵塞加剧，给烧成系统的正常运转带来困难。"短窑"适用于入窑分解率高的预分解系统，对于不设三次风管的窑内通过型预分解窑系统和易烧性差的物料则不宜采用。因此，如欲使其工业化，还需要在燃烧技术、设备结构、工艺流程等方面加以开发和研究，才能使之在技术上可能，在经济上合理。一般认为短窑的长径比以 10 ~ 12 为宜。

2）分解炉规格的确定

分解炉的确定，主要是根据窑的产量配备恰当型式和规格的分解炉。一般可以采用下列方式中任意一种方式进行计算。其一是按炉的容积热负荷或单位容积生产能力计算，然后用炉的断面风速校核；其二是按断面风速计算，然后用容积热负荷校核。一般多采用按断面风速计算。

炉的有效截面和有效内径（直筒部分）计算如下：

$$S_{炉} = \frac{V_g}{3600 w_g} \tag{4-34}$$

$$D_{炉} = \sqrt{\frac{4 S_{炉}}{\pi}} = \sqrt{\frac{4 V_g}{\pi \times 3600 w_g}} = 0.0188 \sqrt{\frac{V_g}{w_g}} \tag{4-35}$$

式中　$S_{炉}$——分解炉有效截面积（m^2）；

$D_{炉}$——分解炉的有效直径（m）；

w_g——分解炉断面风速（直筒部分），随炉型不同而取不同数值。一般 SF 型取 4.5 ~ 6m/s，KSV 型取 5 ~ 8m/s，RSP 分解炉分解室取 3 ~ 5m/s，混合室取 7 ~ 13m/s；

V_g——通过分解炉的工况风量（m^3/h）。

其中 V_g 可按通过燃料燃烧生成的气体量（窑气如不入炉则仅按分解炉用煤量计算），加上生料分解放出的 CO_2 量（按生料在炉内分解率提高的百分数计算）、过剩空气及漏风量计算。

分解炉高度一般可以根据气流在分解炉内需要停留的时间来计算：

$$H = w\tau \tag{4-36}$$

式中　H——分解炉高度（m）；

w——气流在分解炉内的平均流速（m/s）；

τ——气流在分解炉内经历时间（s），见表 4-22。

表 4-22　不同型式预分解窑气流在分解炉内经历时间

炉　型	SF 炉	N-SF，C-SF	RSP，GG，EVS	N-MFC	N-KSV，DD	P-AT，PS，P-AS
停留时间（s）	1.5	3 ~ 4	3 ~ 4	3 ~ 6	2 ~ 5	2 ~ 4

3）预分解窑附属风管设计

①入炉三次风管直径

入炉三次风管直径一般按管内风速 20m/s 左右计算，一般情况下可取窑直径的 0.6 倍左右。

②分解炉用一次风管

当分解炉需用一次风时，可按炉用燃料燃烧所需总风量的 10% 左右考虑。RSP 窑炉的烧煤主燃烧器一次风速可取 8 ~ 10m/s，如在喷煤管中增设风翅，则有利于煤粉的分散悬浮，也有利于燃烧。

4）旋风预热器的选型

国内外各种烧煤并带四级旋风筒的窑外分解窑，其废气温度平均为 370℃。为了进一步降低废气温度与熟料热耗，国内外均已趋向建设五级旋风预热器。五级旋风筒比四级旋风筒的废气温度降低40℃左右，可节约热耗约125kJ/kg 熟料。发展五级甚至六级旋风预热器的关键是降低预热器的阻力与旋风筒高度，以保证不增加流体阻力。

旋风筒的流体阻力主要由两部分组成：一部分是气流在管道内使生料粉上升所需的能量，另一部分为气流在旋风筒内及其进出口的能量损失。因而，可以通过选取合适的断面流速、进口风速与进口尺寸、在进口处安装导向板及改进顶盖型式等来降低阻力损失。

采用普通型旋风筒时，截面风速大多采用3.5~4m/s；在新设计的五级新型旋风筒中，一级预热器的断面风速为3.5m/s，二至三级预热器为4.5m/s，四至五级预热器为5m/s。进口气流速度均以20m/s左右为宜。预热器的分离效率，一级预热器取90%，其余各级均为约70%。旋风预热器直径计算方法与悬浮预热窑相同，见表4-23。

表4-23 预分解窑用五级旋风预热器的结构参数 （如图4-66所示）

级别	直径 D	内筒直径 d_1	料管直径 d_2	进口宽 b	进口高 a	柱体高 h_1	锥体高 h_2	总高 H	内筒高 p	偏心距 e
一	1	0.6	0.17	0.28	0.46	1.2	1.8	3.0	0.46	—
二至五	1	0.51	0.15	0.33	0.56	0.69	1.03	1.72	0.3	0.12

预热器分解炉和回转窑的生产能力必须很好地配合。一般来说，分解炉、预热器的生产能力可比窑的生产能力高约10%以内，但亦不宜太大；否则在实际生产中，分解炉、预热器内的风速偏低，会影响旋风或喷腾效应，从而减少物料、煤粉在炉内停留时间。如果保持设计风量而按偏小的窑的生产能力喂煤、喂料，则必然出现过剩空气过大、熟料热耗增高的结果。

3. 回转窑窑尾排风机的选型计算

窑尾排风机的选型根据计算的窑尾废气量和它要求的负压值来确定。排风机所需处理窑系统的废气由以下几部分组成：

$$V_g = V_f + V_e + V_r + V_s \tag{4-37}$$

式中 V_g——窑尾系统排出废气量（Bm³/kg 熟料）；

V_f——燃料燃烧生成烟气量（Bm³/kg 熟料）；

V_e——燃料燃烧过剩空气量（Bm³/kg 熟料）；

V_r——生料分解放出 CO_2 量（Bm³/kg 熟料）；

V_s——漏风量（Bm³/kg 熟料）。

烟气增湿后入排风机时，还需加上增湿气体的体积。其中漏风量 V_s 可按出窑废气量的百分数估算，各部分漏风百分数应低于下述范围：

冷烟室10%~15%，烟道1%/m，负压操作的收尘器20%~30%，立筒预热器<45%，旋风预热器<50%。

一般一级预热器出口处的废气量 V_g，波动在1.45~1.60Bm³/kg 熟料之间。

窑尾排风机选型可按下列公式计算：

（1）风量

$$V = 1000KGV_g \frac{273 + t}{273} \times \frac{101325}{P} \qquad (4-38)$$

式中　V——窑尾排风机工作态风量（m^3/h）；

　　　G——窑小时产量（t/h）；

　　　K——储备系数（$K = 1.2 \sim 1.3$）；

　　　V_g——单位重量熟料废气生成量（Bm^3/kg 熟料）；

　　　P——当地大气压力（Pa）；

　　　t——入排风机气体温度（℃），一般悬浮预热器窑及预分解窑约350℃。

（2）风压

应分别计算窑系统各串联部分的流体阻力，将其相加，求得系统总流体压力降，加上风机所产生的动压头，即得风机所需的全压头。全压头的大小与流体的流程、设备型式、尺寸、结构等有关，并受流体温度、密度的影响。其中尤其是预热器、分解炉及其管道中的风速和流体入炉方式是决定全压头的主要影响因素。

目前，新设计的预分解窑系统，在标定产量下，各处断面风速一般选取范围为：

预热器 $3.5 \sim 4.5m/s$；分解炉 $5 \sim 8m/s$；管道 $17 \sim 20m/s$。

一般情况下风机风压可按下列经验数据选取：

立筒预热器窑 $1960 \sim 2450Pa$；旋风预热器窑 $3920 \sim 4900Pa$；预分解窑 $5880 \sim 7840Pa$。

在海拔高于500m的地区，应在选型时进行大气压力校正。

4. 回转窑窑头鼓风机选型

窑头鼓风机的风量按下式计算：

$$V = 1000K_1K_2GG_cV_a \frac{273 + t}{273} \times \frac{101325}{P} \qquad (4-39)$$

式中　V——窑头鼓风机工作态风量（m^3/h）；

　　　K_1——一次空气百分数，预热器窑及预分解窑（$K_1 = 0.1 \sim 0.15$）；

　　　K_2——鼓风机储备系数（$K_2 = 1.3 \sim 1.5$）；

　　　G——窑小时产量（t/h）；

　　　G_c——燃料消耗量（kg 燃料/kg 熟料）；

　　　V_g——燃料燃烧需要空气量（Bm^3/kg 燃料）；

　　　P——当地大气压力（Pa）；

　　　t——一次空气温度（℃）。

回转窑单独使用鼓风机时，窑头鼓风机的风压为 $3920 \sim 5880Pa$；回转窑与煤粉制备系统共用一台风机时，窑头鼓风机的风压为 $7480 \sim 9800Pa$。

大窑风压要求较高，小窑要求风压较低。对海拔高度大于500m的地区，选型时应进行大气压力校正。

5. 回转窑熟料冷却设备

（1）常用熟料冷却机类型及性能

目前有下列几种冷却机可供选用：单筒冷却机、多筒冷却机、篦式冷却机等。尚在开发立式冷却机和"g"型冷却机等。

①单筒冷却机

单筒冷却机的长径比 L/D 约为10，斜度为4%～7%，转速为0.5～3r/min。耐火材料衬里，并装有扬料板。出冷却机熟料温度一般约为160～250℃。用于干法窑的空气消耗量约为0.9Bm³/kg熟料，与燃烧所需空气量近于相等，全部入窑作为二次风，不需另设排气除尘装置。二次空气温度可达850℃，冷却机的单位容积为0.25～0.4m³/t熟料×24h，热效率为55%～75%，其能耗约为12.6MJ/t熟料。

考虑到使用、维修的可靠与方便，操作成本低廉及环境保护等方面，对于中、小型回转窑，可考虑采用单筒冷却机。

在选用单筒冷却机时，窑头及冷却机本身的密封是一项非常重要的工作，否则热效率会受影响。

对新型干法生产而言，单筒冷却机虽可用于抽取热风，且不必经过除尘，但由于其本身是不停旋转的，与篦式冷却机相比多一个漏风点。且如抽风口的位置选择不当，势必影响二次风温，使二次风温偏低，引起单位熟料热耗的增加。

②多筒冷却机

20世纪60年代出现了最大生产能力可达5000t熟料/d的新型多筒冷却机。多筒冷却机长度一般为4～7m，直径为0.8～1.4m（新型多筒冷却机直径与长度均大于此值），L/D 约为4.5～5.5（新型多筒冷却机为7～12），根据窑径大小取6～15个冷却筒。多筒冷却机高温部分的内表面（约占长度的一半）镶砌了耐火砖衬里，为改善冷却机的热交换，装置了特殊的扬料板。冷却机的单位容积约为0.34m³/（t熟料·d），熟料在冷却机内停留约45min，冷却空气量约为0.9Bm³/kg熟料，冷却后的熟料温度约120～200℃。用于新型干法窑时二次空气温度为800～850℃，多筒冷却机的能耗约为7.2MJ/t熟料，多筒冷却机的热效率为65%～70%。

多筒冷却机无法抽取热风。

③篦式冷却机

篦式冷却机有多种结构型式，如回转篦式冷却机、振动篦式冷却机、推动篦式冷却机等。现在一般使用推动篦式冷却机。

篦式冷却机的热效率为65%～75%，在最佳情况下，冷却的熟料温度约比周围环境温度高50℃。空气消耗量为1.8～2.2Bm³/kg熟料，由于其大于燃烧空气需要量，故用其中一部分高温热气体（～800℃）作为窑及分解炉的二次空气，也可作为生料磨、煤磨和烘干机的热源，多余的废气应设除尘排放系统，经净化后排入大气。

篦式冷却机结构复杂，在使用及维修过程中，要求操作人员具有较高的专业技能。

（2）熟料冷却设备选型的原则

熟料冷却机的选型，与所采用的煅烧工艺、窑的生产能力、冷却机的技术性能特点、冷却机的价格，以及操作技术人员的专业技术水平等多方面因素有关。

为保证窑的安全运转及适应窑产量的波动，冷却机的设计能力应较回转窑的设计能力增大10%左右。

冷却机性能的优劣，可从以下几个方面去衡量：

①冷却机应有较高的热效率，即在尽可能少的空气量的情况下将熟料冷却到最低温度。

②冷却机应耐久，即长期安全运转。由于坚硬高温的熟料对冷却机的磨损以及高热气流产生很高的热负荷，因而冷却机的零部件很容易损坏，不容易做到与窑同步检修。由于冷却机损坏而增加停窑的次数，必将缩短窑耐火衬料的寿命。

③应有利于环境保护。应考虑需处理的含尘气体量的多少、噪声的大小及有无防护可能。如篦式冷却机需处理多余含尘废气，但其噪声大多可用防护罩防护；多筒冷却机虽无需要处理的多余废气，但其噪声较大，且无法防护。

④应有较好的适应性。当窑的产量瞬时变化时，出冷却机熟料的温度并无显著波动，同时还应适应熟料粒度的变化。

综合考虑，对于大、中型新型干法窑，在这些方面性能最好的是篦式冷却机，应优先选用。

（3）熟料冷却机的选型计算

①单筒冷却机 干法生产可按单位容积产量 $100 \sim 110 \text{kg/} (\text{m}^3 \cdot \text{h})$ 计算其所需容积，然后按 $L/D = 10 \sim 12$ 计算其长度。

②多筒冷却机 多筒冷却机可按下列公式进行选型计算：

$$F = \frac{Q}{q_F} \tag{4-40}$$

式中　F——多筒冷却机的总表面积（m^2）；

　　　Q——熟料传给冷却机的热量（kJ/h）；

　　　q_F——多筒冷却机的单位表面积散热能力，一般为 $47 \sim 53 \text{kJ/} (\text{m}^2 \cdot \text{h})$。

由冷却机的总表面积和选定的冷却筒长径比和个数，可以求出冷却筒的直径和长度。冷却筒的个数与窑直径大小有关，一般为 $9 \sim 11$ 个，$L/D = 4.5 \sim 5.5$。

③篦式冷却机 篦式冷却机可按要求产量与篦床负荷来决定所需篦床面积。篦式冷却机的篦床负荷为 $1.5 \sim 1.9 \text{t/} (\text{m}^2 \cdot \text{h})$。篦床负荷大，则料层厚，产量也高；反之，则料层薄，产量低。新型干法窑篦式冷却机，料厚约为 800mm。

一般来说，篦床宽度与窑径大小有关。经验表明，如果篦床太宽，则均匀布料困难，会出现局部地区篦板裸露和被风吹透的现象，从而使二次风温和热效率降低。但如篦床太窄，则料层太厚，给熟料冷却带来困难。

篦床面积按下式计算：

$$F = \frac{G}{q_F} \tag{4-41}$$

式中　F——篦床面积（m^2）；

　　　G——熟料产量（t/h）；

　　　q_F——篦床负荷，$1.5 \sim 1.9 \text{t/} (\text{m}^2 \cdot \text{h})$。

一般来说，篦床宽度热端 $0.6D$（回转窑直径），冷端 $0.8D$，热端长度与冷端长度之比为 $1:2$ 左右。

篦床宽度确定后，由所需篦床面积及其宽度即可求出其长度。

6. 立窑

立窑煅烧熟料在水泥工业中有着悠久的历史。立窑具有单位投资少、建设周期短、单位容积产量高、熟料热耗较低等优点。立窑水泥厂是我国在特定条件下水泥工业的重要组成部分。在水泥工作者的努力下，立窑厂的生产技术不断改进，立窑水泥质量明显提高，生产能耗逐步下降。但立窑水泥厂整体技术水平落后，水泥实物质量低。20 世纪 70 年代后期，在工业较发达的国家，立窑大多数已被生产能力较大的新型干法回转窑所取代。在不久的将来，我国的立窑水泥亦将被新型干法窑所取代。

（四）烧成车间工艺布置

对于新型干法窑的布置，通常分为窑尾、窑中、窑头三部分。但布置时需统一考虑，使其能前后互相协调。

1. 窑尾部分

悬浮预热窑和预分解窑窑尾部分主要包括：生料供料和喂料系统；预热器和分解炉系统；排风和增湿、除尘系统（包括烟囱及回灰系统）。

（1）入窑生料由生料均化库用机械或气力输送方式送入喂料系统衡重仓，仓底设置喂料机，要求其喂料量均匀稳定，可调节、可计量。喂料机将生料喂入气力泵或机械提升机，而后送入预热器。生料进入预热器的管道布置位置如图 4-70 所示。为保证物料均匀撒入风管，使物料颗粒表面充分地暴露在热气流中，提高气、固热交换效率，设计时可在各级预热器的出口直管道上设置一个料斗，将下料圆管变为斜坡，并延伸至预热器管道内部，以增大撒料面积。同时，由于在圆管内部的斜坡角度变小，使物料不易沿管道边缘直冲下去，而是使物料较为分散地撒到气体管道的中心部位，使物料进入管道后迅速分散，从而提高热交换效率。为防止伸入管道内的部分被烧坏，三、四级预热器管道中的料斗可用耐火砖或耐热混凝土砌筑。料斗宽略大于下料管直径，下料管角度最好不小于 60°，如图 4-71 所示。

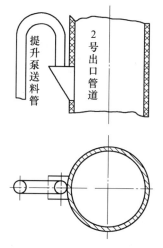

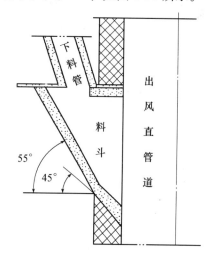

图 4-70 生料进入预热器的管道布置位置

图 4-71 下料管结构示意图

（2）旋风预热器及分解炉设框架统筹安排布置。应做到框架高度低，且能保证各级旋风筒连接管道顺畅。各连接管道要考虑热膨胀，设置膨胀节。各级旋风筒要设置排灰锁风阀，保证良好的锁风排灰性能。

（3）悬浮预热窑及预分解窑窑尾烟室和竖烟道缩口处，常有结皮现象，解决办法一般靠定时清理，即在易结皮处开清灰孔，到时用人工或机械方法铲除。在旋风预热系统中，特别是最下两级旋风筒的卸料锥体部位，可沿切线方向装设高压空气清扫喷嘴或空气喷枪，定时清扫以清除结皮，效果良好。具体装置是在耐火材料内部或表面装有耐高温喷嘴，用以分配空气射流，如图4-72、图4-73所示。空气压力为 $(6 \sim 10) \times 10^5 Pa$，按声速放出空气射流。在多数情况下，每 5~15min 吹扫一次，但也有 1 次/h 或每班一两次者，视具体情况决定。吹扫面积在 2~6m² 范围内时，可按具体情况布置喷嘴数目，正确布置空气炮并经常更新耐高温喷嘴。通过集中供应压缩空气并用螺线管阀集中安排喷嘴的操作程序，系统控制可以完全自动化。

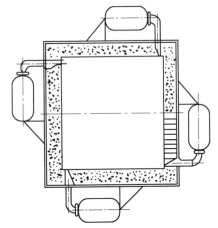

图 4-72　装在耐火衬里的耐高温空气喷嘴

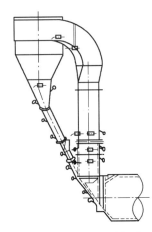

图-73　安装在下料管及上升烟道上的喷嘴

（4）为能及时掌握预热器的运行情况，一般在新型干法窑上均装设压力计或 γ 射线发射器来监测旋风筒工作情况，当旋风筒发生粘结堵塞情况时，监测装置即可发出灯光或音响警报信号，操作人员即可及时加以清理。测点安装位置如图4-74所示。

（5）实践证明，窑尾烟室下料斜坡以做成簸箕形为好，其形状如图4-75所示。因平面斜坡容易堆料，特别是清理下来的结皮料更易在此堆积，而做成簸箕形的斜坡不易出现堆料情况。下料斜坡角度不应小于 $60° \sim 65°$。

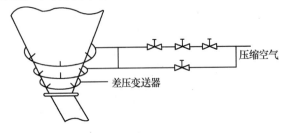

图 4-74　测点安装位置示意图

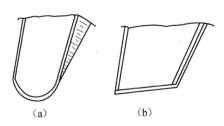

图 4-75　窑尾烟室下料斜坡
（a）簸箕形；（b）平面形

（6）预热器排出的废气余热应用于烘干物料，以节约生产总热耗。但在设计中应考虑当余热利用系统停止生产而回转窑系统尚继续运转时，则预热器排出的高温废气不能直接进入电收尘，而需先经过增湿降温后再进入电收尘，或进行降温后进入袋收尘。增湿塔装设在地面上，塔身应设置检修用楼梯。

（7）生料预分解系统还应装设一氧化碳检测仪，以防止发生爆炸事故。

（8）由冷却机接至分解炉的三次风，由冷却机引出后，宜先经收尘除去熟料粉尘，然后送往分解炉，以保证燃烧质量，可采用旋风除尘器除尘。为提高出篦式冷却机风温，可将三次风管引出位置紧靠熟料下料斜坡处。

（9）窑、炉系统的通风平衡，与一般回转窑相比，带有入炉风管的炉、窑二系统的通风系统的通风互相干扰是预分解窑的又一特点。因窑与炉的通风系统为一并联管路（如图4-76所示），图中点4为窑、炉气体混合处（此点亦可在分解炉内），其排风风量 $V_总$ 等于窑的风量 $V_窑$ 与分解炉的风量 $V_炉$ 之和：

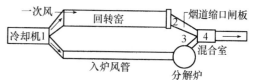

图4-76 回转窑与分解炉通风并联图

$$V_总 = V_窑 + V_炉 \tag{4-42}$$

当 $V_总$ 不变，$V_窑$ 增大或减小时，必然影响分解炉通风量的减小或增大，形成干扰。因为从点1到点4，窑、炉二系统的压力降相同（不计一次风的影响），而分解炉系统的入炉三次风管较窑细，且有收尘装置，所以从两者的阻力系数 ζ 来看，$\zeta_炉 > \zeta_窑$，因而势必造成两者的通风量 $w_炉^2 < w_窑^2$，从而使窑的通风量过大，炉的通风量过小。为保持两者风量平衡，且可以按需要调节，则应在两系统会合前的管路上设置调节阀门。烟道缩口闸板应使风速能在 20～40m/s 之间变动，以便调节窑炉通风量比例及在混合室内产生良好的喷腾效应。

（10）对预分解系统漏风点、管道设备的热膨胀节、风管、旋风筒、分解炉等应尽可能采用焊接连接和浮摆（活动）支撑，仅少数部分采用密封法兰和固定支撑，但应装设必要的膨胀补偿器，用以消除热膨胀可能造成的后患，防止管道和设备变形引起扭曲裂缝漏风和法兰间的漏风。凡有门、孔、洞处均应采用适当的密封结构。

（11）考虑到耐热风机所能承受的废气温度，应在入窑尾排风机前管道上设置掺冷风阀。

（12）一般大型预分解窑窑尾厂房框架均设置电梯，可供检修时部件运送及工作人员上下使用。小型预分解窑则应在窑尾厂房各层平面设置上下贯通的检修孔洞，其上方应设置吊钩，起重量按最大起吊零部件计，并应留有足够的起吊空间。

（13）当原料及燃料中硫、氯、碱含量较高必须采用旁路放风措施时，应将放风设施设置在气流中含尘量最小以及含碱浓度最高的部位。经实测表明，窑尾烟室上部含碱浓度最大，粉尘浓度最小，往下则相反。故旁路放风口以设在窑尾烟室上部为好。旁路抽风管伸入烟室的位置有三种：一是伸入窑尾下料溜子前端（即靠近回转窑一侧），二是设在烟室两侧，三是设在烟室后侧（即远离回转窑的一侧）。一般认为，当放风量在25%以下时，抽气位置设在下料溜子前端较好；当放风量较大，如达到40%时，由于抽气管直径较大，故布置在前端有困难，一般可设置在窑烟室两侧或后侧。

2. 窑中部分

（1）窑中心距或窑房的宽度，除与窑操作检修所需空间有关外，还与窑尾喂料、预热系统、收尘设备以及喂煤系统、煤粉制备系统和冷却机等设备布置情况有关。如果仅从窑体直径来考虑，则窑中心距一般为窑体直径的 4 ~ 6 倍。窑身的斜度一般为 3.5% ~ 4% 。窑的安装高度以窑头部筒体方便通行为宜，在决定窑体的安装高度时，还要兼顾窑头及窑尾厂房的布置。既要照顾到窑尾端尽量降低窑尾框架高度，又要顾及窑头冷却机和熟料输送设备的地坑不致下挖太深，以减少土方量以及便于防水和保证工人有良好的操作条件。

（2）回转窑安装时的径向尺寸和间距尺寸一律以冷窑为准，但窑基础墩之间的水平距离则应按窑轴向热膨胀后的尺寸来确定。热膨胀计算是以设有挡轮的轮带中心为基准点，分别向冷端和热端膨胀。窑筒体各段的冷态长度和热膨胀量以设备图为依据。如图中无热膨胀数据时，可按筒体的热膨胀系数为 0.000012（1m/℃）计算。

（3）窑基础面的斜度应与窑筒体的斜度一致，基础高出地面 2m 以上时，应设置围绕基础的走台，走道宽度 900 ~ 1000mm，其外侧设置栏杆。

（4）如窑的基础距地面较高时，为方便窑头、窑中、窑尾的联系，可在其间设置直通走道，走道应与窑基础相连。走道宽可取 900 ~ 1000mm，并应设置栏杆，尽可能考虑进行热工测量时测温取样方便。如窑的烧成带采用淋水冷却时，窑体淋水段的一侧应设置走台以便检查窑筒体温度。

3. 窑头部分

（1）窑头、煤粉制备、熟料冷却及破碎和输送系统互有密切联系，在车间布置时应统一考虑。

（2）窑头看火平台是窑的主要操作场地，窑头平台沿窑轴线方向的长度，对多筒冷却机的窑应考虑方便从窑内拉出大块的物料。

（3）在可能的条件下，喷煤管至平台的净空高度应不低于 2m，喷煤管要求设计成能自正常位置向窑内伸入或抽出一定距离，并能上下左右调节 1° ~ 1.5°，为此，有的采用活动架。煤粉下料管应向窑方向倾斜，倾斜度不小于 55°，但不应垂直布置。

（4）窑头平台应设置装设仪表的控制室。如设有中央控制室集中控制者则可不考虑。

（5）窑头厂房高度，应考虑自窑筒体上缘至屋顶的净空距离不应低于 4m。窑头设备散发热量较大，厂房顶部应加开天窗。采用多筒冷却机时，冷却筒上方的净空高度不应低于 3m。冷却筒上方应考虑起重检修装置。为节约投资，也可考虑露天布置。

（6）布置篦式冷却机时，冷却机的中心线应偏向窑内物料升起方向的一侧（如图 4-77 所示），以便熟料在冷却机内分布均匀。偏心距离与窑的规格有关，一般为窑筒体（钢壳）内径的 10% ~ 18% 。悬浮预热器窑取 13% ，预分解窑取 15% ~ 18% 。

（7）冷却机厂房宜加开天窗或不封墙，以利于散热通风。

（8）窑头平台应考虑运输耐火材料的方便，如有可能应考虑耐火材料搬运的机械化。

图 4-78 为预分解窑车间布置图。

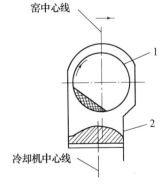

图 4-77 篦式冷却机与回转窑位置图
1—回转窑；2—篦式冷却机

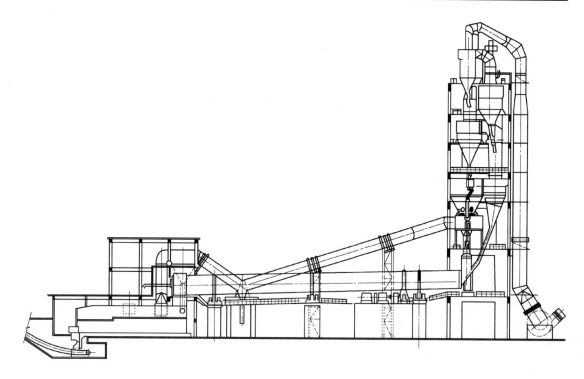

图 4-78 预分解窑车间布置图

二、陶瓷厂烧成车间

烧成车间的任务是将成型车间送来的合格坯件经高温焙烧，使之成为具有预期性能的制品，送交检验、包装。

陶瓷品种不同，采用的烧成工艺和烧成制度不同，选用的窑炉也不同。我国釉面砖一般采用二次烧成，卫生瓷、墙地砖、锦砖等采用一次烧成，外墙砖一次烧成或二次烧成均可采用，电瓷、日用瓷为一次烧成，其中薄胎瓷器和高级日用细瓷也有采用二次烧成。视窑炉型式和燃料种类来确定采用裸装、棚板或有匣钵烧成。

（一）窑炉及其辅助设备选型

1．窑炉选型

（1）选型原则

一般考虑产品种类、生产能力、所用燃料及投资多少等情况。具体要求为：窑型先进、能满足设计要求、生产能力高、产品质量好；结构合理、安全可靠、便于施工、便于操作、具有良好的操作环境；节省能源，易于实现降低烧成温度，缩短烧成周期；不用或少用匣钵及其他辅助材料；余热废气均能得到充分利用；筑炉材料合理、消耗量少、造价低。

国内常用的窑炉有隧道窑、辊道窑和推板窑等。批量小而品种多的日用瓷、卫生瓷和大件电瓷可采用梭式窑，不得已时也可考虑采用倒焰窑。陶瓷制品的窑炉型式及所用燃料种类见表 4-24。

表 4-24 窑炉型式及燃料种类

窑炉型式	燃料种类	适用产品
明焰隧道窑	净化煤气、煤、重油	日用瓷、电瓷、卫生瓷、墙地砖、锦砖及釉面砖素烧
	热煤气	锦砖
隔焰隧道窑	热煤气、煤、残渣油	日用瓷、卫生瓷、墙地砖、釉面砖素烧
梭式窑、抽屉窑	净化煤气、煤、重油	日用瓷、电瓷、卫生瓷
辊道窑	净化煤气、热煤气、煤、重油	墙地砖、锦砖、釉面砖釉烧、日用瓷烧成及烤花
推板窑	净化煤气、热煤气、煤、重油	墙地砖、锦砖、釉面砖釉烧
钟罩窑	煤气、重油	电瓷
蒸笼窑	煤气、石油液化气	电瓷
倒焰窑	煤、天然气、重油	卫生瓷、日用瓷、锦砖

（2）窑炉规格

①隧道窑

隧道窑是一种连续式窑炉，19世纪50年代在欧洲出现。到了19世纪末，法国Rugeron建造的隧道窑成功地用于烧制陶器。20世纪初至今，隧道窑经过不断改进，成为现今陶瓷、耐火制品及磨具生产中主要的连续式窑炉。

在隧道窑之前的连续式窑炉都是火焰移动式，如轮窑、多室窑。这些窑炉在热能利用上虽然已对间歇式窑炉作了根本性的改进，即烟气用于预热制品，制品冷却余热用于加热助燃空气，但是装窑和出窑仍在窑内进行，这就不能有效地实现机械化生产和改善工人的劳动条件。火焰不移动的隧道窑则不仅具备轮窑与多室窑热能利用的优点，而且装窑、出窑在窑外进行，可以有效地实现机械化以至自动化连续生产。

隧道窑按热源不同，可分为燃料隧道窑和电热隧道窑，以燃料隧道窑为主。按工作隧道的形状不同，隧道窑分为直形、环形和门形。直形隧道窑应用最广，按用途分为：烧制卫生陶瓷隧道窑、烧制建筑陶瓷隧道窑、烧制日用陶瓷隧道窑、烧制电瓷隧道窑、烧制电子陶瓷隧道窑、烧制耐火制品隧道窑以及烧制磨具隧道窑等。

在燃料隧道窑中，又以窑工作空间是否与焰气直接接触分为明焰、隔焰及半隔焰隧道窑。现代燃料隧道窑几乎都是明焰的。

在直形隧道窑中，又按通道多少分为单通道及多通道隧道窑。单通道隧道窑应用最广。

按照烧成温度不同，分为超高温（＞1800℃）、高温（＞1500℃）、中温（1100～1300℃）和低温（＜1100℃）隧道窑。陶瓷隧道窑多为中温窑。

燃料隧道窑，包括窑体、窑车与窑具、燃烧系统、排烟系统、冷却系统、测控系统以及附属设备。

装载制品生坯的窑车由窑头推入，依次进入预热带、烧成带及冷却带，然后由窑尾出窑。烧成带的烟气流向预热带预热制品，冷却带进入的冷空气冷却制品，总体上隧道窑是逆流换热，是一种气流水平流动的横焰式窑炉。现代隧道窑纵向水平流动，横向循环气流。

直形隧道窑的主要尺寸有长度、内宽及内高，并分为实际尺寸与有效尺寸。各带长度的比例也是重要的尺寸指标。窑长在50～120m之间。如果不是要求单窑产量很大的话，陶瓷隧道窑窑长以 70～80m 为宜。窑宽和窑高则要根据陶瓷制品的具体情况而定，但应遵守矮而宽的原则（宽高比 >1.5～3.0）。普通烧嘴的明焰窑，其宽度在 1.8m 以下，多为 1.0～1.5m。采用高速烧嘴，宽度可在 2.0m 以上。

现代陶瓷隧道窑多为宽体窑，采用平吊顶。其优点很多：能够保证窑内有效高度一致，便于装车；窑内顶部中心空隙不会过大；有利于侧墙上部装设高速烧嘴（烧成带）；窑顶和窑墙都可以采用轻质耐火材料，窑体减薄，窑体重量大为减小，从而大大减低对窑炉基础的荷重要求。平吊顶式窑可以使窑体全轻质化，大大减少窑体的蓄热量。窑体全轻质化有利于快速烘窑和快速停窑，现代陶瓷隧道窑烘窑或停窑仅需 1～2d，而且窑体热容小对窑温自动控制也有好处，减轻了滞后现象。

②辊道窑

辊道窑是连续生产的陶瓷窑炉，实际上是辊底式隧道窑。辊道窑利用辊子传送产品，也就是将坯体放在辊子上，利用辊子的转动，使坯体在连续的运动过程中完成整个烧成过程。

从 20 世纪 70 年代开始，各主要陶瓷生产国开始大量利用辊道窑生产墙地砖。此后辊道窑逐步取代了间歇窑、推板窑、多孔窑以及隧道窑，成为墙地砖的主要烧成设施。而且，在卫生瓷等大件产品的煅烧中也得到成功应用。

辊道窑按工作温度分为低温（烤花）辊道窑、中温（墙地砖、日用瓷、卫生瓷）辊道窑、高温（高铝瓷）辊道窑；按燃料种类分为煤烧辊道窑、油烧辊道窑、气烧辊道窑；按产品加热方式分为隔焰（辐射）辊道窑、半隔焰（辐射、对流）辊道窑、明焰（气体辐射及对流）辊道窑；按通道数目分为单层辊道窑、双层辊道窑和多层辊道窑。

辊道窑窑内温度均匀，坯体上下和横向温差小。用天然气或净化煤气作燃料，可在辊子上下设置烧嘴，上下同时加热产品，受热均匀。辊道窑不用窑车、匣钵等耐火材料，减少了热量损失，单位产品的燃料消耗大大降低。

小型辊道窑有效长约 30～50m，窑道宽度 0.8～1.1m，有效高度 0.1～0.3m，辊子下部空间高 0.05～0.1m。大中型辊道窑有效长在 70～120m，窑道宽度 1.5～3.0m

（3）窑炉选型计算

1）隧道窑

①隧道窑的生产能力可进行如下式计算：

$$G = \frac{dLF}{\tau} \quad （kg \, 产品 \, /h） \tag{4-43}$$

或

$$G = \frac{nq}{\tau} \quad （kg \, 产品/h） \tag{4-44}$$

式中　d——装窑密度（kg 产品/有效 m^3）；

　　L——窑有效长度（m）；

　　F——窑有效截面积（m^2）；

　　τ——总烧成时间（h）；

　　n——隧道窑内容纳车数；

　　q——窑车装载量（kg 产品/辆）。

②辅助设备选型

a. 隧道窑推车机

一般采用连续式推车机。

b. 隧道窑托车

一座隧道窑，可采用手动托车；两座和两座以上隧道窑，应采用电动托车。托车数量根据进出车方式和窑炉座数确定。

c. 隧道窑窑车数量的确定

窑内容车数（N_1），根据隧道窑选型计算。

装车占用数（N_2），一般为 3~4 辆。

卸车占用数（N_3），一般为 2~3 辆。

回车道上窑车数（N_4），一般为 2 辆。

已装车占用数（N_5），一般为隧道窑 0.5~1 班入窑车数，但当装车作业不是三班制时，还应增加贮车数量。

准备卸车占用数（N_6），一般为隧道窑 0.5 班出窑窑车数，但当卸车作业不是三班制时，则还应增加贮车数。

窑车检修占用数（N_7），一般为 2~3 辆。

窑车总数（N）为：

$$N = N_1 + N_2 + N_3 + N_4 + N_5 + N_6 + N_7 \tag{4-45}$$

窑车总数也可以简化计算，例如当装卸车作业为 2~3 班时，卫生陶瓷制品取窑车内车数的 1.45~1.75 倍，墙地砖和釉面砖素烧取窑内车数的 1.35~1.65 倍，釉面砖釉烧取窑内车数的 1.5~1.85 倍。

d. 隧道窑拖车机

一般采用钢绳推车机或步进式推车机。

2）辊道窑

①辊道窑的生产能力对于不用垫板的墙地砖类产品可用下式计算：

$$G = \frac{KLB}{\tau} \quad (\text{m}^2/\text{h}) \tag{4-46}$$

②对于有垫板的产品（如卫生瓷、日用瓷等）可用下式计算：

$$G = \frac{Kn_b q_b}{\tau} \quad (\text{kg 产品}/\text{h}) \text{ 或}(\text{件}/\text{h}) \tag{4-47}$$

式中　K——辊道有效面积利用系数，对于墙地砖类产品，一般取 $K = 0.75$。对于总烧成时间较长的卫生瓷、日用瓷等产品，K 值较高；

　　　L——窑有效长度（m）；

　　　B——窑有效宽度（m）；

　　　τ——总烧成时间（h）；

　　　q_b——每块垫板平均装载量（kg/块）或（件/块）；

　　　n_b——窑内容板数。

$$n_b = \frac{LB}{l\omega} \tag{4-48}$$

式中 l——垫板长度（m）；

  ω——垫板宽度（m）。

（二）装窑方法

隧道窑窑车装载量视窑车大小和装烧方式而定，有匣钵烧成时，钵柱间缝隙为 30 ～ 50mm，方钵间的缝隙比圆钵间的缝隙大一些。无匣钵烧成时，也大约留 30 ～ 50mm 的缝隙，卫生瓷应靠近一些。装窑高度，有匣钵烧成一般不超过 2m。无匣钵时，釉面砖、无釉外墙砖及地砖 1m 左右，卫生瓷以装一层为宜。

辊道窑为单片装窑，砖坯与砖坯之间距离约 20mm。

装窑量可根据装窑方法来计算。

（三）烧成制度

陶瓷制品的烧成温度、烧成周期和烧成气氛应根据该种产品的半工业试验，并参照现有工厂类似产品情况确定，见表 4-25。

表 4-25　陶瓷制品烧成制度

产品名称		烧成温度（℃）	烧成周期				
			隧道窑（h）	辊道窑（min）	多孔窑（h）	梭式窑（h）	倒焰窑（d）
卫生瓷	无匣钵	1240～1300	16～22	420～600			6～7
	有匣钵	1240～1300	36～48				
釉面砖	素烧	1150～1250	30～50	52～55			
	釉烧	1100～1150	18～24	45～60	15		4～5
墙地砖		1000～1250	40～80	～60	15～20		7～8
日用瓷		1050～1420	14～50	90～110	5～14	12～22	3～7
电 瓷		1230～1320	80～96			48～168	5～7

（四）燃料

窑炉所用燃料，大、中型厂最好采用气体燃料；其次是液体燃料，如轻质油，也可使用重油，但不宜使用原油。中、小型厂如受条件限制不能采用气体燃料或液体燃料时，也可以直接用煤作燃料。

（五）烧成车间工艺布置

1. 烧成车间工艺特点及布置原则

烧成车间属大批量生产，设备高度集中，同时又是高温作业的高温车间。其工艺布置原则及要求如下：

（1）车间应靠近成型、上釉、坯件库、制钵工段以及成品库，使成品和半成品运输短捷、方便。

（2）生产工艺流程顺畅，前后工序衔接合理。如利于缩短隧道窑和干燥室回车线的长度；辊道窑与施釉线平行布置，但流向与施釉线相反，以缩短生产线长度。

（3）考虑半成品、成品有一定的存放场地。

（4）应尽量使煤气管道、蒸汽管道、余热风道等的距离短、拐弯少。

（5）操作管理方便，且有良好的采光、通风、防暑降温等的劳动条件和环境。

（6）留有发展余地，以便增建窑炉时，既能与原工艺流程相适应，又能与原附属设备相配套。

（7）窑炉布置时应与土建密切配合。注意窑炉的排气孔不要正对屋架及屋面板，烟道布置不与柱子基础及砖墙基础发生冲突。

（8）一般窑体和基础对地面的压力约为 60～80kN，因此窑体基础的地耐力要求在 150kN 以上，否则基础施工须采取必要的措施。

（9）布置窑炉时，应考虑留有一定辅助面积，以便堆放匣钵、运输、堆煤及工人操作。

2. 隧道窑及其附属设备的工艺布置

（1）装卸窑车方式

对一座隧道窑，一般采用侧面装卸车，设装卸车道一条；对两座隧道窑，如焙烧同类产品，可侧面装卸车，也可设装卸车场即窑头装卸车；对两座以上隧道窑，视产品品种和车间布置等具体情况而定，如三座隧道窑，可设 2～3 条装卸车道或设装车场。

（2）窑车回车线的布置

对一座窑，一般设一条回车线，并另设容纳 3～4 辆窑车的修车线；对两座窑，一般设两条回车线，修车线和存车线应另设；对两座以上窑，应在保证操作方便和运输合理的情况下，具体考虑。窑车回车线常沿窑的长度方向布置在窑体的一侧或两侧，窑中心线与轨道中心线的距离一般为 4.5～5.5m，安装风机的一侧应更远些，否则对风机安全操作不利。两轨道中心距与窑车宽度有关，一般 3m 左右。回车线上应安装回车机。

（3）窑体标高的确定

窑体标高一般以窑车轨面或窑车面的高度作为确定标准，当建厂地区地下水位较高时，常将窑车轨面定为 ±0.000。采取这种标高时，窑体土方工程量较少，但窑车车面高出地坪，因此需在卸车位置设置与窑车面处于同一标高的卸车平台，同时增加了装窑车的劳动强度。卸车平台边沿距窑车面衬砖边沿 20mm。在地下水位较低或建厂地形有利的情况下，可将窑车车面标高定为 ±0.000，也就是窑车车面与地坪处于同一标高。这种形式给装卸窑车带来方便，但有时土方工程量较大。窑内轨通可水平铺设，也可自进车端至出车端按 3‰ 的坡度铺设，一般采用水平铺设为多。

（4）隧道窑窑房设计

①窑房高度

隧道窑窑房高度（由地面至桁架底），应视窑炉外高、顶部管道布置以及其他附属设备布置情况而定。一般自窑顶至桁架底不小于 2.5～3m，但对多座隧道窑窑房，为加强自然通风，可适当增高。在我国北方，窑房高度一般可取 6m，南方取 8m。

②窑房跨度

隧道窑窑房跨度应视窑炉外宽、辅助设备布置情况和操作方便决定。一般宽度隧道窑，以煤气为燃料时，可参考下列跨度：对一座隧道窑的跨度应为 15～18m；对两座隧道窑的跨度应为 15m+15m；对三座隧道窑的跨度应为 15m+15m+15m；对四座隧道窑的跨度应为 30m+30m。若为煤烧隧道窑时，一座窑的跨度可为 15m，但必须外加 4～6m 坡屋。

（5）附属设备的布置

①推车机的布置

推车机的安装高度需根据其推力点高度与窑车受力点高度确定。安装时，应使推车机中心线与窑体中心线重合。推车机与窑体进车端之间的距离，应在推车机的极限行程范围内留有50mm左右的调节余地。在试生产过程中，通过调整限位开关的位置，确定实际需要的行程。

②电托车及托车坑道

电托车安装位置应与推车机的安装位置统一考虑。托车坑道的深度应使电托车上的轨面与窑内轨面处于同一标高。

③卷扬机

如所选用的电托车无自动推拉装置，一般要在回车线顶端托车道的另一侧布置慢动卷扬机。

④窑车修车线与检修地坑

窑车检修线是当窑车发生故障时，停放检修的专用线，常设在窑的尾部。检修地坑的设置是为了便于检修工人的操作，地坑的长宽尺寸应分别大于窑车的长宽尺寸1～1.2m。确定地坑深度时，要考虑工人在直立状态下对窑车轮轴部分进行检修操作时的理想高度。

⑤出车机和回车机

出车机是安装在隧道窑末端与托车坑道间的转运设备，将隧道窑内经冷却后的最末一辆窑车转运到托车上去，以改善工人的劳动条件，减轻劳动强度，提高机械化水平。回车机安装在与隧道窑相平行的回车线上，牵引窑车沿回车线返回进车端或装卸车地点。

⑥升降台

升降台安装在装卸地点，是一种沉入地坪下的升降机，可以随装卸工作的需要升降到合适的操作高度。

⑦检查门（标准门）

设于进车线的进车端。如需专门检查窑车衬砖和垫砖时，也可在回车线的出车端设一检查门，此门只做垫砖以下的部分即可。

⑧风机和烟囱

排风机布置在窑体预热带的一侧，尽量不要远离窑体，以求得较短的烟道距离。排烟风机常与烟囱配用，当不考虑停电因素时，可做铁皮烟囱，烟囱高度露出屋面3～5m。考虑停电时，排烟风机也可与砖砌烟囱配用，此时风机出风管与烟囱的下部夹角一般为45°。另外，根据不同情况亦可用单一烟囱排烟。烟囱的位置要靠近窑头，但必须布置在烧成车间外且位于下风向。

助燃风机布置在窑体烧成带侧面，冷却风机布置在窑体冷却带侧面。

3. 辊道窑的工艺布置

辊道窑的布置方式与隧道窑方式相类似。只不过由于其没有附属轨道，因此占车间面积更少。如有多条辊道窑，则可较紧凑地并行布置，但是要考虑留出在某一侧抽出辊棒的空间（换辊棒时）。

辊道窑布置时，一般应与施釉线、储坯轨道平行，以减少厂房在长度方向的延伸。在辊道窑的出窑口一端可以留一定的空间，以便产品的检选、包装和一定数量的成品堆放。

4. 其他布置及要求

（1）烧成车间应单独设置热工仪表控制室。

（2）厂房宜采用钢筋混凝土结构，侧窗和天窗的布置应有利于自然通风，南方地区要特别注意防暑降温问题。考虑到装卸窑车的操作工人较多，为了减少热辐射及热气流，改善操作条件，应尽可能将装卸车场布置在隧道窑的上风位或可能时将其同隧道窑分隔开来。

5. 烧成车间工艺布置实例

如图 4-54 所示。

三、玻璃厂熔制、成型车间

熔制、成型车间工艺设计主要包括配合料输送、投料、窑头料仓、玻璃熔窑、助燃风系统、冷却风系统、空气、煤气交换器、窑用各类闸板、燃料系统（煤、重油、天然气）、退火窑、输送等设备、设施的选型及布置。

（一）玻璃窑炉的发展趋势

平板玻璃厂通常选用蓄热室横火焰窑炉，其发展趋势是：

1. 平板玻璃熔窑逐步向大型化发展

以往我国平板玻璃生产方法主要采用有槽垂直引上法、无槽垂直引上法和小平拉法，因此熔窑规模较小，日化料量仅几十吨、一百多吨。随着浮法工艺的采用，熔窑必须大型化。熔窑日化料量可达 450t 级、500 ~ 700t 级，800 ~ 900t 级。

熔窑向大型化发展，包括将熔窑本身增大和改进熔窑结构；配套应用优质耐火材料和改进窑用设备；改善熔制工艺技术，提高熔化率。这三个手段平行进行来增加玻璃化料量。

2. 改进窑炉结构、配套选用优质耐火材料

（1）加长加宽投料池（熔窑预熔池）

加长加宽投料池，并将投料池上部用多副碹密封。有的玻璃熔窑将投料池纵向长度增加到 1.5 ~ 2m，其宽度增加到熔化部宽度的 85% 以上，现代浮法很多已采用与熔化部等宽的投料池，使得料层更薄，并能防止偏料，更避免了因拐角砖损毁带来的热修麻烦；加长投料池，有利于配合料的预熔，减少飞料和飞料对耐火材料的侵蚀，延长窑龄，同时改善了投料口处的操作环境。

（2）加大小炉喷火口的宽度

玻璃熔窑将小炉喷火口宽度增加到 2200 ~ 2300mm，把喷火口之间的炉墙宽度减少到 1100mm，火焰对玻璃液面的覆盖面积达到熔化部面积的 70% ~ 80%。加大火焰的覆盖面积，能提高传热效率，节约燃料，提高熔化率。这就必须以插入碹的小炉结构代替老式的反碹结构。

（3）采用浅池熔化部结构

以往玻璃熔窑熔化部池深采用 1.5m，为了减少玻璃液对流，可选用 1.2m，1.3m，1.35m 浅池平底熔化部结构，有利于节能和提高熔化率。

（4）蓄热室结构的改进和碱性耐火材料应用

采用箱形蓄热室结构，取消小炉上升道，既可降低厂房，又可减少散热损失，废气进入蓄热室的温度可提高 200 ~ 250℃，格子体的高度可提高到 4 ~ 5m，可更好地利用废热，提高空气预热温度和熔制作业温度，降低燃料消耗。

箱形蓄热室必须有优质耐火材料的配合才能取得良好的效果，可考虑选用各种高纯直接结

合镁砖、镁砖、镁铬砖、镁橄榄石砖等碱性砖，以及电熔锆刚玉砖来替代黏土质砖和高铝砖。碱性砖的容积密度大，导热性好，因而蓄热量大，既可提高换热效率，又可减少换火周期中预热空气温度的波动。此外它的耐火度高，耐碱的侵蚀性能好，使用期长，总的经济效益好。

（5）选用优质耐火材料及合理配套使用

为了延长窑龄和提高熔制作业温度，整个熔窑应选用优质耐火材料。整座熔窑的耐火材料要合理配套，使各部位使用寿命相应共同延长。例如：碹顶选用高级高密度硅砖，胸墙、池壁、池底选用电熔锆刚玉砖，过渡性砖材（如上间隙砖等）选用锆英石砖等。

3．熔窑应能达到熔制高质量玻璃液的要求

（1）投料池结构要适应新投料机使用的要求

新的投料机如辊筒式投料机、倾斜式投料机，能实现垫层投料，即碎玻璃作垫层，配合料投到碎玻璃垫层之上。使用这种投料方式能达到薄层投料，布料均匀对称，覆盖面积大，能使配合料的受热面积增加30%～60%。为了适应新投料机的应用，除加长投料池长度、宽度外，大型熔窑可采用"L"型吊墙来替代老式发碹前脸墙。

（2）窑底鼓泡技术的应用

采用窑底鼓泡技术，能加强火焰与玻璃液的热交换，加速配合料的熔化过程，能提高玻璃液的深层温度，增加玻璃液的蓄热量，对玻璃的生产很有利。鼓泡又能对玻璃液产生强烈的搅拌作用，强化玻璃液的澄清、均化，使玻璃的化学均匀性、热均匀性得到提高。若在熔化部末端鼓泡，能起到窑坎作用，可减少玻璃液的回流和对玻璃液的重复加热。

（3）设置窑坎、卡脖

在一般的平板玻璃熔窑中，玻璃液回流是成型流的4～5倍。采用窑坎、卡脖措施可减少回流，也就减少了对玻璃液的重复加热。

（4）在熔窑卡脖处装置机械搅拌器对玻璃液进行搅拌

玻璃液受到搅拌器桨叶切线方向力的剧烈作用（插入玻璃液内200～250mm深度，搅拌器的转速为10～20r/min，向上翻滚，改善了玻璃液的化学均匀性和热均匀性。

搅拌器有两种类型：一种是垂直式结构，另一种是水平式结构。前者搅拌效果较好。为了便于安装、维修和更换，卡脖的长度应大于4m，搅拌器安装在卡脖长度的1/2或稍后处。装置有玻璃液搅拌器卡脖的池底不应放置窑坎。

（5）冷却部温度微调设施

在冷却部末端即向成型部喂料池内直接采用风冷进行温度微调，通常风量不超过废气量的10%，可调温度范围6～7℃，最佳时可达到2℃，窑压在30～35Pa。当熔化部与冷却部火焰空间全分隔时，这种风冷调温效果最好。

4．现代化技术装备的改善

（1）装备窑温、窑压、液面自动控制和调节系统。

（2）装备雾化介质与燃油比例调节，并实现助燃空气、雾化介质与燃油比例调节。

（3）工业电视对工艺生产过程的显视记录。

（4）电子计算机对工艺生产过程的监视、调节、控制，使玻璃生产稳定、合理。

5．玻璃熔窑要力求节约能源

（1）玻璃熔窑大型化。

（2）对玻璃熔窑采用保温措施。

玻璃熔窑大约有1/3热量从窑体表面散失，采用窑体保温，可大量减少散热，不仅节约燃料，而且增加了窑温的稳定性，亦有利于玻璃的生产。

（3）余热回收（主要指废气和窑炉冷却水的余热回收）。

①设置余热锅炉。

②未经污染的冷却水可用作锅炉用水，使锅炉进水温度大大提高；冷却水也可以在生活上使用，如洗澡、取暖等。

（4）热风烤窑技术的应用

热风烤窑替代传统的烤窑方法，简化了烤窑工序，改善了工人烤窑时的操作，缩短了烤窑周期，并且节省了烤窑总的燃料用量。

（5）改进燃烧技术

改进燃烧技术，既能提高熔化温度，改善熔化玻璃液质量，又能节省燃料。其内容是多方面的，简要列出以下几种：

①改善油喷嘴。平板玻璃熔窑使用外混式苏霍夫喷嘴，雾化质量低，燃烧效果差，噪声大；选用高压内混扁平喷嘴，其火焰贴近玻璃液面，热点下延，同样条件下与外混式油喷嘴相比，可提高玻璃液温度30℃，节约热能5%，使碹顶温度降低50~60℃，噪声也小，但是它容易结焦，因此必须经常清洗保养，对于油喷嘴结构还有待改进、提高。

我国目前燃料供应情况是富煤而供油偏紧，因此，研制油中掺煤粉的喷嘴，在天然气、煤气熔窑上的增炭技术都是改善燃烧，有利于熔化的先进技术。

②进行油喷嘴在熔窑上安装位置的研究，以达到最佳燃烧的要求。

③采用富氧燃烧。浮法工艺在制取氮氢保护气体的同时，得到氧气副产品，为富氧燃烧创造了条件。

④降低过剩空气量，实现助燃风、雾化介质和油的比例调节。

⑤加热雾化介质，提高雾化质量。

⑥油掺水燃烧。用水将油乳化，水对油能起到二次雾化作用，提高雾化质量，使燃烧更为完全。油掺水燃烧可以节约燃料4%~5%。

⑦采用辅助电熔。

采用辅助电熔有助于稳定热点，保持热源稳定。由于电熔是在玻璃液内部加热的，热效率高，熔化率可显著提高，在不增加熔化部面积的情况下，可以提高产量。在使用辅助电熔的火焰窑中，电热比例占熔窑所需热量的10%~40%，就能使熔窑的生产能力提高30%~100%，从而能明显地降低产品的单耗。

⑧浸没式燃烧技术等。

（二）熔制车间设备选型

1. 配合料输送设备的选择

原料车间混合机房混合好的配合料由胶带输送机输送到熔制车间窑头料仓。出混合机的配合料直接到胶带输送机上，由倾斜式胶带输送机（目前国内设计的倾斜角度不大于15°）直接送往窑头料仓上的移动式胶带输送机，向料仓均匀卸料。如结合有利地形也可布置用水平式胶带输送机。

当配合料从胶带输送机头部下料时,有两种方式:(1)单点下料、小型熔窑窑头料仓小,可以用单点下料。当料仓采用分料溜子或导向板后,稍大的玻璃熔窑也可以采用单点下料;(2)移动短胶带输送机下料,即配合料经移动短胶带输送机在窑头料仓控制均匀下料。但这样使落料高度差较大,引起扬尘也较大,要采取密闭措施,目前大型熔窑均采用此种卸料方式。

胶带输送机输送配合料的优点:它是通用设备,部件都能订购,结构简单,使用寿命长,生产事故少,易于维修;在混合机出料口及投料平台处(即胶带输送机的进料口和出料口),可以采取收尘、密闭和隔断措施;输送配合料比较平稳,能保证配合料的均匀度;工人的劳动强度轻、劳动条件操作环境好,如在窑头料仓上装有仓满指示器,实现自动化送料,可大大减轻工人的劳动强度。

胶带输送机输送配合料的缺点:受工艺布置影响,设备无法定型;连续生产,发生配料差错时,纠正较麻烦;配料工序和输送必须三班生产。

2. 加料(又称投料)设备选型

向熔窑投料口投入玻璃配合料时,应该使投入的配合料形成薄而均匀的料堆,料层要充分覆盖玻璃液面,以便料层下面接受玻璃液回流带来的热量,上面接受火焰的辐射热,加速配合料的熔化;料堆要均匀向前,不要跑偏,料堆与泡界线要保持一定的距离;投料量要与成型的玻璃液量的变化相适应,过多或过少都会造成玻璃液面的波动;配合料入窑时与玻璃液面保持尽量小的落差,以防止飞料。

(1)笼式投料机

笼式投料机能进行薄层投料,加入的配合料呈长笼形。投料池设有几台投料机,就成几条长笼,笼与笼之间有空隙,影响了覆盖面积。当发现泡界线跑偏时,用这种投料机调节比较方便。

根据熔窑的生产能力、投料池的宽度,可用下式计算投料机台数:

$$I = \frac{QK_1}{Q_1K_2} \tag{4-49}$$

式中 I——投料机需用台数(台);

Q——熔窑24h最大投料量(t/24h);

Q_1——投料机的生产能力(t/24h);

K_1——熔窑的储备能力,设计一般取1.2;

K_2——设备的利用系数(包括设备检修),一般情况为0.8。

两台投料机之间的中心距离为900~950mm,根据投料池的宽度布置投料机。

(2)回转式投料机(又称辊筒式投料机)

回转式投料机是一种垫层加料的设备。配合料和碎玻璃分开加料,配合料覆盖在碎玻璃上,料层较薄且均匀,能较合理地利用熔化部面积,强化玻璃的熔融,不漏料,所以窑头操作环境好。

(3)倾斜式投料机

倾斜式投料机也是一种垫层式薄层投料机。

3. 窑头料仓

投料机的上面设置窑头料仓。根据配合料输送方式、输送设备的工作班次、检修时间等因素，考虑窑头料仓的容积。

当用胶带输送机输送配合料时，窑头料仓应能储存 1~2h 用量；而采用料罐电葫芦输送配合料时，窑头料仓考虑能储存 40~60min 用量。

根据生产经验，窑头料仓的储料时间不宜太长，因为温度较高，配合料中的水分易蒸发，水分分布不均使料易结块，不能通畅地流入投料机仓中。因此，设计窑头料仓储料时间最长，不应超过 3h 容量。

窑头料仓的下面有放料口，如选用笼式投料机，放料口的个数与投料机的台数应一致；如选用辊筒式投料机，料仓放料口侧间距 600mm 需一个放料口。放料口下接料仓闸门，当投料机检修时，可关闭闸门。

窑头料仓设计的要求：料仓两个料壁坡角不小于 50°，两个斜壁坡面构成的交角（斜棱坡角）要大于 45°，使配合料容易溜下。料仓的容积系数为 0.7~0.8，配合料的容积密度为 1.1~1.3t/m³，根据配合料中是否加入碎玻璃而定，加入碎玻璃时取高值，反之则取低值。

4. 熔窑结构尺寸

（1）熔化部面积

按已定的熔窑规模（日产量）和熔化率估算

$$F_m = Q/K \tag{4-50}$$

式中　F_m——熔化面积（m²）；

　　　Q——熔窑规模（t/d）；

　　　K——熔化率 [kg/(m²·d)]，一般燃油玻璃熔窑的熔化率为 2.0~3.0kg/(m²·d)。
浮法玻璃熔窑的宽度为 8~12m，长宽比为 3.3~4。

（2）冷却部面积

冷却部面积可以采用与熔化部面积的比例来计算，已知熔化部面积，则

$$F_{熔} : F_{冷} = 1 : x \tag{4-51}$$

根据经验，对于浮法玻璃熔窑 x 取 0.4~0.6。

根据每日每吨玻璃液占有的冷却部面积来确定，设日熔化量与冷却部面积的比值为 y，则 y 可取 0.25~0.30m²/（t·d）。

冷却部长度按每米窑长度温度降低值确定，该值一般取 10~14℃/m；冷却部宽度按宽长度比值确定，该值一般取 0.55~0.75。

5. 熔窑助燃风系统

平板玻璃熔窑的助燃风是由助燃风机供给的。助燃风机型号规格的确定，是根据对熔窑燃料燃烧的热工计算，确定燃料燃烧所需助燃空气量，以及助燃空气经过的管道阻力损失和燃烧器（例如喷嘴）的额定压力而确定助燃空气总压力。由风量 Q、风压 P 的数值，就可以从风机样本上选择合适的风机。

（1）风机选型计算

通过热工计算，假定某熔窑所需要助燃空气量为 13700Bm³/h，根据公式：

$$Q = B_1 Q_0 \frac{760}{P_a} \tag{4-52}$$

式中　Q——风机风量（m^3/h）；

　　　Q_0——熔窑在额定负荷下需空气量（Bm^3/h）；

　　　B_1——储备系数，一般为 $1.1 \sim 1.2$；

　　　P_a——安装风机当地的大气压强（Pa）。

$$Q = 1.2 \times 13700 \times 760/760 = 16440 \quad (Bm^3/h)$$

风机的全风压，按下列公式计算：

$$P = B_2 P_0 \quad (Pa) \tag{4-53}$$

式中　P——风机的全风压（Pa）；

　　　B_2——储备系数，一般为 $1.1 \sim 1.2$；

　　　P_0——熔窑在额定负荷下系统的全风压（Pa）。

通过热工计算，该熔窑在额定负荷下系统的全风压为 500Pa。

$$P = 1.2 \times 500 = 600Pa$$

根据风量 Q、全风压 P 的数值，查风机产品样本，选用低风压、中流量类离心通风机。选择离心式通风机两台（其中一台备用）。其风量 $19100m^3/h$，风压 600Pa，转速 630r/min，电动机 Y132S-4，功率 5.5kW。

由于熔窑连续生产的要求，助燃风不能中断供应，因此助燃风机必须另外设置一台备用。

（2）风管直径计算

在选择风机型号前，应先确定管道直径，计算管道阻力损失等。在实际工作中往往凭经验，先确定风管中的流速，已知流量，可以计算风管的直径。因此，流速的选取要适当，既能使管道系统安全运行，又能节约管道的投资。

机械通风，风速一般取 $8 \sim 12m/s$；自然通风，风速一般取 $4 \sim 6m/s$。

风管直径按下列公式计算：

$$d = 18.8 \times \sqrt{\frac{Q}{V}} \tag{4-54}$$

式中　d——风管内径（mm）；

　　　Q——风管内流量（m^3/s）；

　　　V——风管内风速（m/s）。

6. 熔窑冷却风系统

从熔制的角度出发，熔窑的温度应保持很高。但是，为了延长耐火材料的使用寿命，需要对耐火材料进行冷却。特别是与玻璃液面接触的池壁部分，更需要加强吹风进行强制冷却，使温度下降，以减少玻璃液对该处池壁砖的侵蚀。

冷却风嘴位置，一般距池壁 $30 \sim 40mm$，与池壁成 $60°$ 左右的夹角，与玻璃液面保持同一水平面；如位置过低，会增加玻璃液的横向对流，对池壁砖的侵蚀更严重。风嘴的出口风速一般为 $30 \sim 40m/s$，风嘴风管不应太细，直径不小于 150mm，以避免受热面积过大，空气温度升高，影响冷却效果。

熔窑鼓风冷却系统主要有两种：使用大鼓风机的集中风冷系统和使用小鼓风机的分散风冷系统。前者主要用于日常正常的风冷；后者主要用于熔窑局部需要加强风冷和热修时的需要。

熔窑冷却风机的规格和数量，取决于熔窑冷却风总量和风冷系统的方式。例如：200t/d 左右的玻璃熔窑采用集中风冷系统方式，使用如下规格的大型涡轮式风机：压力 250Pa，风量 800m³/min，动力 55kW。

下面简要介绍四对小炉（反碹结构）的熔窑冷却风计算：

（1）池壁冷却风系统

①冷却风量计算

池壁冷却风吹风数据为：池壁的高温带吹风量为 0.4m³/（m·s）；一般温度带吹风量为 0.35m³/（m·s）；风嘴吹风速度均以 35m/s 计算。熔窑高温带长度为 5.8m，则需风量为：

$$q_1 = 5.8 \times 0.4 \times 3600 = 8352 m^3/h$$

一般段长度为 11m，则需风量为：

$$q_2 = 11 \times 0.35 \times 3600 = 13860 m^3/h$$

所以风量为：

$$Q' = 8352 + 13860 = 22212 m^3/h$$

备用系数：系统管道漏风 10%～15%，设备漏风 5%，后期备用 20%。

设计要求风量 $Q = 22212 \times (1 + 0.15 + 0.05 + 0.2) = 31096.8 m^3/h$

②冷却风风压

风嘴中的空气压力通常为 500～1000Pa，下面计算中取 750Pa，风嘴阻力系数取 $\zeta = 1.65$。因此风嘴处风压 $P' = 1.65 \times 750 = 1240 Pa$。

系统阻力损失计算从略，系统阻力损失为 240Pa。

系统总阻力 $P'' = 1240 + 240 = 1480 Pa$

考虑管道漏风 15%，要求风机的风压 $P = 1480 \times 1.15 = 1700 Pa$

根据计算的 Q、P 数值查风机样本，确定用 QDG-61/2#单进风离心式通风机两台（其中一台备用）。其参数是风量 31750m³/h，风压 1780Pa，转速 1550r/min，电动机 Y200L-4，功率 30kW。

（2）反碹、前脸墙冷却风系统

①冷却风量计算

1～3#小炉吹风量定为 0.4m³/（m·s），4#小炉吹风量为 0.3m³/（m·s），1～3#小炉反碹的总长度是 6.8m，则其需冷却风风量：

$$q_1 = 6.8 \times 0.4 \times 3600 = 9792 m^3/h$$

4#小炉反碹的长度是 1.4m，则需冷却风风量：

$$q_2 = 1.4 \times 0.3 \times 3600 = 1512 m^3/h$$

$$Q' = 9792 + 1512 = 11304 m^3/h$$

备用系数：管道漏风 15%，设备漏风 5%，后期备用 15%

设计要求的风量 $Q = 11304 \times (1 + 0.15 + 0.05 + 0.15) = 15260 m^3/h$

熔窑前脸墙长度 3.6m，吹风量 0.4m³/（m·s），

$$Q' = 3.6 \times 0.4 \times 3600 = 5184 m^3/h$$

备用系数为 0.25，

$$Q = 1.25 \times 5184 = 6480 m^3/h$$

半侧风量为 $6480 \div 2 = 3240\text{m}^3/\text{h}$

本系统要求总风量 $Q = 15260 + 3240 = 18500\text{m}^3/\text{h}$

②冷却风风压计算

风嘴内风压取 700Pa，风嘴阻力系数 $\zeta = 1.63$，

风嘴的阻力损失为 $1.63 \times 700 = 1140\text{Pa}$。

系统各段阻力损失为 390Pa（具体计算从略）。

系统的总阻力 $P' = 1140 + 390 = 1530\text{Pa}$。

备用系数取 1.1，要求风机的风压 $P = 1.1 \times 1530 = 1680\text{Pa}$。

根据 $Q = 18500\text{m}^3/\text{h}$，$P = 1680\text{Pa}$，查风机样本，选用 QDG-5#单进风离心式通风机两台（其中一台备用）。其参数是风量 $17880\text{m}^3/\text{h}$，风压 1650Pa，转速 1935r/min，电动机 Y180M-4，功率 18.5kW。

熔窑冷却风风量大小，风压高低，还要看耐火材料的性质。

7. 空气、煤气交换器系统

目前熔窑的热平衡大致为：窑顶、池壁、池底散热占 37%，蓄热室散热占 10%，烟道、烟窗散热占 23%，开孔辐射散热 10%，余热锅炉回收占 10%，用于玻璃熔制的热量仅占 20%。

平板玻璃熔窑都是蓄热式横火焰池窑。燃烧用的煤气和空气，隔一定时间就要换向。窑用煤气、重油、天然气作燃料都要设置空气交换器，而只有烧煤气的熔窑才使用煤气交换器。

关于换向的方式有两种：

一种是温度自动换向，即以温度为参数，在对方小炉内达到最佳温度时，改换方向。这种方式能达到较理想的热交换目的，比较科学合理。

另一种是定时换向（亦称为换头），即以时间为参数，间隔一定时间改换方向。

换火的间隔时间，大型玻璃熔窑换火间隔时间为 15 ~ 20min；小型玻璃熔窑换火间隔时间为 20 ~ 30min。根据国内使用发生炉煤气为燃料的平板玻璃熔窑的经验，煤气交换器换向时间在 3.5 ~ 5s 之间，空气交换器换向时间在 4 ~ 7s 之间。

换向有一定的程序要求，即必须先换煤气，后换空气；不得相反或者煤气和空气同时交换，否则会造成爆炸事故。

（三）平板玻璃的成型

这里介绍平板玻璃的浮法成型工艺。

浮法是一种先进的成型工艺，在世界上迅速推广发展，技术日臻完善成熟，具有高速、优质、生产厚度范围大、成本低、布局简单、便于实现全生产线自动化等优点。

浮法玻璃成型的原理与传统的方法不同。浮法玻璃的成型是在自由锡液面上进行的，玻璃液所受的重力完全由锡液承受，玻璃在成型过程中能缓慢而均匀地冷却，表面张力能够充分发挥作用，使玻璃表面得以抛光。浮法玻璃的抛光在锡槽中进行，锡槽中具有高温和均匀的温度场，锡液温度分布可自由调节，且横向温差极小；玻璃液与锡液几乎不浸润，无化学反应；玻璃有足够的抛光时间。在成型过程中，对玻璃带各部位黏度控制的方法是多种多样

的，玻璃的摊平、抛光、拉薄（或积厚）、冷固等各个阶段层次分明。玻璃带离开成型室至退火窑，玻璃与传动辊接触时，对玻璃的压力很小，是单辊承托，且温度低，辊子对玻璃质量不会造成缺陷。浮法的成型原理远比其他传统方法优越得多。

浮法工艺在国际上目前主要有两种型式：

传统的浮法工艺是皮尔金顿浮法工艺（PB 工艺），新浮法工艺是匹兹堡浮法工艺（PPG 工艺）。美国匹兹堡公司在英国皮尔金顿浮法工艺的基础上于 20 世纪 60 年代初开始研究，1975 年宣布"宽流槽新浮法"成功。

匹兹堡新浮法工艺的特点是：

（1）流道、流槽、闸板的宽度很宽（与锡槽宽度相同）。流槽宽度达 3676～4267mm（PB 工艺流槽宽度 1000mm 左右），与成品玻璃的宽度相接近，缩短了玻璃液在锡液面上横向伸展的过程，玻璃带的横向平直性更好。

（2）流槽与锡槽连成一体。玻璃液从玻璃熔窑的冷却部进入锡槽要经过一套过渡的新结构。图 4-79 为 PPG 浮法锡槽进口端。此过渡结构包括坎砖（又称挡砖）、侧壁、平碹、调节闸板和安全闸板。坎砖横跨整个玻璃液，玻璃带的宽度在进入锡槽之前已经形成。坎砖的上表面是凸起的，其上部呈弓形结构，上倾角 20°，下倾角 10°，在上倾面与下倾面之间有水平面，水平面的标高，与玻璃液流入锡槽后，其中间流动层的标高相同。坎砖材料是熔融硅石（$SiO_2 > 90\%$）或熔融刚玉（$Al_2O_3 > 90\%$），其表面极为光滑。纯材质中的低温共熔相少，耐玻璃液冲刷的能力强。

（3）玻璃液流入锡槽无悬空下落的过程，而是平稳地流到锡液面上，减少了玻璃液进入锡槽中的动能，缩短了玻璃液的摊平时间。

（4）流槽与锡槽宽度相同，如图 4-80 所示。锡槽前 15m，温降 7～13℃/m，玻璃带保持层流，因此产品玻璃光学质量好。而 PB 法玻璃带有回流，玻璃边部有明显的两层，因而产品玻璃光学质量较差。

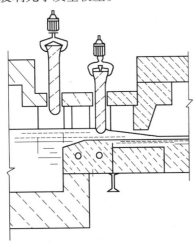

图 4-79 PPG 浮法锡槽进口端

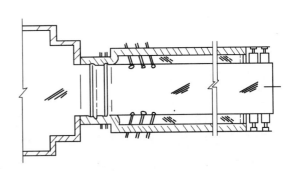

图 4-80 PPG 浮法锡槽平面图

（5）PPG 法锡槽是平直的直筒形，而 PB 法锡槽有大小头。目前，世界各国基本上采用 PB 法，PPG 法限于匹兹堡公司所属厂及其合资厂。PPG 法虽从原理上占上风，但 PB 法生产厂很多，效果也是很好的。

1. 锡槽设计的内容及步骤

（1）确定设计条件：玻璃成分、生产能力、玻璃原板宽、玻璃品种、流入锡槽玻璃液最高温度，玻璃出锡槽温度。

（2）确定主要工艺指标：确定结构、选用加热元件、确定耐火材料、进行具体计算（锡槽结构尺寸计算，锡槽热平衡计算，加热区域计算，钢结构计算，保护气体用量计算），向各专业协作组提出有关资料（包括电加热分区及各区电功率分配资料，锡槽的受力点、负荷、立柱及各项设备设计资料，各种材料的名称和重量，各部位的冷却要求，对氮氢保护气体的要求和各点用量等）。

（3）完成全套锡槽设计图纸（包括耐火材料订货图和使用说明），落实各种耐火材料订货及加工，落实加热元件（铁铬铝电热丝或硅碳棒）的订货要求，落实各种金属材料。

（4）提出主要技术指标：生产玻璃厚度范围、产品质量指标、锡耗、保护气体耗量、电耗。

（5）提出锡槽设计关键的技术问题：如温度均匀性，调节灵敏度，横向温差 $< \pm 5℃$（最好 $< \pm 3℃$），锡槽密闭的措施，避免锡的氧化物、硫化物滞留在玻璃板上及锡槽内的措施，锡槽内玻璃原板着色改性等技术措施。

2. 锡槽结构设计（PB 法）

（1）锡槽的设计要求

锡槽是浮法工艺的心脏，对于锡槽设计有下述具体要求：

①锡槽设计必须符合生产线的工艺技术要求，适合玻璃成分、生产能力、玻璃板宽、玻璃品种的要求。锡槽规模必须与熔窑、退火窑的规模相适应。锡槽的结构适合玻璃液摊平、抛光、拉薄（或积厚）、冷却定型的工艺要求。

②锡槽结构必须密闭性良好，不漏风，以保证保护气体纯度和锡槽的热工制度稳定。

③锡槽设计必须保证其良好的可调性。包括：锡槽纵向和横向的温度调节，玻璃液流量调节，玻璃带在锡槽中形状和尺寸的控制，锡液对流的控制，保护气体纯度、成分和分配量的调节，气体对流的控制等。

④方便操作，使用周期长。

（2）锡槽的组成

锡槽可分为进口端、本体、出口端三个结构部分和其他设施。

1）锡槽进口端

玻璃液以 1070～1100℃离开熔窑而流入锡槽，这一段结构称为锡槽的进口端。皮尔金顿公司开始采用较宽的流液道，所谓"压延法供料法"，后来改用较窄的流液道，所谓"流入法"即"流槽供料法"，这是目前皮尔金顿浮法采用的锡槽进口端结构。在流液道部位的液层高度是 150～200mm，流股宽度 850～1100mm，视生产规模而定。流液道一般采用直筒板形，对于流液道的设计要求是：所用砖材要耐玻璃液冲刷和侵蚀，表面光滑平整，使用中不产生气泡，热稳定性好，通常选用 $\alpha \cdot \beta$ 电熔锆刚玉砖；流液道宽度与流槽宽度应一致，这一宽度依据玻璃液拉引量和板宽来确定。从工艺原理分析，流槽宽度过窄，加大玻璃液上下层温差，摊平时间增长，会增加玻璃的波筋和光畸变，流槽宽度过宽，减弱玻璃液横向流动，不易消除横向温差，增大玻璃板的厚薄差，耐火材料的污染物也不易流到边部，更换检修也带来困难。

300t 级锡槽进口端结构如图 4-81 所示，流槽砖尺寸如图 4-82 所示。两图所示尺寸仅为参考范围。

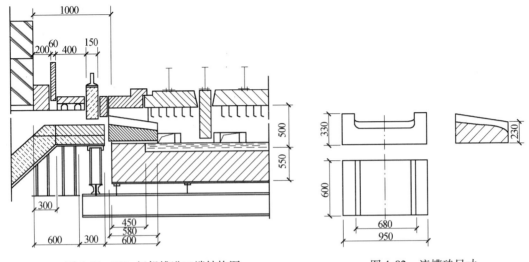

图 4-81　300t 级锡槽进口端结构图　　　图 4-82　流槽砖尺寸

在流液道的上部有安全闸板和节流闸板。正常生产时，安全闸板提起，与玻璃液不接触。节流闸板正常生产时用来调节控制玻璃液流量，采用液压传动，可用气体射流测边器作传感器，有利于调节稳定和精确。亦可用人工手动操作。

进口端结构设计应注意下列几项：

①熔窑的气体不能进入锡槽空间。

②锡槽的气体不能在节流闸板处聚集，保护气体不允许在进口端溢出。

③节流闸板的材质要优良，热稳定性好，其动作要求平稳，使流入锡槽中的玻璃液流股的厚度各处相同。节流闸板由液压机构（或人工手动）平稳动作，配合拉引速度和拉引量而自动调节开度，材料一般选用 $\alpha \cdot \beta$ 刚玉砖，也有用硅线石砖、黏土砖制成。安全闸板材质要求抗热冲击性能好，一般采用镍铬钢制成。

④流液道、流槽中心线应与熔窑、锡槽中心线相重合。流槽砖向锡液面悬伸长度 100～200mm，流槽砖底面应高出锡液面 50～100mm（即玻璃液悬落高度）。

⑤玻璃液从流槽流入锡槽，两侧设八字砖，砖与玻璃液接近侧设置石墨条，石墨条用水管压住，以防止玻璃液沾边。

⑥流道砖与流槽砖接缝处设计时应预留 60～120mm 膨胀缝。进口端结构衔接要紧凑，不能使玻璃液外流。

2）锡槽本体设计

锡槽本体设计包括形状尺寸、槽底、胸墙、顶盖和钢结构五个部分。

①形状尺寸

锡槽的生产能力与玻璃原板宽度、玻璃厚度、拉引速度有关：

$$G = 24BdV\rho \tag{4-55}$$

式中　G——玻璃拉引量（t/24h）；

B——原板玻璃宽度（m），决定于生产规模、产品使用及切裁尺寸；

V——拉引速度（m/h），目前各国 3mm 玻璃拉引速度：美国 1130m/h，捷克 720m/h，法国 952m/h，日本 730m/h，国内 640~800m/h；

d——玻璃带厚度（mm）；

ρ——玻璃容积密度（2.5t/m³）。

PB 法锡槽的形状大多是"宽窄型"，前大后小，便于成型，有利于减少锡液面的外露面积，减少保护气体和锡耗量，也有利于生产工艺的控制和提高玻璃质量。宽段长度和窄段长度的比例大约是 2:1。

锡槽的长度根据拉引速度、拉引量进行热平衡计算，并考虑自动控制水平等因素。玻璃带在锡槽中的经历时间越少，生产水平就越高，先进厂只停留 3~4min，一般设计中取 4~5min。

拉引速度以拉引 3mm 玻璃的速度 640~800m/h 进行计算。其经验公式为：

$$L = \frac{1}{60}Vt \qquad (4-56)$$

式中　L——锡槽总长度（m）；

　　　V——拉引速度（m/h）；

　　　t——玻璃带在锡槽中停留时间（min）。

具体长度还应参考国内外资料和实践生产经验拉引量，结合生产线情况的分析研究来确定。锡槽内各区段的长度也可作简单计算：如抛光时间约 1min，1000~1020℃抛光温度，用上式定出抛光带长度。同样确定徐冷区 1020~900℃，拉薄区 900~780℃，急冷区 780~650℃，缓冷区 650~600℃的区段长度。以锡槽总长 45m 为例，其抛光区（又称摊平区，Ⅰ区）长 7m，徐冷区（Ⅱ）9m，拉薄区（Ⅲ）12m，急冷区（Ⅳ）11m，缓冷区（Ⅴ）6m。

锡槽宽度主要取决于玻璃原板宽度和玻璃带的收缩率。

锡槽宽段内宽度计算如下：

$$B^\circ = \frac{B}{1-i} + 2S_1 \qquad (4-57)$$

式中　B°——锡槽宽段内宽度（m）；

　　　B——玻璃原板宽度（m）；

　　　i——玻璃带在锡槽中的收缩率。$i = \dfrac{B_{max} - B}{B_{max}}$，$B_{max}$ 为玻璃带在锡槽中摊开的最大宽度，$i = 33\% \sim 40\%$。各种厚度玻璃的 i 值见表 4-26。

　　　S_1——玻璃带最大宽度时板边离锡槽池壁的距离（m），一般取 0.4m。

表 4-26　各种厚度玻璃的 i 值

δ（mm）	2	3	4	5
i（%）	40~50	28~30	15~20	10~15

锡槽窄段内宽度可用下式计算：

$$B' = B + 2S_2 \tag{4-58}$$

式中　B'——锡槽窄段内宽度（m）；

　　　B——玻璃原板宽度（m）；

　　　S_2——玻璃板边距锡槽池壁距离（m），一般 S_2 取 $0.25 \sim 0.35$m。

宽段到窄段的中间过渡段长度一般取 3m。

生产规模与锡槽尺寸关系见表 4-27。

表 4-27　生产规模与锡槽尺寸

规模产量 (t/24h)	玻璃板宽 (m)	锡槽长度（m）				锡槽宽度（m）	
		宽段长	过渡段长	窄段长	总　长	宽段内宽	窄段内宽
300	2.4	25	3	17	45	4.2	3.2
500	3.5	33	3	18	54	6.6	4.2

世界各国锡槽长度 $50 \sim 100$m 不等，但从大量资料分析和实践证明上述锡槽长宽尺寸是可行的。特别要指出，锡槽长度不完全与产量成正比例的关系，只是一个协调的关系。实践证明锡槽的发展趋向，在满足生产要求的前提下，其长度应尽量缩短。

②锡槽槽底

锡槽槽底与熔融的锡液直接接触，锡液比密度大，渗透力强，因而槽底不能渗锡，不准开裂，而且槽底材料不能含有会产生气体的成分（如水分），因此槽底材料的选用和设计是非常重要的工作。

设计时，整个锡槽由立柱承重。立柱上面是由大工字钢做的主梁，主梁与立柱是滑动连接结构，因锡槽在升温烘烤后主梁随着膨胀伸长。主梁上面有横向的工字钢作次梁。次梁上面由 15mm 厚的钢板铺垫，钢板上面铺垫 20mm 厚石棉板。石棉板上面是耐火材料做的锡槽槽底。

锡槽槽底耐火材料采用特制烧结耐火砖，也可使用耐火混凝土。

锡槽槽底耐火混凝土。为了防止漏锡，耐火混凝土必须错缝捣打。为了防止上浮，必须用"铁树"把耐火混凝土固定在钢壳的底板上。每块间要有 10mm 左右的膨胀缝，可用 10mm 厚石棉板分隔。捣打时要求耐火混凝土密度大，体积变化小，耐冲刷，热稳定性好。在耐火混凝土中放置冷却水管道，生产时用以调节槽底的散热。为了防止和减少锡液的纵向对流，槽底设有分隔堰，挡嵌约为 30mm × 30mm。浮抛介质选用牌号 01 的工业特级纯锡，Sn $> 99.95\%$。根据生产工艺要求，摊平区玻璃液流股对锡液有冲击，锡槽尾部玻璃原板要出锡槽而翘曲，对锡液深度要求深些。其他区段锡液只起浮托玻璃带的作用，锡液深度可浅些，因此锡槽纵向锡液深度可不同。例如，45m 锡槽的锡液深度 Ⅰ 区 $100 \sim 120$mm、Ⅱ 区 $70 \sim 80$mm、Ⅲ 区 $50 \sim 60$mm、Ⅳ 区 $50 \sim 60$mm、Ⅴ 区 $50 \sim 70$mm。

锡槽底层耐火混凝土厚度 $500 \sim 600$mm，在高温区的锡槽底锡液池壁处应镶衬石墨条，以免玻璃液沾黏池壁。锡槽底两侧厚 500mm 左右，高度是宽段 400mm，窄段 280mm 左右。

整个锡槽耐火混凝土的配方见表 4-28。

表 4-28　锡槽耐火混凝土的配方　　　　　　　　　　%

配方　部位	煅烧矾土			胶结料	
	1#	2#	3#	耐火水泥	矾土水泥
槽 底	34～37	24～26	22～24	8～9	8～9
顶 盖	28～30	25～26	24～26	8～9	8～9
胸 墙	25～35	25～35	18～20	8～9	8～9
水灰比	平时 0.3～0.4，夏季施工 <0.45				

矾土的煅烧温度应达 1600℃，可以提高瘠料的热稳定性。煅烧矾土的粒度：1#瘠料粒度 5～10mm，2#瘠料粒度 1.2～5mm，3#瘠料粒度 <1.2mm。

锡槽耐火混凝土的成分见表 4-29。

表 4-29　锡槽耐火混凝土的成分　　　　　　　　　　%

SiO_2	Al_2O_3	Fe_2O_3	TiO_2	CaO	MgO	Na_2O
30.0～29.8	62.0～62.7	0.8～0.9	1.5～1.7	5.9～6.0	0～0.1	0.1～0.2

耐火混凝土的性能，取决于瘠料和胶结料材质的品位和配比率，还可通过改变胶结料的用量、瘠料的粒度级配，加入掺合料和调节水灰比等措施来调整。

锡槽槽底耐火混凝土应具有结构细密、强度高、耐磨性好、开裂少、裂缝轻等特点。锡槽槽底首尾段的耐火混凝土又较中间段容易受到热冲击，设计与制作时应注意。操作孔加锡处的槽底应加耐火砖，因加进去的锡锭是常温的，应防止锡槽槽底受冷开裂。

锡槽槽底应选用烧结黏土质耐火砖。烧结砖是不带结晶水的，因而锡槽烘烤时间只要 10d 左右，在生产过程中也避免了冒泡的缺点。

烧结耐火砖制作时留有装配孔，一块砖上有六孔称为大眼砖。耐火砖孔中穿螺栓固定在钢壳底板上，砖孔的上端喇叭口用耐火混凝土找平。耐火砖槽底砌筑后，为避免耐火砖在生产中发生上浮的事故，可在耐火砖面上置一张钨丝网，在通有保护气体还原性气氛中烘烤，然后加锡，钨丝网在锡液中不会被氧化。

烧结耐火砖在锡槽底的使用，解决了耐火混凝土槽底结晶水在烘烤时排不净的弊端，而且烧结耐火砖槽底烘烤温度低，烘烤电加热的装机功率节省 1/3，今后设计锡槽选用烧结耐火砖作槽底为好。

锡槽底通常采用风冷措施，按冷却强度计算选用风机，风机必须有备用。

③锡槽胸墙

胸墙是指锡槽槽底侧壁至顶盖之间的空间墙。它的高度一般为 500～550mm，高度取决于电热元件及其安装方式。因操作要求加热元件下端至玻璃液面应有 300mm 间距，采用铁铬铝（$OCr_{25}Al_{50}$）电热元件，用镍铬钢（$Cr_{20}Ni_{80}$）作挂钩的胸墙空间高度可低一些；采用三相硅碳棒作电热元件，则胸墙空间高度要高一些。胸墙厚度约为 500mm，应采用绝热性能良好的材料作为胸墙砌体，一般内层用耐火混凝土，外层用膨胀珍珠岩以提高保温性能。砌筑时必须用胶结剂以加强锡槽的密闭性，操作孔要严密，防止漏风。

也有做成活动胸墙结构，用耐热钢做成构件，构件空间内充填耐火纤维毡作耐火隔热层。

胸墙结构除应保温性好、密封性好外，还要合理安排操作孔位置，预留保护气体进气管孔（如保护气体从锡槽两侧进气），预留工业电视观察孔，预留脉冲电浮法着色的电极安装孔等。

④锡槽顶盖

锡槽顶盖采用吊平顶全密封的结构型式，顶盖上有钢罩。

顶盖可用耐热混凝土预制块，是在振助台上振动成型，严格控制水灰比，提前制作，让其充分地自然干燥。振动成型时，在耐热混凝土砌块上预埋吊挂螺栓。为了使顶盖密封性良好，顶盖每块制品必须致密，不允许开裂。制品制成下大上小的锥台状，吊装后制品间的缝隙处填充耐火混凝土，填实密闭。锡槽顶盖在生产中受冷热冲击大，要求顶盖的热稳定性好。

如果保护气体从锡槽顶部通入，则顶盖制品要预留进气管孔。

保炉气体从顶部或两侧进入各有利弊，前者既能预热保护气体，又能冷却电热元件的接头和挂钩，但正因为保护气体进口处温度低，锡槽内杂质 SnO，SnO_2，SnS 等凝聚积集，这些积聚物掉落到玻璃原板上，就会造成玻璃成品的光畸变严重缺陷；而后者则无前者的优点，也无前者的弊病。

锡槽顶盖制品应留热电偶安装孔，预埋电热元件挂钩（如电热元件用铁铬铝电热丝）或预留硅碳棒安装孔，以及考虑电热器接线抽头位置；顶盖还要考虑锡槽内空间的气体分隔闸板的吊装和密封，分隔闸板离锡液面 $200 \sim 250mm$，使耐火砖等杂物漂浮过去，此间距也保证了操作要求。

锡槽顶也有采用硅线石、烧结高铝砖的。

⑤锡槽钢结构设计

钢结构为锡槽耐火构件的支承体。45m 长锡槽的钢结构横断面如图4-83 所示。

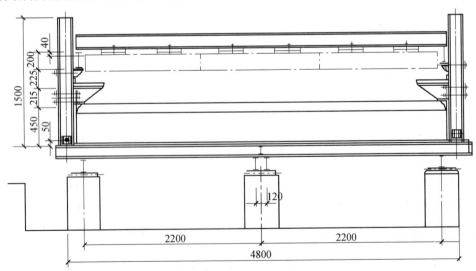

图 4-83 锡槽钢结构横断面图

锡槽钢壳是盛放和固定耐火砖的结构体，又是防止漏锡和加强锡槽密闭性的主要构件。锡槽底的钢壳钢板上应有固定耐火混凝土的铁树（或固定烧结耐火砖的螺栓、螺帽或焊接点），连接焊点、底壳钢板一般用 14～16mm 厚钢板。侧壁钢壳有操作孔和保护气体进气管，一般选用 10mm 厚钢板制作。

顶盖及活动胸墙，由支承横梁悬吊，横梁安放在纵梁上，纵梁由立柱承重。一般立柱和钢壳侧壁隔开 300mm 左右。

整个锡槽压在横向的次梁上，次梁压在纵向主梁上。主梁通过滚动连接压在锡槽基础立柱支座上。

在锡槽结构设计完成后，锡槽本体尺寸已定，就可确定钢结构布置尺寸，然后根据各部件受力情况进行力学结构计算，确定各部件断面尺寸，从而进行型钢钢材、钢板、托板、紧固件等选型。

在强度计算时要注意，因锡槽是高温设备，钢材强度要考虑温度折减系数。一般以 200℃ 温度下使用考虑，因此，拉压折减系数为 0.85，弹性模量折减系数为 0.95。

3）锡槽出口端

指锡槽与退火窑之间的一段结构，主要由过渡辊台和密封罩组成，所以又称为"过渡辊台"。

出口端结构的设计要求有：

①冷空气不能进入锡槽空间。由于冷空气最容易从锡槽的尾部进入锡槽空间，所以通常在锡槽本体结构的尾部，增设空间分隔墙，在此温度区内增加保护气体的用量，提高含氢率（6%～8%）。此外，也有采用"气垫"或"半气垫"的尾端密封措施。

②玻璃带的黏度以 10^{11} 泊离开锡槽，10^{12} 泊进入退火窑。国内小于 600℃ 出锡槽，如玻璃温度大于 600℃ 就会产生翘曲。

玻璃带借助过渡辊台的第一道辊子，向上抬起 30～50mm 而离开锡液面（玻璃带不能与锡槽尾端的槽口相摩擦），玻璃带对于锡液面的起翘角约为 2°～3°，以玻璃不被擦伤为准。在条件允许的情况下，第一道辊子应尽量靠近锡槽尾端的钢壳，但必须考虑留有膨胀距离。

③对于过渡辊台要求工作可靠，传动平稳，辊子上下调节灵活，辊子表面加工光洁度要极高。过渡辊台辊子的线速度与退火窑辊子线速度相同。过渡辊台下面也可设置滑轨，做成插式结构型式，以便于检修。

④密封罩周围和顶盖要有电加热，封闭良好，开启方便，顶盖上下可调节。

⑤过渡辊台下面预留地坑，设置碎玻璃仓，便于碎玻璃清扫处理。

出口端结构如图 4-84 所示，图中尺寸仅供参考。

4）锡槽的其他设施

锡槽内锡液两边与池壁连接处应镶石墨条，可以防止玻璃液沾边，石墨条还可与微量氧化合，减少氧对锡液的污染。拉引厚玻璃（厚度＞7mm）时，石墨还能帮助拉薄。

锡槽拉薄成型时，必须采用拉边器。拉边器拉边轮用石墨制作，压在玻璃带边部，克服玻璃带表面张力收缩作用。辊轮的连接钢管通冷却水冷却。这种辊式拉边器如图 4-85 所示。

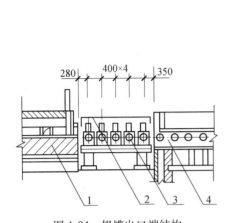

图 4-84　锡槽出口端结构

1—锡槽；2—密封罩；3—过渡辊台；4—退火窑

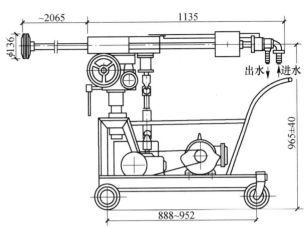

图 4-85　辊式拉边器

拉边器安置的台数及采用主动，还是从动，视生产情况而定。

拉边器在使用时，可取与玻璃带垂直或倾斜两种操作形式。

生产各种规格薄玻璃时，所选用拉边器台数见表 4-30。

表 4-30　拉引各种薄玻璃时选用拉边器台数

玻璃厚度（mm）	<2	2	3	4	5
拉边器（台数）	10～14	6～12	6～10	6～8	2～4

挡边轮：由通水冷却的管道进锡槽后 90°向下压住石墨圆轮，石墨圆轮 1/3 压入锡液，挡住玻璃带边部，玻璃带往前拉引时，石墨挡轮转动。挡边轮使玻璃带减少横向的漂移。根据需要，在锡槽中可设置 2～3 对。

冷却器：当锡槽温度过高时，在操作门内插入冷却器。冷却器可用方形水管或圆形水管组成，各厂自行准备。使用冷却器是一个临时补救措施，对玻璃质量有不利影响，且保护气体耗量也剧增，因此使用冷却器是弊多利少。

扒砂机：锡槽中难免有氧化锡浮渣产生，在锡槽尾端操作孔，用扒砂机将浮渣扒出。

脉冲电浮法生产彩色浮法玻璃，设计锡槽时电极位置等应一并考虑。

工业电视监视：玻璃液摊平区段应设置两个电视摄像点，为监视 2 对（或 3 对）拉边器运转情况，可设置 4 个或 6 个摄像点。

4. 锡槽对保护气体的要求

为了防止锡液氧化，提高玻璃质量，降低金属锡的耗量，需要在锡槽上部空间充满能防止锡液氧化的保护气体。从生产成本低以及不引入易与锡液起反应的有害组分等原则出发，选用氮气和掺加氢气作为还原组分比较适宜。

保护气体的用量应使锡槽呈正压防止空气侵入。它主要决定于玻璃板宽，即锡槽的大小和锡槽的结构型式及密闭情况。对于 300t/d，45m 长锡槽，保护气体最大设计量可按 $1000 \sim 1200 m^3/h$，500t/d，54m 长锡槽，为 $1400 \sim 1600 m^3/h$。

保护气体中氧、硫及其化合物、水蒸气、二氧化碳、尘埃和颗粒都是有害成分，它们的存在都给浮法玻璃带来缺陷。保护气体中水蒸气的露点 -50℃ 可以满足生产要求。

保护气体纯度越高，浮法玻璃质量越好。对 6 个 "9" 来说，其杂质以氧计等于百万分之一，相当于 "电子级"。目前的净化技术可以达到，但是经过输送，在用户处仍保持 1×10^{-6} 难以达到，只能达到 5 个 "9"。氮气 99.999%，氢气 99.999% 的纯度已能够保证生产。

锡槽中氮气和氢气的比例为：氢含 0.5% ~ 4%，端部 4% ~ 6%。通常设计中按氮气占 95%，氢气占 5% 计算。氢在锡液中的溶解度随温度下降而减少，氢含量过多，会使玻璃表面上出现 "雾点" 缺陷。因此在保证降低保护气体中的氧含量，保持保护气体还原性的条件下，应减少氢的含量。

锡槽控制室中设置氮氢配制的氮氢混合器罐，在混合器前氮氢气体的压力应大于 3000Pa，保护气体保证连续供应，不允许中断。

5. 锡槽热平衡计算和电热元件的选择

锡槽热平衡计算包括正常生产、事故保温和锡槽烘烤三部分。

首先，确定锡槽各部位所处的环境温度和锡槽各处的表面温度，可通过对同规模锡槽实测温度数据，加以分析后确定。用以求得槽体表面的单位散热和总散热量。根据玻璃在各温区的温度变化情况，初步确定各温区的电功率。又根据正常生产、事故保温和锡槽烘烤的要求，最后确定各温区功率的配备和调温手段。

若设玻璃液进锡槽温度为 1100℃，出锡槽温度为 600℃，玻璃液本身放热给锡槽的热量为 $Q_{玻}$，保护气体从常温 30℃ 到锡槽各区段需吸热量 $Q_{气}$，槽底水包冷却散失热 $Q_{底}$，锡槽槽体本身散热 $Q_{槽}$（包括各区段顶盖、胸墙、侧壁、底壳、分隔墙），加锡和锡液对流散热量 $Q_{锡}$。在正常生产，锡槽中以一定速度拉引一定板宽、厚度的玻璃时：

$$Q_{玻} = Q_{气} + Q_{底} + Q_{槽} + Q_{锡} = \sum Q_{散} \tag{4-59}$$

此平衡关系即指玻璃液带给锡槽的热量正好等于锡槽生产时散失的热量。

若 $Q_{玻} < \sum Q_{散}$，则玻璃液带给锡槽的热量不够支付散热损失，还需采取电加热方式补给。

若 $Q_{玻} > \sum Q_{散}$，则玻璃液带给锡槽的热量过多，锡槽还需采取冷却措施。

事故保温：当浮法玻璃生产线的某一部位发生故障时，例如过渡辊台、退火窑、主输送线等部位的传动机构的某一环节损坏，必须被迫停车抢修，或者锡槽中玻璃液与侧墙粘料时，需要停止向锡槽供给玻璃液，应该放下安全闸板，撤除空间冷却器和拉边器、挡边轮等，槽底照常冷却，保护气体照常供给。这时，锡槽各温区维持正常的作业温度，所需的热量全部由电热元件提供，这种情况就是 "事故保温"。

锡槽的烘烤：新砌筑的锡槽，必须经过烘烤到一定温度后，才能正常使用。烘烤锡槽的电功率，用于槽体蓄热升温、保护气体吸热，烘烤后期加锡，以利锡熔融和升温。

锡槽的耐火材料构件总量有 400 ~ 500t，而且有一定的升温速率的要求，不能过快。用烧结耐火砖砌筑的锡槽烘烤时间 7 ~ 9d，用耐火混凝土砌筑的需 26 ~ 30d。

根据正常生产、事故保温和锡槽烘烤的情况，确定各温区所需电功率 N_0 和装机功率 N（装机功率是对 N_0 的调整值），根据生产时的工艺要求，确定电热元件和温控方式。为了保证工厂适应三种情况对电热配备的要求，各温区所需电功率，按其烘烤时的电功率进行配备。其中，用烧结耐火砖砌筑的锡槽装机总功率较小，因为它的烘烤温度低一些，相同规模而用耐火混凝土砌筑的锡槽，为了把水分尽可能地赶净，烘烤温度高，装机总功率也就要求大些。

目前锡槽主要采用的电热元件有：铁铬铝电热丝，牌号（$OCr_{25}Al_{50}$）和"山"形三相硅碳棒两种。

铁铬铝电热丝制成螺管形，用高铝瓷管支承，由预埋于锡槽顶盖中的耐热钢钩子悬吊。45m 长锡槽槽体内用高铝瓷管的规格是 $\phi 30mm \times 24mm \times 1700mm$，电热丝螺管长 1600mm，螺径 40mm，它的最高温度可达 1200℃。在锡槽出口端瓷管规格为 $\phi 25mm \times 19mm \times 1400mm$，电热丝螺管长 1300mm，螺径 30mm。电热丝用作电热元件使用寿命长，但调节性能差。

"山"形三相硅碳棒，能保持电源各相负荷的平衡，调节温度较灵活。其规格有：发热棒 $3\phi 18mm \times 9mm \times 200mm$，引出棒 $3\phi 30mm \times 17mm \times 300mm$，它比较长，因而锡槽空间要求相应高一些。

6. 退火窑

浮法玻璃板较宽（300t/d 的板宽 2.4m，500t/d 的板宽 3.5m，700t/d 的板宽 4.2m）、产品规格大（最大的长达 12m）。拉引速度快、退火时间短、退火质量要求高（残余应力 $<37\mu m/cm$，弯曲 $<1/1000$，平整度 $0.1\mu m$）、厚度变化范围大（2～25mm）等特殊要求，给退火窑设计带来很多困难。

设计退火窑要求达到原板玻璃宽度、生产能力、拉引速度、适应生产各种厚度玻璃的退火，玻璃带进退火窑温度 600℃，出退火窑温度 40℃，横向温差小，退火质量高，加热和冷却的电耗指标小于 87kW·h/t 玻璃，玻璃破碎率小于 1%。

国外浮法厂多采用比利时 CNUD 公司冷风冷却退火窑，它的烤窑热源是退火窑内电加热器。法国 Stein 公司热风冷却式退火窑，它的烤窑热源是退火窑外电加热热风器。

下面简要介绍 300t/d，玻璃板宽 2.4m 的退火窑。

玻璃带出锡槽，经过过渡辊台进入退火窑。退火窑全长 100m，内宽 3m，平顶结构。按浮法玻璃成分计算，最高退火温度为 560℃，最低退火温度为 440℃。退火窑在长度方向上分设下列各区带：

A_0 区	加热均热带	8m	550～560℃
A 区	重要冷却带	40m	560～440℃
B 区	缓慢冷却带	22m	440～350℃
C 区	急速冷却带	30m	350～100℃

退火窑辊道线速度范围 75～900m/h，无级调速，遥控调节。

加热均热带下部采用"Z"形喷嘴重油加热，最大重油耗量 3.5t/d。上部空间加热均热带设置 100kW 铁铬铝电热丝供热，重要冷却带在内墙两侧设 150kW 铁铬铝电热丝平衡横向温差。

退火窑前 50m 用钢板外壳和轴头密封装置，减少侧墙和轴头砖孔隙漏风。在退火窑末端 10m 敞开段装设双面吹风强制冷却风嘴，降低玻璃带出退火窑的温度。

退火窑辊道规格见表 4-31。

表4-31　退火窑辊道规格

序　号	辊子直径（mm）	辊　距（mm）	根　数	总　长（m）
1	φ210	200	1	0.20
2～116	φ210	450	115	51.75
117～196	φ210	600	80	48
合　计			196	99.95

上述退火窑，因结构简单，气流控制、横向温差控制措施较少，玻璃退火质量较差，有待改善。

7. 自动切装线

玻璃带出退火窑后在输送辊道上自动切裁、掰边、掰断、分片以及装箱。

按流程次序，在自动切裁线上选用下列设备：

（1）纵切

可选用ZQ型平板玻璃纵切机。ZQ型平板玻璃纵切机技术参数见表4-32，外形如图4-86所示。

表4-32　ZQ型平板玻璃纵切机技术参数

型　号		ZQ16		ZQ20		ZQ24		ZQ28	
切割玻璃板有效宽度	（mm）	～1600		～2000		～2400		～2800	
切割玻璃板厚度	（mm）	2～8							
刀架数量		5							
安装尺寸	（mm）	A	B	A	B	A	B	A	B
		2100	2180	2500	2580	2900	2980	3300	3380
外形尺寸（长×宽×高）	（mm）	2540×680×530		2940×680×530		3340×680×530		3740×680×530	
设备质量	（kg）	294		316		338		360	

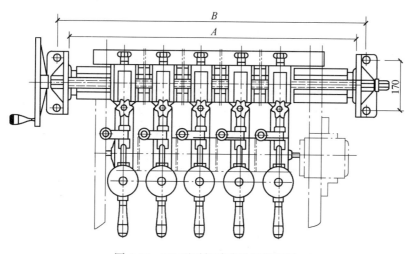

图4-86　ZQ型平板玻璃纵切机外形

（2）横切

横切可选用 HQ 型平板玻璃横切机。HQ 型平板玻璃横切机技术参数见表 4-33，外形如图 4-87 所示。

表 4-33 HQ 型平板玻璃横切机技术参数

型 号	HQ16	HQ20	HQ24	HQ28
切割玻璃有效宽度（mm）	1400～1600	1800～2000	2200～2400	2600～2800
刀架数量	2			
刀架运行速度 （m/s）	1.225			
切割玻璃板厚度 （mm）	2～8			
切割形式	斜置式			
道轨斜置极限角度	0～11°29′15″			
电动机				
型 号	Y802-4			
功 率 （kW）	0.75			
转 速 （r/min）	1390			
外形尺寸 长×宽×高（mm）	3570×1240×1337	3970×1240×1337	4370×1240×1337	4770×1240×1337
设备质量 （kg）	849	894	880	895

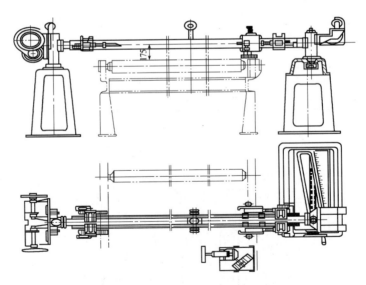

图 4-87 HQ 型平板玻璃横切机外形

（3）横掰

横掰辊与横切机配套使用，并有备用。

（4）掰边

掰边机掰边范围为 1.6～2.4m，适应生产时板宽和切边的不同要求，掰断位置可人工调节。

（5）纵掰纵分离输送装置

玻璃板掰边后进行纵掰，掰断后可调角度分离输送，使两片玻璃分开并继续往前输送。

（6）吹风清扫装置

玻璃板面的玻璃渣屑由吹风清扫装置吹扫干净，避免装箱时产生擦伤或压碎。

（7）1#加速辊道

完成掰断吹扫后的玻璃板由加速辊道加快前进速度，使玻璃板与玻璃板之间拉开一定距离以便于分片装箱。1#加速辊道最高运行速度为 2000m/h 左右。

（8）落板装置

切割掰断过程中产生的次板，经落板装置落入碎玻璃漏斗。

（9）装箱

大板玻璃在 1#加速辊道后部的 2#加速辊道上取片，2#加速辊道运行速度 1000m/h。长度 900～1500mm 规格的玻璃在小片玻璃分片装箱线上分片装箱。为了合理利用次板，应设置一组次板取片装置，在辊道上直接取板、堆垛，送往改刀切桌，切成合适规格后装箱入库。

8．碎玻璃处理

掰边机和落板装置产生的碎玻璃经搅碎机破碎成碎块后，经皮带机、提升机入 1#碎玻璃仓，再用料罐叉车运往混合料皮带机前的 2#碎玻璃仓，以适当的比例与混合好的粉料一起经混合料皮带机送入窑头料仓。1#碎玻璃仓设计容量 250～300t，2#碎玻璃仓设计容量 50t，在正常生产情况有近 5～7d 的碎玻璃周转能力。

第九节　产品的发运

一、水泥的包装、散装及发运

水泥成品可以用袋装或散装方式通过公路、铁路或水路运输。

（一）水泥发运系统的发展趋势

近年来，水泥发运系统的发展主要有以下几个方面。

1．发展了水泥散装

散装水泥具有节省包装材料，运输途中损失少，易于实现装卸自动化等优点。世界上各工业发达国家，早在 20 世纪 60 年代末或 70 年代初就普遍地实现了水泥的散装运输。各国散装水泥在水泥生产总量中所占的比例不同，多的已占 90% 以上，少的也占 50% 以上。在发展中国家及工业不发达地区则占 10% 左右。由于我国水泥用户分散，用量不稳定，能够接受散装水泥的用户不多，袋装水泥仍占很大比重（约占 85%）。散装水泥的大力推广，有待于散装水泥的装、运、卸、储、用等各个环节的全面解决。

2．发展了散装水泥集装箱

散装水泥一般用火车、汽车、船舶等专用运输工具运输。近年来，国外还发展了用弹性集装箱来散装水泥。弹性集装箱由橡皮或塑料制成，卸空后的体积仅为装满后的 1/10，使用次数可达几百次至 2000 次。它适用于各种通用运输工具，而当水泥卸完后，车船还可运输其他货物，避免了车船的空程，从而提高了运输工具的利用率，降低了运费。我国亦已开始推广使用集装箱散装水泥。

3. 发展了散装水泥中转站

随着散装水泥的发展，许多国家在城市中设置了散装水泥中转站，出厂散装水泥运至中转站，用压缩空气卸入中转库中，然后供应给各用户。我国亦已建设了部分散装水泥中转站。

4. 发展了散装水泥库底装车

大型水泥厂，由水泥库将散装水泥装入专用车辆的方法，趋向于发展库底装车，火车直接开到水泥库库底，通过库底卸料器进行装车。

5. 发展了自动化包装机

近几年来，已出现了操作全自动化的包装机，能够自动插袋、包装和卸包。

6. 发展了火车装车设备

水泥包装后直接装入火车，使用折叠式胶带装车机（传送带和自动码包装车机），不仅可以满足码包的高度要求和在车厢内卸料，而且减少了粉尘，防止了破包。

7. 发展了袋装水泥集装运输

如网集装、托板集装、热缩集装、大袋集装等。

8. 加大发运能力，不设成品库

国外现代化水泥厂和国内新建大型水泥厂，水泥发运能力（包装及散装）达工厂生产能力的 2 倍。由于包装能力大，水泥包装后由包装机通过装运设备直接送入火车车厢、汽车和船舶内，故无需设占地面积很大的成品库，而且避免了包装水泥的码堆和卸堆，提高了劳动生产率。

必须指出，水泥发运系统的工作时间往往受运输车辆、船舶不能均衡到厂所限制，如果水泥发运能力设计过紧，常常会影响水泥生产，且造成车辆、船舶在厂停留时间过长的被动局面。

（二）水泥发运系统的选择和设备的选型

1. 水泥散装系统

水泥散装是水泥供应和运输方面的重大改革，是发展水泥生产、厉行增产节约的重大措施，也是水泥发运系统的发展方向。在选择水泥发运系统时，应尽量考虑采用水泥散装。暂时无条件采用水泥散装的，也应考虑留有发展水泥散装的余地。

发展水泥散装，涉及装车（船）、运输、卸车（船）、中间储存（中转）和使用五个环节，因此，生产、运输、供应、使用等部门必须密切配合，互相促进。

由水泥厂或中转库将散装水泥装入专用车船的方式主要有下列几种：

（1）库底卸料，直接装车

火车或汽车直接开到水泥库或专设散装库的库底，用库底卸料器进行装车。库底卸料器通过橡皮软管也可将水泥送到船中。

（2）库侧卸料，直接装车

在水泥库侧壁安装库侧卸料器，用压缩空气进行卸料，通过橡皮软管直接送入车厢中或船中。

库侧卸料器，它本身没有充气系统，只适用于库底带有充气装置的水泥库。

库底或库侧卸料所需空气由罗茨鼓风机或空气压缩机供给。

（3）用螺旋输送机（或空气输送斜槽）直接装车

水泥由库底卸出后，通过提升机和螺旋输送机（或空气输送斜槽）直接进行装车。此种方法大多用于现有厂或小型水泥厂，工艺较陈旧，环节较多，密闭性较差，装车速度较慢。

计量散装车质量的方法可在装车处或附近设置轨道衡或地中衡。用火车运输时，可采用100～200t的轨道衡；用汽车运输时，视汽车载重量而定，一般采用20～30t的地中衡。有的在散装仓下面装置冲量式流量计，用于控制和计量散装水泥的装车量；有的小型散装仓则采用传感器，通过支承料仓的感应元件所承受压力的变化，通过指示仪表反映仓内水泥减少量，亦即已装入车船的水泥量。

2．水泥包装系统

（1）供料设备

在水泥工厂中，水泥库底大多设置空气输送斜槽或螺旋输送机，将水泥提升至包装机上小仓的方式主要有两种，一种是用斗式提升机，一种是用空气输送泵。压缩空气输送泵适用远距离输送，如包装车间距水泥库较近，则采用斗式提升机较经济。

（2）筛分设备

为了清除水泥中可能混入的铁件等杂物，以免损坏包装机，水泥在包装前先通过筛分设备，一般使用回转筛或振动筛。螺旋回转筛具有回料（溢流）的反螺旋叶片装置，回料处理方便，布置简单，但体积较大；电磁振动筛体积小，安装方便，但噪声较大，回料处理不如螺旋回转筛方便；充气回转筛与充气松动槽并用时，容易控制来料量，并保持包装机上小仓恒量，可不设回料系统。

（3）包装机

目前，水泥包装机可分两大类：一类是固定式包装机，一类是回转式包装机。

固定式包装机有单嘴、二嘴、四嘴。其包装能力分别为15～20t/h，30～35t/h，60～70t/h。这类包装机包装能力低，主要用于一些中、小型水泥厂。

回转式包装机有6嘴、8嘴、10嘴、12嘴等数种，其包装能力因各公司产品而有所不同，在90～220t/h之间。回转式包装机产量高、操作简便，用于大、中型水泥厂。

包装车间的工作制度一般为两班制，每班工作时间不超过7h。因此，包装机的台数可按下式计算：

$$n = \frac{\varphi C}{14G} \tag{4-60}$$

式中　n——包装机台数；

　　φ——袋装水泥量占每天生产水泥量的百分数，以小数表示；

　　C——工厂每天生产水泥量（t/d）；

　　G——每台包装机的生产能力（t/h）。

（4）回灰输送设备

为了将包装机和袋装水泥输送机等的漏灰以及纸袋破损后的水泥回收，一般在包装机下面装设地下回灰螺旋输送机，以便将回灰送至水泥包装系统中，为防止纸袋破片等杂物的混入，各处进料灰斗上应设有铁丝筛网。

（5）叠包机

叠包机的作用是将包装好的袋装水泥自动叠包，以代替人工叠包。

叠包机有回转式和固定式两种，回转式叠包机设有四个叠包装置，固定式叠包机设有两个叠包装置，并排布置，交替使用。叠好的 8～10 包水泥可以用电瓶叉车或人工手推车运至成品库或车厢内。

（6）码包机

将袋装水泥由包装机直接输送到成品库，采用码包机自动码垛。码包机由胶带输送机、移动胶带输送机、大小行车及控制机构等组成，它可将袋装水泥自动码成 8～10 包为一垛。码好一垛后，小车自动横向移动一个袋位，码下一垛。码好一排（根据堆场位置可选定 16 垛以内为一排）后，小车自动纵向移动一个袋位，再继续码垛。

（7）装车机

为了加大装车能力，将包装好的水泥用装车机直接送入火车车厢或汽车内，是水泥包装系统的发展方向，这样便可以取消袋装水泥成品库。同时，由于减少了搬运次数，从而减轻了工人的劳动强度，提高了劳动生产率。

活动胶带装车机系由一般胶带运输机及升降机和摆动装置所组成。根据装车位置，活动胶带机可作 110° 的摆动和 800mm 的升降，将袋装水泥运入汽车内。折叠胶带装车机由三四段胶带输送机、大小行车、旋转和提升装置等组成，可以伸入火车车厢内将袋装水泥直接送入车辆中。胶带宽度为 650mm 的胶带装车机的能力达 100t/h。

（8）纸袋库

包装车间一般设纸袋库储存纸袋，储存量一般考虑为一个月的需要量。纸袋库的面积，按包装水泥量和纸袋储存期来确定，通常每 $1m^2$ 面积平均可堆存纸袋 3200 个（堆高为 3m 时），纸袋库面积的有效利用系数一般取 70%。

纸袋库面积的计算：

$$F = \frac{\varphi C \times 20 \times 30}{3200\eta} \tag{4-61}$$

式中　F——纸袋库面积（m^2）；

　　　η——纸袋库面积的有效利用系数，一般取 70%；

　　　20——1t 水泥纸袋数（个）；

　　　30——储存期（d）。

（9）成品库

成品库是用来储存袋装水泥的仓库。对于包装能力小的水泥厂来说，成品库的作用主要是缓冲包装系统能力与来车数量不均衡的矛盾，以免袋装水泥装车受包装系统能力的限制而使装车时间过长。对于包装能力大的大型水泥厂，包装后直接装车，可不设成品库。

成品库的面积决定于需要袋装的水泥的储存时间，袋装水泥的储存时间一般不少于 1d。成品用铁路运输时，成品的储存量应小于一列车的车辆装载数。对不考虑铁路运输的工厂和小型工厂，成品库的储存量可根据工厂规模、袋装水泥出厂的均衡性及投资情况，酌情确定。

每 1m² 面积的水泥堆存量为：垛高 10 包时，按 2t/m² 计算；垛高 9 包时，按 1.7t/m² 计算；垛高 8 包时，按 1.5t/m² 计算。成品库面积的有效利用系数一般取 65%。

成品库的面积可按下式计算：

$$F = \frac{\varphi C}{\eta t} \tag{4-62}$$

式中　F——要求成品库的面积（m²）；

　　　η——成品库面积的有效利用系数，一般取 65%；

　　　t——每 1m² 成品库面积水泥堆存量（t/m²），一般按 2t/m² 计。

（三）水泥包装和散装车间的布置

1. 水泥包装

水泥包装厂房一般与水泥库、成品库和纸袋库布置在一起。水泥库尽量靠近水泥粉磨车间，以缩短运输距离。成品库和纸袋库一般与包装厂房相连，地坪标高一致，以利于成品和纸袋的搬运。

成品出厂采用火车运输时，在水泥库、成品库两侧设铁路装车线。站台的长度，应根据一次来车的数量及装车时间的要求来确定。站台宽度，考虑人工装车时应不小于 2.5m。站台及铁路专用线上方应设置雨棚，以便为雨天装车创造良好条件。站台和建筑物与铁路专用线之间的关系尺寸应符合铁路规范的要求，站台至铁路中心线的距离为 1750mm，站台高出轨面 1100mm，雨棚至轨面的净空，不小于 5500mm。

当水泥出厂采用汽车运输时，水泥库、成品库必须设置足够的装车设施。装车场地要有足够的面积。

成品库四周一般不砌墙，但在寒冷地区的工厂，可在铁路专用线外侧砌挡墙。成品库屋面宜加设天窗，以利于通风和粉尘的排除。纸袋库必须砌墙，以防火灾事故，保证生产安全。

包装厂房为多层建筑，各层楼板应留出检修孔，孔洞大小应考虑设备检修最大零部件能通过。检修孔上方设置检修吊钩，检修孔四周设置栏杆。

考虑到水泥库的下沉，库底出料系统与包装厂房提升机相连接的下料溜子，应预留一定高度，具体尺寸应与土建人员共同确定。提升机地坑与水泥库基础的最小距离，以及包装厂房与水泥库之间的柱网关系等问题，也应与土建设计人员共同确定。

图 4-88 为设有回转式包装机的水泥包装车间布置图。由水泥库出来的水泥用提升机送入包装系统，袋装水泥用胶带输送机送至成品库。纸袋由纸袋加工车间用电动葫芦运至包装机旁。包装过程中漏出的或破袋的水泥，通过螺旋输送机和提升机返回包装系统中。包装系统设有袋收尘器以净化车间设备的废气。袋收尘器收集的水泥粉可返回包装系统中。

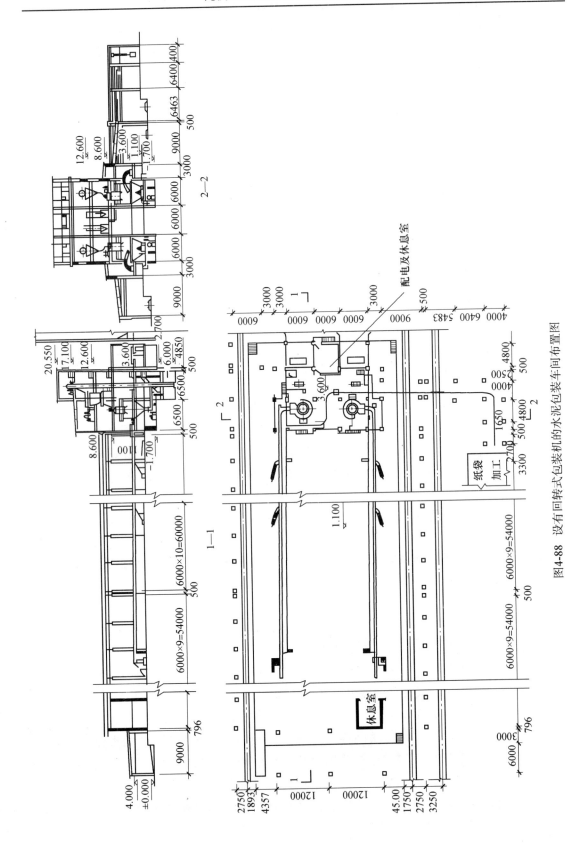

图4-88 设有回转式包装机的水泥装包装车间布置图

2. 水泥散装

水泥散装设施的布置，随散装方法不同而异。当设置专用的散装装车库并采用库底卸料直接装车时，让火车或汽车能开入库底进行装车，无疑是较为方便合理的。图4-89 为一种在散装库库底装车的工艺布置图。

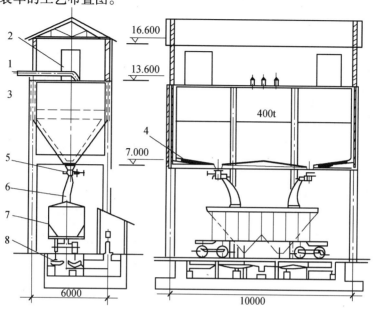

图4-89 在散装库库底装车的工艺布置图

1—输送管道；2—收尘器；3—散装库；4—多孔板；5—卸料器；6—布筒；7—车厢；8—轨道衡

当采用库侧卸料直接装车时，水泥库侧设置铁路或公路，使火车或汽车能停在库侧装车。图4-90 为一种水泥库库侧装车的工艺布置图。

二、陶瓷产品的发运

陶瓷产品的品种及规格繁杂，通常是根据产品的性状进行捆扎发运或是用纸箱等进行包装发运。

三、平板玻璃产品的切裁、包装及发运

平板玻璃切裁应符合社会常用的尺寸要求，才能达到良好的经济和社会效益。以下简单介绍切裁设备、碎玻璃输送设备及平板玻璃木箱包装向玻璃集装架、集装箱的发展。

（一）平板玻璃的切裁

平板玻璃的切裁尺寸应符合国家标准

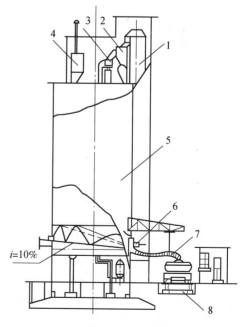

图4-90 水泥库库侧装车的工艺布置图

1—斗式提升机；2—灰渣分离器；3—空气斜槽；4—袋收尘器；
5—水泥库；6—库侧卸料器；7—软管；8—地中衡

GB 4870—85《普通平板玻璃尺寸系列》。标准规定的32种经常生产的主要规格见表4-34。

表 4-34 经常生产的玻璃主要规格

序　号	尺寸（mm）	厚度（mm）	序　号	尺寸（mm）	厚度（mm）
1	900×600	2，3	17	1300×1000	3，4，5
2	1000×600	3	18	1300×1200	4，5
3	1000×800	3，4	19	1350×900	5，6
4	1000×900	2，3，4	20	1400×1000	3，5
5	1100×600	2，3	21	1500×750	3，5
6	1100×900	3	22	1500×900	3，5
7	1100×1000	3	23	1500×1000	3，4，5，6
8	1150×950	3	24	1500×1200	5，6
9	1200×500	3	25	1800×900	4，5，6
10	1200×600	2，3，5	26	1800×1000	4，5，6
11	1200×700	2，3	27	1800×1200	5，6
12	1200×800	3，4	28	1800×1350	5，6
13	1200×900	2，3，4，5	29	2000×1200	5，6
14	1200×1000	3，4，5，6	30	2000×1300	5，6
15	1250×1000	3，4，5	31	2000×1500	5，6
16	1300×900	3，4，5	32	2400×1200	5，6

　　浮法、压延法、平拉法生产的平板玻璃的切裁在输送辊道上的自动切裁线上已基本完成。而垂直生产类型的有槽法、无槽法、对辊法必须设置切裁工段，将原板玻璃切裁成成品玻璃的尺寸。

　　根据工业性试验研究，玻璃原板板面温度大于70℃时，切裁有破裂现象。当板面平均温度为60～70℃时，原片切裁无破裂现象；当板面平均温度为40～50℃时，好切。故将机械切裁时，切裁温度定为50～60℃，人工切裁时切裁温度定为45℃左右。

　　当玻璃原片由采板场输送到切桌，自然冷却后板面温度达不到要求的切裁温度时，则须采取机械吹风冷却原片。

　　吹风冷却的送风方式：双面冷却比单面冷却效率高，下送风比上送风好，竖向装置与横向装置送风冷却速率无显著差别，只是竖的比横的均匀一些。

　　（二）平板玻璃的包装及发运

　　平板玻璃的包装以前多是用木箱，这种包装方式，不仅需要在玻璃工厂设置原木加工、制板、造箱等设施，增加基建投资及生产工序，而且耗用大量木材。在玻璃运输、储存过程中，如果包装不良，将会导致平板玻璃大量破损。近些年，发展了平板玻璃的集装化运输。

　　目前，国内平板玻璃的集装机具已发展了十几种型式，这里简单介绍四种型式的集装箱、架的使用情况及其特点。

1. 箱架结合型式

（1）1t箱架结合型式：所使用的集装机具是玻璃厂自制的 BT_1 - A 型玻璃集装架与铁路 TJ_1 型 1t 通用集装箱配套使用。这种集装方式是把装载玻璃的 BT_1 - A 型集装架装入铁路 TJ_1 型 1t 通用集装箱内，集装架作为装载玻璃用，集装箱作为包装用，在运输中起保护作用。这种集装型式主要装运厚 2～3mm 的薄玻璃，其规格不大于 1150mm×800mm。

（2）2t、4tA 型集装架：机具型号为 BT_2 - A 型、BT_5 - A 型集装架，主要用于装运 5mm 厚板大规格玻璃，可与 5D 型通用集装箱配套使用。

2. L 形集装架

L 形集装架外形如图 4-91 所示，有关尺寸见表 4-35。L 形集装架，其装载量常用的为 1t 及 3t。1t 集装架主要装运 2～3mm 薄板小规格玻璃，3t 集装架主要装运厚度 3mm 以上的厚板大规格玻璃。

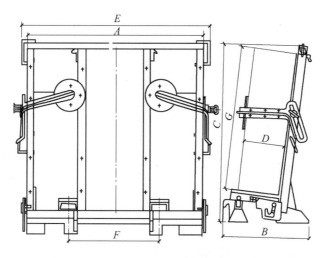

图 4-91　L 形集装架

表 4-35　L 形集装架有关尺寸　　　　　　　　　mm

型　号	A	B	C	D	E	F	G
L1-1	1240	676	1225	400	1356	600	1000
L1-2	1840	836	1485	380	1960	943	1200
L1-3	1840	836	1485	460	1960	943	1200
L2-3	2040	836	1485	460	2160	943	1200
L3-3	2040	836	1485	460	2360	943	1200

3. 1t 固定密闭式集装箱

此箱为六面用薄铁板密封的长方形箱体，上盖和箱体铰接可开启，前门板为整块，可拆卸，以便玻璃装箱和出箱。每一种型号只供一种玻璃规格尺寸使用，主要装运薄板、小规格尺寸玻璃。

4. 半密闭式集装箱

该箱由薄铁板、角钢、扁钢制成，顶盖可翻转向后打开，左右两侧面为铁板，箱底及前后两侧都是敞开的。该箱六个面中有三个面（顶、左右两侧面）封闭，其余敞开，故称为半密闭式。该集装箱主要装载厚度为 2mm，3mm 的薄板、小规格玻璃。

下面介绍国家系列的平板玻璃集装箱、架的各项具体参数和装载性能。

（1）BJX-M 系列平板玻璃集装箱的主要参数和装载性能

①主要参数（表4-36）

表 4-36　BJX-M 系列平板玻璃集装箱的主要参数

型　号	外形尺寸（mm）			内部尺寸（mm）			总质量（kg）	自身质量（kg）	装载玻璃尺寸（mm）			
									长		宽	
	长	宽	高	长	宽	高			最大	最小	最大	最小
$BJX_1 - M_1$	1390	630	1200	1315	560	1035	1000	158	1200	900	1000	600
$BJX_2 - M_1$	1740	810	1200	1630	730	1060	2000	225	1500	1250	1000	750

②适应装载的玻璃规格

主要适用于装载国家标准 GB 4870—85《普通平板玻璃尺寸系列》中厚度 3mm 及 3mm 以下的薄板小规格尺寸玻璃，也适用于相同尺寸的厚板玻璃。$BJX_1 - M_1$ 型箱主要装载表4-34 中从序号 1～14（除序号9）以外的 13 种规格的玻璃；$BJX_2 - M_1$ 型箱主要装载表4-34 中序号从 15～23（除序号18，19）以外的 7 种规格，有较高的适应率。

③车辆装载性能

由于 BJX-M 系列箱的外形尺寸比较合理，各种运输车辆装载均能达到标定吨位。

④仓库、堆场的储存性能

BJX-M 系列箱的结构型式为设有通风孔的全密闭箱，既能防雨，又能通风。储存时，可以在仓库内存放，也可以在露天堆场存放，不需盖雨布，管理方便，费用低。重箱可堆码三层，节省库房和堆场面积，提高仓库和堆场利用率。

⑤使用寿命

根据强度和刚度测试情况，在正常的使用和维护条件下，使用寿命在十年以上。

（2）BJJ-L 系列平板玻璃集装架的主要参数和装载性能

①主要参数（表4-37）

表 4-37　BJJ-L 系列平板玻璃集装架的主要参数

型　号	内部尺寸（mm）			端挡板内净空长 l_1	装载玻璃尺寸（mm）				总质量（kg）	自身质量（kg）
					长		宽			
	长 l	宽 b	高 h		最大	最小	最大	最小		
$BJJ_2 - L_1$	1880	630	1520	1830	1800	1600	1200	900	2000	135
$BJJ_1 - L_2$	2080	820	1600	2030	2000	1800	1300	1000	3000	175
$BJJ_3 - L_2$	2080	820	1800	2030	2000	1800	1500	1200	3000	185

BJJ-L 系列平板玻璃集装架外形如图 4-92 所示。

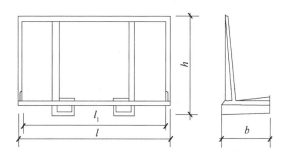

图 4-92　BJJ-L 系列平板玻璃集装架外形图

②适应装载玻璃的规格

BJJ-L 系列集装架主要适用于装载厚度在 4mm 及 4mm 以上厚板大规格尺寸玻璃。BJJ$_2$-L$_1$ 型架主要装载表 4-34 中序号 25～27 的 3 种；BJJ$_1$-L$_2$ 型架主要装载表 4-34 中序号 28，29 的 2 种；BJJ$_3$-L$_2$ 型架主要装载表4-34中序号30，31 的 2 种，满足了大部分厚板规格尺寸玻璃开展集装运输的需要。

③车辆装载性能

铁路车辆（敞车）选用车辆型号 C$_{50}$，C$_1$，C$_6$ 型的车辆，玻璃的净装载率比较高。汽车装载率均能达到标定吨位。

④仓库、堆场储存性能

BJJ-L 系列架仓库堆场储存时不能堆码，露天堆场存放需要盖棚布，与 BJX-M 系列箱比较，仓库堆场利用率低。

⑤使用寿命

使用寿命应在十年以上。

我国开展平板玻璃的集装化运输以来，已显示了明显的社会效益和经济效益，集装化运输已成为平板玻璃包装运输的方向。

第五章 工艺设计所需的其他专业知识

在工厂设计中，工艺设计是主导，但是还要配以土建、电气和水暖通风等设计，才能总体完成。工艺设计人员在进行全厂或车间工艺布置时，对工厂和车间的土建和水电暖通等专业设计都应合理地考虑和安排，设计过程中不断与各专业人员研究方案、交换意见和提供资料，设计完成后向各专业提供所需的设计条件和要求，作为其他专业开展工作的依据，才能较顺利地完成全厂设计任务，因此工艺设计人员还必须具备其他专业设计的基本知识，本章主要介绍有关这些方面的内容。

第一节 设计过程中的提资

在设计过程中，工艺专业需向其他专业提供资料，其他专业才可以开始进行设计，提资是设计的重要环节。一般提资内容分为图样与文字表格两部分。

一、总图

总图与工艺设计密切相关，配合不好往往顾此失彼，因此在设计过程中要共同研究，不断调整，优选最佳方案，以满足双方的要求。工艺向总图所提资料有：

1. 工厂的生产规模、产品方案、技术路线、生产方法、工艺流程、工厂长远规划和设想；

2. 主要原料、材料、燃料来源、用量、特性和贮存、运输要求；

3. 成品的特性、数量、包装形式、堆放方法、贮存天数、运输方式和运输路线；

4. 废水、废气和废渣的组成、特性、数量、处理方法和排放方式；

5. 水、电、汽、气等公用工程的规格、用量和负荷中心；

6. 工厂组成及相互关系，各车间建筑形式、建筑面积、布置方式、内部情况和特殊要求；

7. 原料、材料、燃料、成品、半成品和废料等进出车间的大致方位、数量和频率；

8. 工艺和工程管线进出车间的位置、标高、管径和管材，输送介质的名称、特性、温度、压力和流量等参数；

9. 全厂和各车间的职工定员及人流、货流情况。

二、土建

包括建筑和结构。

1. 车间平面和剖面布置图；

2. 生产车间的类别和要求，如厂房结构、层数、层高、跨度、柱网、隔墙、屋顶、门、窗、地坪、标高和通风采光等；

3. 工艺设备表、设备空重、工作时总重、电机转速和功率、生产振动情况、地脚尺寸、基础深度和特殊要求（耐蚀、减震等）；

4. 烟道、地坑、泥浆池和管沟等地下工程的位置、尺寸、走向、深度和其中介质特性；

5. 平台的位置、标高、结构型式、尺寸、荷重、设备操作情况和通行梯安放位置；

6. 料仓外形、尺寸、材料和总重；

7. 墙面，楼面和屋面穿孔，留洞要求，所有预埋件的名称、位置和受力情况；

8. 车间内、外运输产品名称、运输量和运输方式，如采用垂直运输时要提出电梯或吊装口的合适位置；

9. 吊车吨位、规格、型号、标高和操纵室位置；吊挂管道、设备和吊轨等的工作重力及安装检修时的活动载荷；

10. 劳动定员、男女比例、生产班制，最大班人数和需要淋浴的人数；

11. 办公室、生产辅助室和生活室的位置、层数、间数、面积和特殊要求；

12. 环境保护和劳动安全，如防火、防爆、防震、防尘、采暖、通风和防暑降温等；

13. 扩建方面的情况。

三、电气

包括输配电、动力、照明、弱电和仪表自控等。

1. 车间平面和剖面布置图；

2. 工艺设备和动力负荷汇总表、设备位置、装机容量、开关或控制柜位置、运行特点（连续或间断）和工作环境（粉尘、腐蚀、潮湿或高温等）；

3. 电源电压、频率和允许波动的范围；

4. 车间内一般照明、局部照明、事故照明和低压照明的位置、数量、照度和其他要求；

5. 车间内、外变电所或配电房的位置；

6. 车间、工段或设备的用电负荷等级要求；

7. 电话、广播、信号等方面的要求；

8. 需要电气联锁或程序控制的设备和要求；

9. 自控项目、自控水平、控制点位置、控制点数目、控制范围、控制指标（温度、压力和流量、控制方式（就地或集中）、自控调节系统的类别（指示、记录、调节、累积或报警）以及对控制、测量仪表的特殊要求；

10. 受控设备、管道和介质名称、特性及数量等；

11. 安全防护要求，如避雷、接地、防火和防爆等。

四、动力

包括蒸汽、煤气、压缩空气、氢气、氧气和乙炔气等。

1. 车间平面和剖面布置图，使用设备或贮罐的数量、位置、使用情况、进出管道的根数、管径和具体交接位置；

2. 基本参数和质量要求，例如要冷煤气还是热煤气，焦油分离要求、煤气的组成、压力和热值等；压缩空气的压力、温度、露点和油分；蒸汽的压力或温度；氢气、氧气和乙炔气的压力、纯度和发热量等；

3. 设备的最大用量（设备使用时的最大需要量）、平均用量（设备的消耗定额）、同期使用系数（数台设备共同使用时，不一定都开足，故要打一折扣），计算消耗量（设备台数×每台设备的最大用量×同期使用系数，作为动力设计的依据），以及年消耗量（设备台数×设备小时平均用量×设备利用系数×年时基数，供经济分析和动力设计用）。

五、给水排水

1. 车间平面和剖面布置图，给水和排水部位，标出水龙头和生活用水位置；

2. 生产对水质的要求，设备 5min 最大用水量、小时最大用水量、小时平均用水量和同期使用系数、使用情况：连续使用还是间断使用，可否循环使用；

3. 小时最大排水量、小时平均排水量和同期排放系数；

4. 污水的组成和特性，有害物质名称、含量和处理要求；

5. 进出车间上、下水总管的位置、管材和管径。车间内需设置的水池、地漏和排污口等的位置、数量和大小；

6. 车间内消防要求。

六、采暖通风

包括采暖、通风、降温和除尘。

1. 车间平面、剖面布置图，需要采暖、通风、降温和除尘的部位；

2. 车间劳动定员；

3. 工艺设备，特别是窑炉、干燥器等热工设备在生产时的散热量；

4. 局部送风和排风的位置和要求，包括风压、风温和风量；

5. 车间对采暖或降温的要求；

6. 车间散发有害气体或粉尘的情况（特性、组成、浓度、数量和散发点的位置）。对通风除尘的要求和意见。

七、概、预算

1. 工艺设备（包括通用、专用和非标准设备）的名称、规格、数量和单价；

2. 工艺管道、阀门等名称、规格、数量、材质、保温层和单价；

3. 试验仪器、设备的名称、规格、数量和单价；

4. 原料、材料和燃料的名称、数量和单价；

5. 水、电、汽、气等的用量和单价；

6. 产品品种、规格、数量和单价；

7. 生产工人人数和职工总数；

8. 其他有关概、预算的资料。

第二节　土　　建

一、工业建筑类型、构造和结构

（一）类型

工业建筑可以从不同角度进行分类。按其用途分为生产建筑、辅助建筑、行政管理建筑和生活福利建筑等。此外还有许多构筑物，如栈桥、储库、皮带廊、水塔和堆场等。按照建筑形式可分为单层的和多层建筑。按其组成可分为独立厂房和联合厂房。按平面形式有矩形、L形、门形和山形的，如图 5-1 所示。从剖面看，按照建筑物的结构组合方式可分为单跨的和多跨的。按跨度大小可以分为小跨的（跨度在 15m 以下）和大跨的（跨度在 30m 以上）。按屋面形式可分为单坡和双坡的，如图 5-2 所示。按照建筑物内的生产状况，可分为热车间和冷车间。按照使用年限可分为临时性建筑（使用年限在 10 年以下）和永久性建筑（使用年限在 20 年以上）。按照建筑物的材料和结构形式，又可分为砖木结构、钢筋混凝土结构、砖混结构和钢结构等。

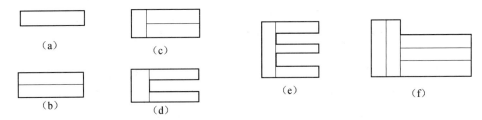

图 5-1　工厂厂房平面形式

（a）单跨矩形；（b）双跨矩形；（c）有纵横跨矩形；

（d）门形；（e）山形；（f）多跨 L 形

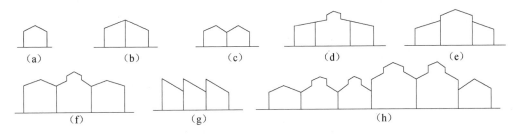

图 5-2　工厂单层厂房剖面形式

（a）单跨双坡；（b）双跨双坡；（c）多跨多坡；（d）三跨双坡；（e）三跨双坡不等高；

（f）三跨多坡；（g）三跨锯齿形屋顶；（h）多跨多坡不等高

（二）基本构造

图 5-3 是一幢常见的单层双跨装配式钢筋混凝土结构的厂房构造示意图。

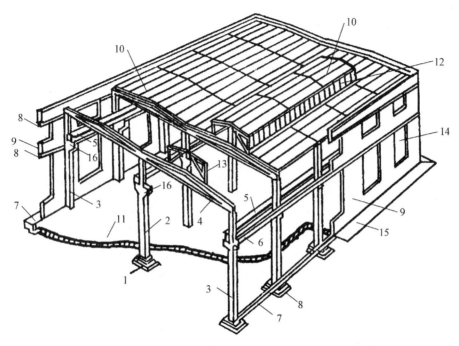

图 5-3　单层厂房构造示意图

1—基础；2—中列柱；3—边列柱；4—屋面大梁；5—吊车梁；
6—联系梁；7—基础梁；8—圈梁；9—外墙；10—屋面；
11—地坪；12—天窗；13—天窗架；14—窗；15—散水；16—牛腿

由图 5-3 可见，基础、柱子、横梁和屋架等构成了厂房骨架，在骨架外面覆盖以外墙和屋面，组成了整个厂房的空间形体。前者称为承重结构，主要承担荷载；后者称为围护结构，主要用来分隔室内外空间，保护室内不受外界风雨和日晒等的侵袭。基础承受全部建筑物的重力，并将其传给地基。柱子和屋架牢固地联成横向构架。一排排构架与联系梁、圈梁、吊车梁和支撑等纵向构件组成了厂房的骨架。柱子承受由屋架、吊车梁、联系梁等传来的全部荷载，并将其传给基础。吊车梁设在柱子侧面挑出的牛腿上。外墙通过梁和基础梁等支承在柱子和基础上。屋面是由搭在屋架上的屋面板组成的，上面铺有保温隔热层和防水层等。为了排水，屋面应具有一定的坡度。地面上铺设地坪。在墙和屋面上还设置了门、窗和天窗。

图 5-4 是一幢三层房屋构造示意图。一般行政办公、生活福利和没有重大设备、没有特殊要求的生产用房多采用这种建筑形式。从图 5-4 中可以看出，组成房屋的主要构件是基础、外墙、内墙、屋顶、地坪、楼面、楼梯、门和窗等。比上述厂房增加了一些构件，而部分构件的作用也有了一些变化。

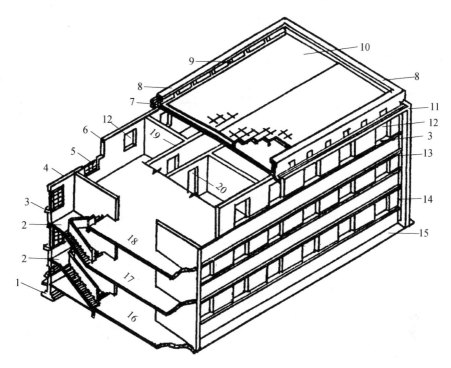

图 5-4　三层房屋构造示意图

1—基础；2—平台；3—窗台；4—外墙；5—窗；6—窗过梁；7—天沟；

8—女儿墙；9—雨水口；10—屋面；11—山墙；12—窗洞；13—遮阳板；

14—雨水管；15—散水；16—一层楼面；17—二层楼面；

18—三层楼面；19—内墙；20—内门

（三）厂房结构

常见的厂房结构有如下：

1. 钢筋混凝土结构

由钢筋混凝土柱、钢筋混凝土屋架和钢筋混凝土吊车梁等组成，如图 5-5 所示。这种结构虽然自重和体积较大，但是坚固、耐久、抗震性好、刚性大并且耐火，在我国工业厂房中获得了最广泛的应用。

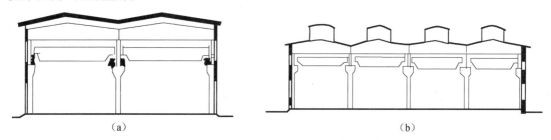

图 5-5　钢筋混凝土结构厂房

（a）双跨钢筋混凝土结构厂房；（b）多跨钢筋混凝土结构厂房

以上这些结构的主要受力部分是柱、屋架和屋面板等形成的结构体系，应用范围较广。另有钢筋混凝土薄壳结构，如图 5-6 所示。它的结构性能较好，可节省大量钢筋和水泥，在大跨度厂房中得到应用，但施工相当繁杂，要耗费较大量模板等。

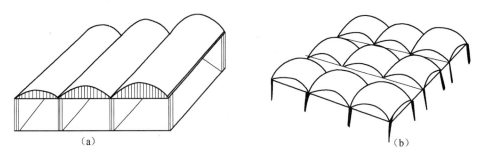

（a）　　　　　　　　　　　　　　　　　　　（b）

图5-6　钢筋混凝土薄壳结构厂房

（a）长筒薄壳结构厂房；（b）双曲扁壳结构厂房

以上介绍的是单层厂房的结构类型。多层厂房在工厂中使用也很多（如水泥厂），一般较多采用钢筋混凝土框架结构。根据当地的施工条件，有采用屋架、板、柱全部预制装配或现浇的，也有采用预制楼板而现浇框架梁柱的。

2. 钢结构

当厂房跨度和吊车起重量大，或者由于特殊要求，不能采用钢筋混凝土结构时，就采用钢结构，如图5-7所示。它由钢柱、钢屋架和钢吊车梁等组成厂房的骨架，为了节省钢材，也常用钢筋混凝土柱代替钢柱，只把屋架吊车梁等承重构件做成钢的，形成了钢和钢筋混凝土的混合结构。

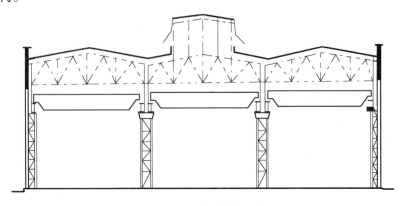

图5-7　三跨钢结构厂房

二、柱和梁

（一）柱

工业厂房的柱是承重结构的主要组成部分。我国编制了适合单层工业厂房的一系列定型结构，以便采用工业化方法施工。它的柱距规定采用扩大模数6000mm的倍数，屋盖跨度采用9m，12m，15m，18m，21m，24m，30m等。而柱距则常采用6m和12m。

边柱处于厂房的最外侧，内柱处于厂房的内部。柱子纵向和横向定位轴线在平面上排列所构成规则的网格称为柱网。在多跨的厂房内往往有几排或十几排柱子组成柱网。在建筑物中，相邻两条纵向定位轴线间的距离尺寸称为跨度，为房屋横向基本尺寸单元；相邻两条横向定位轴线间的距离尺寸称为柱距，为房屋纵向基本尺寸单元。在厂房平面设计中，柱网的选择就是确定跨度和柱距的尺寸。

在无吊车的厂房，柱子要用来支承来自屋顶、楼板、墙、梁、风和地震等传来的荷载。在有吊车的厂房，还要承受来自吊车的动荷载。这时柱子上需设置"牛腿"来支托铺设吊车轨道的吊车梁。

由于吊车的设置情况不同，柱子的"牛腿"也各不相同。当内柱在单面跨间内有吊车时，柱子只在有吊车的一跨内设置"牛腿"。两跨均设有吊车时，柱子两侧均设"牛腿"。视吊车的标高及吨位大小，有对称柱与不对称柱之分。如果两跨厂房的高度不等时，则低跨的屋架也可支托在"牛腿"上。砖柱通常不设"牛腿"，而利用变截面的方式支持吊车梁或屋架。

在工艺布置图上，柱网是设备标注定位尺寸的基准，即确定柱网与设备布置之间的关系。工艺设备的布置直接影响到厂房的柱网和外形，柱网尺寸确定得是否恰当，直接影响厂房结构的经济合理性和先进性，对生产和使用也有密切关系。

柱子根据材料的不同，有砖柱、钢筋混凝土柱和钢柱之分。

1. 砖柱

砖柱在工厂厂房中应用较少，多用于辅助车间及仓库。常用的砖柱断面形式有矩形，也有 T 形和十字形的。为了提高承载能力，有时可在砖柱上每隔一定高度，设置网状配筋或钢筋混凝土与砖的组合柱。砖的标号一般要求在 75 号以上。

2. 钢筋混凝土柱

钢筋混凝土柱在大型厂房中应用最广，有矩形、工字形和双肢形三种形式，如图 5-8 所示。最常见的是矩形的。有吊车的柱子，在吊车梁以上的部分受力较小，因此断面可比下面的小。矩形柱的外形简单，制作方便，便于现场预制和装配，一般用于高度不大，吊车起重量小的厂房。

工字形柱较矩形柱自重轻，符合受力情况，省混凝土，但它的断面较复杂，当采用现场预制时，施工较复杂，模板也较贵。双肢形柱在厂房的高度很大，并设有大吨位吊车时才采用。柱断面是由本身刚度决定的。如果仍采用实腹柱时，耗用混凝土较多，自重也大。采用双肢柱较工字柱能节省更多的混凝土。

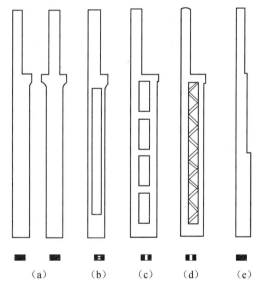

图 5-8　钢筋混凝土柱的形式

（a）矩形柱；（b）工字形柱；（c）平腹杆双肢形柱；
（d）斜腹杆双肢形柱；（e）多层建筑阶梯形柱

3. 钢柱

钢柱多用于厂房高大、吊车起重量大和高温车间中。如果能够用钢筋混凝土柱代替钢柱时，节省钢材，应尽量代用。根据厂房的规模和荷重的情况，钢柱有实腹式、空腹式和分离式三种形式。它们在工厂中较少采用。

（二）梁

梁的种类很多，有吊车梁、圈梁、联系梁、过梁、托架梁、基础梁及楼板梁等。它们除担负本身的工作外，还起着骨架作用。

1. 吊车梁

上面敷设吊车轨道的梁称为吊车梁。它是厂房承重结构的重要部分。根据材料的不同，一般分为钢筋混凝土吊车梁、预应力钢筋混凝土吊车梁和钢吊车梁。

（1）钢筋混凝土和预应力钢筋混凝土吊车梁

从金属消耗、耐火性能和自重方面进行比较，它们均优于金属吊车梁，并可增大厂房的纵向刚度。其缺点是吊车轨道的装置较为复杂，并且对冲击力敏感。钢筋混凝土吊车梁为 T 形截面，适用于柱距 6m，吊车起重量在 30t 以下的厂房。预应力钢筋混凝土吊车梁适用于柱距 6~12m，起重量达 200t 的厂房。

（2）钢吊车梁

在钢柱上敷设吊车梁时，钢筋混凝土柱的高度超过 9m，且桥式吊车工作量为中、轻级，起重量大于 15t；或工作量为重级，起重量大于 5t 时，可采用钢吊车梁。钢吊车梁有桁架式、实腹式、型钢和撑杆式等几种。桁架式吊车梁可以适应不同的起重量和较大的柱距。实腹式吊车梁应用较广，跨度 6m 和 12m 时，中级工作制的起重量 5~250t。型钢吊车梁的制作简单，运输安装方便，一般用于跨度不大于 6m，吊车起重量不大于 5t。撑杆式吊车梁制作简单，用钢量省，但应加强梁的侧向刚度，适用于起重量不大于 3t、跨度不大于 6m 的中级工作制手动或电动单梁吊车。

2. 圈梁

沿建筑物四周外墙中设置钢筋混凝土或钢筋砖圈梁，可以加强砖石结构的整体刚度，防止由于地基的不均匀沉陷或较大振动荷载对房屋的不利影响。单层工业厂房当墙厚小于或等于 24cm、檐口标高 5~8m 时，最少设置一道圈梁，标高大于 8m 时宜再增设一道，一般间距不大于 4m。

3. 联系梁

联系梁是承受墙重和柱间联系的构件，一般支承在牛腿上。联系梁的断面因墙厚而异，矩形的适用于一砖墙，L 形的适用于大于一砖半的墙。

4. 过梁

复盖门、窗孔并承载门、窗孔上部砌体与楼板荷载的构件称为过梁。有砖过梁、木过梁和钢筋混凝土过梁。工业建筑中多采用预制的钢筋混凝土过梁。

5. 托架梁

当柱距加大时，柱网与屋架间距尺寸不能互相配合，可在柱上沿厂房的纵向设置托架梁，以支托两柱中间的屋架。托架梁一般采用钢筋混凝土的。

6. 基础梁

为了减少施工中的挖土工程和承受自重的墙体基础工程，可以把墙直接砌在基础梁上，而基础梁则搁在两端的柱基础上。不论是钢筋混凝土结构还是钢结构，基础梁都不得低于室外地面，也不能高于室内地面，一般室内地面应比室外地面至少高出 150~200mm，以防雨水侵入。基础梁要低于室内地坪面 50~100mm，以便安装门框。

7. 楼层梁

在多层厂房中，为了适应有些楼层承受较大荷载和具有较多的预留孔洞等条件，大都采用整体刚性好的现浇钢筋混凝土梁板结构。

钢筋混凝土梁板楼层是由板、次梁和主梁所组成，如图5-9所示。板的四周支承于次梁、主梁上，板面和主、次梁上表面为整体的楼面。主梁一般依柱距较大的方向排列，直接支承于柱上，次梁垂直于主梁，一般依柱距较小的方向排列并支承于主梁上。梁和柱搭接时，梁中心线和柱中心线重合。

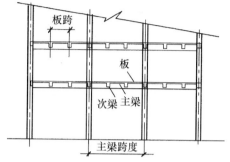

图5-9　楼层组成示意图

主、次梁的跨度决定于柱网。最常用的主梁跨度为 5～8m，水泥厂设计常用到 9m，构造高度为跨度的 1/12～1/8，梁宽为梁高的 1/3～1/2；次梁的跨度一般常用 4～7m，构造高度为跨度的 1/16～1/12，宽度为梁高的 1/3～1/2。次梁间距一般采用 1.5～2.7m，亦是板的跨度。

（三）墙

工业厂房中的外墙一般作为围护结构，用来避风挡雨、防寒隔热和区分车间内外环境，有时也作承重之用。根据热工性能，外墙可分为保温和非保温的。根据受力情况，可分为承重和非承重的。承重墙不但承担自重，还承担置于其上的各种荷载，如屋架、屋面和吊车等传来的荷载。非承重墙只承担自身所受的重力。非承重墙一般有封闭式和填充式两种形式。封闭式墙位于柱的外围，与柱保持一定的联系。材料可以是普通砖，也可以是用其他材料制成的墙板。有现场砌筑的，也有预制装配的。现场砌筑的多由基础梁或基础承托，预制的墙板有的悬挂于厂房柱上，也有的直接承托在基础梁或基础上。填充式墙是砌筑于两柱之间的墙体，其材料和承托方式与封闭式墙基本相同。

墙的结构和材料，往往取决于受力、散热和防寒等要求。在选择墙的合理类型时，应根据建筑地区的气候条件、生产特点、材料来源、建设速度和技术经济条件等加以综合考虑。一般在建筑物不很高，没有吊车，而车间跨度又不大时，可采用承重墙的结构形式。若厂房的跨度和柱距较大，屋顶传下来的集中荷重也较大，或者有较大的吊车荷重时，常采用柱子来代替承重墙，墙体只作非承重的围护结构。这样的墙体便于开设较大的窗户，以满足自然通风和采光的要求。

墙可以用砖、石、混凝土块和硅酸盐制品砌筑。目前国内比较广泛采用的是砖墙。承重墙一般采用实体砌筑，厚度应根据热工计算和墙本身所要求的刚性、稳定性而定。如果不需要很厚的墙时，就可以设置壁柱以支承屋架，担负上部的荷重并保证墙体的稳定性。

大型板材墙是用预制的大型墙板作为厂房的围护结构。墙板可用钢筋混凝土、加筋泡沫混凝土、硅酸盐和空心陶土块等材料制作，其形式有普通大芯板、空心板、出肋板、空心陶土板和平板等。复合材料墙板是用多种轻质材料做成的，它们分别满足强度、防水、防火、隔热和保温等要求。复合材料墙板可分数层。外饰面层可用石棉水泥、金属或塑料等做成；中间层可用矿渣棉板、蜂窝纸板、木丝板、玻璃棉毡、泡沫玻璃、泡沫塑料或泡沫橡胶等做成；内饰面层可用石膏板、炭化石灰板或胶合板等做成。为了隔热效果好，也可以在中间加空气层。这种墙板的特点是质轻，但制作复杂、温度变形大。在保温车间采用大型墙板时，可以用空心的，也可以用带有填充夹层的复合墙板，而不保温车间则用普通的大型墙板。大型板材墙的工业化程度较高，可以采用机械化施工，减轻手工操作，适用于保温和不保温车间，是今后的发展方向，值得大力推广，关键是提高墙板质量，降低成本。石棉水泥板是一种很薄的轻质材料，保温性能很差，只适用于不保温的车间。石棉水泥板的强度较低，不能承受碰撞，因此当采用石棉水泥板墙时，下部的勒脚要用砖石等其他材料砌筑，以保护石棉水泥板不受损坏。

边柱与外墙的相对位置有五种方案，如图 5-10 所示。方案（a）是将墙砌在柱子的外侧，墙能保护柱子，柱的受力平衡，屋檐构造简单，砌筑方便且热工性能好，所以比较常用。但由于柱子突出于车间内部，面积和使用受到影响。特别是要在墙边设置皮带运输机等设备时，更会妨碍布置。方案（b）是把柱子部分嵌入墙内，比前者略省占地面积，并且增加了柱列的刚度，但增加部分砍砖，施工较麻烦，基础梁和联系梁等构件也随之复杂化。方案（c）和（d）是将外墙设置在柱间的两种方案，这对增加厂房纵向刚度有利，并能节约砖料，立面处理较丰富，但砍砖较多，施工不便，基础梁和联系梁等构件不便标准化。又由于钢筋混凝土比砖砌体的热导率大，热工性能差，这些构件的热损失大于相同面积的墙砌体，隔热性能差，在寒冷地区的冬季，柱子内表面易出现冷凝水。因此这两种方案适用于中小型厂房，并且是南方不要求保温的车间。如果车间内部一定要求平整的表面，或为了不妨碍储存体积较大的货物时，可以采用方案（e），即将柱子突出于墙外。这时柱子受不到墙的保护，也不美观。

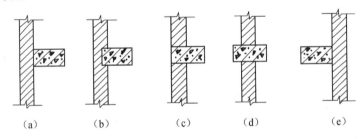

|（a）|（b）|（c）|（d）|（e）|

图 5-10　墙与柱的相对位置

（四）屋顶

1. 屋面梁和屋架

屋面梁和屋架是屋顶的承重构件之一。屋架的形式有三角形、梯形和折线形等。按所用材料的不同可分为：钢筋混凝土屋架、钢屋架、木和钢木混合屋架等。选择屋架的形式和材料，应根据柱网的位置、跨度的大小和对屋顶的要求，如房屋的坚固性、耐火性、热工性能和使用等来决定。

（1）钢筋混凝土屋面梁和屋架

这种屋架有钢筋混凝土和预应力钢筋混凝土之分，形式也很多，在实际中常用的有以下几种：

①钢筋混凝土 T 形薄腹梁

梁为 T 形断面，如图 5-11（a），（b）所示。其优点是施工方便，稳定性好；缺点是自重较大，用钢量较多。薄腹梁有单坡和双坡两种形式。单坡跨度有 6m，9m 和 12m，双坡跨度有 9m，12m 和 15m。

②预应力钢筋混凝土工字形屋面梁

梁的断面做成工字形，适用于跨度 9m，12m，15m 和 18m 的厂房。预应力梁较钢筋混凝土屋面梁的自重轻，如图 5-11（c）和（d）所示。

图 5-11　T 形和工字形屋面梁

（a）单坡式 T 字形；（b）双坡式 T 字形；（c）单坡式工字形；（d）双坡式工字形

上述两种屋面梁不仅可以与屋面板配套选用，而且还可设置 1～2t 的悬挂吊车。

③折线形屋架

如图 5-12（a）所示。这种屋架在单层工业厂房中应用比较广泛。一般钢筋混凝土折线形屋架的跨度有 12m，15m 和 18m。预应力钢筋混凝土屋面的跨度有 18m，21m，24m，27m 和 30m，并可分别与 1.5m 宽和 3m 宽的屋面板配套使用。这两种折线形屋架都配装有各种天窗架。折线形屋架与上述的屋面梁比较，虽然占有较大的屋面空间，但其自重较同样跨度的屋面梁要轻，对施工吊装有利。

④其他形式屋架

为了适应不同的需要，还有不少其他形式的屋架，例如 9～15m 跨的钢筋混凝土铰拱屋架，12～18m 跨的钢筋混凝土组合式屋架和 18～30m 跨的预应力钢筋混凝土梯形屋架。它们分别示于图 5-12（b），（c）和（d）。

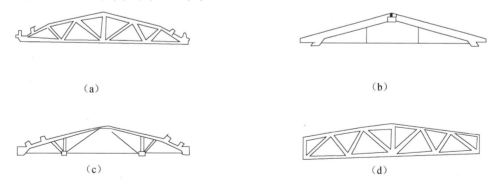

图 5-12　各种形式钢筋混凝土屋架

（a）折线形；（b）三铰拱形；（c）组合式；（d）梯形

（2）钢屋架

钢屋架的优点是自重较轻，制造和装配简单，一般用于跨度较大的厂房。钢屋架的形式较多，简介如下：

①三角形钢屋架

如图 5-13 所示。这种屋架较少应用，但在用波形石棉瓦或瓦楞铁等屋面时，要求有较大的坡度，采用三角形屋架比较经济。

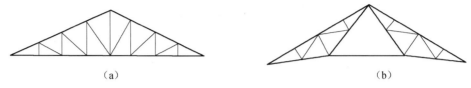

（a）　　　　　　　　　　　　　　　　　　（b）

图 5-13　三角形钢屋架

（a）下弦平直；（b）下弦折线形

②梯形钢屋架

梯形钢屋架有多种形式，其中用得较多的是坡度较小的梯形钢屋架，如图 5-14（a），（b）所示。屋架上弦坡度为 1/10，腹杆的布置采用三角形，上弦节点多为 3m 的间距。当要求屋架有较大坡度时，下弦作成折线形的，如图 5-14（c），（d）所示。

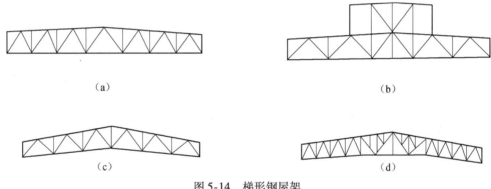

（a）　　　　　　　　　　　　　　　　　　（b）

（c）　　　　　　　　　　　　　　　　　　（d）

图 5-14　梯形钢屋架

（a），（b）梯形；（c），（d）折线式梯形

2. 屋面

屋面是厂房围护结构的主要组成部分，它从上部保护车间内部不受风雨、酷热和严寒等自然条件的直接影响。屋面结构是根据气象条件和生产特点确定的，主要有保温屋面、不保温屋面和隔热屋面等。所谓保温屋面是在屋面上敷设保温材料，如炉渣、泡沫混凝土和矿渣棉等。不保温屋面只起防风避雨的作用。在太阳辐射热强烈的地区，则需要采用隔热屋面。可在屋面敷设隔热层或设置淋水、喷水设施。也有的做成双层通风屋面来达到隔热的目的。

工业建筑的屋面构造，一般分基层、间层和面层。基层主要用来承受屋面的荷重。间层主要是保温、隔热和隔湿，它往往由不同的几层构成。面层主要起着防水和保护的作用。各层材料的选取应从耐久性、耐火性和技术经济指标等方面全面考虑。

为了使屋面雨水迅速排除，除正确选择屋顶坡度和限制屋面长度外，还必须合理选择屋面排水方式。屋面的排水方式可分为有组织排水（内部排水）和无组织排水（外部排水）两种。无组织排水是从屋面出檐处将水排到地面。它构造简单且造价较低，多用于不采暖和有特殊要求的热加工车间。在北方多雪地区的采暖车间不宜采用无组织排水，因为屋檐处容易冻结冰溜，在中小型企业的单跨厂房常采用这种方式。有组织排水是在屋顶的天沟设置漏斗，雨水通过漏斗进入竖直的落水管再流入下水道。这种方式主要用在多坡的屋顶，采暖车间的外墙，屋面较长、高度较大或寒冷地区屋檐处有冻结冰溜的危险处。有组织排水的造价较高。

（五）窗

主要有天窗和侧窗。设于屋面上的窗称为天窗，设于墙上的窗称为侧窗。

1. 天窗

（1）天窗的构造

天窗一般由天窗架、天窗屋面板、天窗扇、天窗侧板和天窗端壁等构成，如图 5-15 所示。天窗架是天窗的承重构件，可用钢筋混凝土、钢和木材等制作。一般与屋顶的承重结构采用同一种形式，并且直接设在屋架上。根据天窗的高度不同，可以沿高度方向设置 1～3 排天窗窗扇。仅供采光的窗扇可以做成死扇，但考虑到部分通风和清扫方便，也可以部分做成开扇。但在一般情况下，天窗

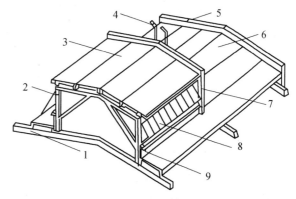

图 5-15　天窗的组成

1—屋架；2—天窗架；3—天窗屋面板；4—消防梯；5—山墙；
6—屋面板；7—天窗端壁；8—天窗扇；9—天窗侧板

窗扇的设置皆考虑采光和通风两用而做成开扇。开扇是围绕水平轴旋转的，分上悬和中悬两种。中悬的开关方便，可以开启到 80°，通风良好。上悬的开关旋转费力，一般只能开启到 30°，个别可达 70°，但上悬窗扇关闭时较严密。我国当前用得较多的是木天窗扇和钢天窗扇两种。

（2）天窗的类型和设置

按天窗的使用功能可分以下四类：

①采光天窗：专作采光用。

②通风天窗：可供排风或进气用。

③采光通风天窗：兼作采光和通风用。

常用的采光通风天窗有平顶式、三角形、锯齿形、M 形、梯形和矩形等。在这几种形式中，矩形天窗是最常用的一种。当其跨度等于厂房跨度的 0.5～0.6 倍时，厂房的照度很均匀。矩形天窗两面皆设有窗扇，可以根据风向调节开关。在玻璃容易污染、同时照度要求不高的车间，窗扇常常采用百叶扇，或者与玻璃混合设置。

④避风天窗：避风天窗是排气天窗的一种，就是在普通天窗的前边设置挡风板，或采取其他措施使天窗永远处于排气状态。迎风面的天窗很难正常排气，尤其在热车间和产生有害气体及烟尘的部分，由于风的影响不仅使通风量减少，在个别情况下还使气体逆流，影响屋内的卫生条件。为了避免因风向的改变和经常调节带来的麻烦，采用避风天窗具有较大的优点。避风天窗的类型很多，常用的有防尘避风天窗、矩形上悬避风天窗、矩形中悬避风天窗和矩形敞开式避风天窗等。

天窗形式的选择和在屋顶上的设置，主要取决于采光、通风和结构构造的要求。它是在确定厂房横剖面和厂房屋顶形式等同时选定的。天窗的断面尺寸一般根据采光和通风的计算

来确定。为了和厂房的屋顶结构配合，天窗的宽度一般是 6m，9m 和 12m 三种。当厂房很长时，为了消防人员在屋顶上横向通行方便，通常要分段设置天窗。分段多在防火带两边结合温度缝布置。

2. 侧窗

侧窗有助于通风和采光，常用木材或钢材制成。工厂的厂房中较多采用钢窗。为了降低造价，通常窗户都做成单层的，只有当处在非常寒冷的地区且室内外计算温差≥38℃时，才做成双层窗。当在外墙附近布置工作地带时，为了防止由于单层玻璃寒气的侵入，把距地坪面高为 3m 以内的玻璃窗做成双层的。

在工业建筑中，围绕垂直轴开关的窗扇称为平开窗，但开关很不方便。尤其是很高的横向整片窗户，即使采用机械开关也不方便。因此，工业建筑中在靠近人体高度范围内做成平开窗，人体高度以上的窗户都是利用水平旋转轴来开关。根据旋转轴的位置一般可分为：

（1）上悬窗：轴在窗扇上边；

（2）中悬窗：轴在窗扇的平均高度附近；

（3）下悬窗：轴在窗扇下边。

采用双层窗时，外层窗常做成上悬的，以便于排除雨水，而内层窗则做成下悬的，以便于室外空气进入室内。

3. 天然采光

室内通过窗口取得光线称之为天然采光。工业厂房应尽可能采用天然采光。采光设计是根据室内对采光的要求确定窗子大小、形式及布置，以保证室内采光的强度、均匀度及避免眩光。

（六）地坪

选择地坪时，应首先确定生产对地面可能产生的影响和生产对地面提出的要求。为了保证生产设备的正常使用和提高劳动生产率，在设计地面时应考虑下列条件：

1. 地面受机械影响的情况，如荷重大小、承重位置、磨损力和冲击力等；

2. 设备基础的分布及其性质；

3. 运输工具的类型及其影响；

4. 沟、孔、槽和排水网的位置及地面积水等；

5. 工艺的要求，如耐高温、防水、防腐蚀以及清洁、耐久、美观等；

6. 物理性质的要求，如耐火、防滑、隔声和隔热等；

7. 地基土质、耐压力、地下水位及其化学成分等。

选择地坪时，首先应满足生产所提出的要求，并应考虑结合当地的材料和施工条件，以保证使用方便、坚固耐久、经济合理。在同一车间，对地坪各个地段可能提出不同的要求，选择时应尽可能减少地坪的种类和型式。即使面层材料不同，垫层也尽量采用同种材料，以简化施工、降低造价。在多种要求的情况下，选择时应满足其中主要的要求。在大型生产设备下的地坪应做单独处理。一般设备下的地坪则无须单独处理。

地坪按其构造可分为基层、垫层、面层、间层和隔绝层。

（1）基层

基层是承载地坪全部静、动荷载的基底，要求有足够的承载能力和压缩性。

（2）垫层

垫层是地坪的承重基础，它将上部荷载分布到基层土壤中。

（3）面层

它直接承受各种作用，关系到地坪的使用质量。选择时，既要考虑生产又要对劳动者有利，既坚固实用又要经济合理，施工方便。面层按其材料可分为：泥土的、砖的、细石的、混凝土的、沥青的、木的以及金属的，等等；按其结构分为：有整体的和装配的，后者又分为板状的和块状的，地坪的名称就是根据面层的材料及其构造方法而决定的。

（4）间层

间层的作用是把面层与垫层连接起来，同时也是为了找平垫层，可以采用砂、砂浆和沥青等。间层的选择和垫层一样都要根据地面上的作用性质和面层类型来定。

（5）隔绝层

用来保护地坪结构不受水与化学液体的侵蚀。在地下水位较高并有可能渗入室内的情况下，在基底上设一层富黏土或沥青加工过的碎石。为防止地面上水分或化学溶液浸入基底，当水量不多时，可在地坪表面涂抹一层水泥砂浆或热沥青。当水量较多时，则在垫层上铺一至三层油毛毡。在要求严格的防水或隔绝大量化学溶液侵蚀的地板中，可采用沥青麻布、石棉油毡以及两面涂有沥青的金属薄片等。

（七）地基与基础

建筑物的墙、柱及设备的地下部分称为基础，它承受建筑物、构筑物或设备上的全部荷载。基础下承担荷载的地层（岩层或土层）称为地基。

地基的容许承载能力简称为地耐力，是土建设计必须的重要数据之一。通常要求场地的地耐力在200kPa以上，一般不应低于150kPa。当地耐力不足，地层软弱，没有足够的坚固性和稳定性时，需经人工加固或特殊处理后方可作为建筑物地基。在进行厂址选择和总图布置时，应尽量考虑采用天然地基，以加速施工进度和降低工程造价。对于不良地基或特殊地基条件，工艺设计人员事先应引起注意，在进行车间工艺布置时及时与土建设计人员商谈，避免设计中的返工或土建布置困难。

基础设计时应考虑的问题有：

1. 基础的要求

（1）强度和耐久性

建筑物和构筑物的坚固性与耐久性，在很大程度上是依靠基础的可靠性而定的。同时，基础的修复是一件困难而又费钱的工作。因此，基础断面尺寸应该与作用在它上面的荷载以及地基的支承能力相适应，并要求建筑物各部分的沉陷度差额不超过其结构所能容许的限值。

（2）外形尺寸

基础的外形和尺寸适宜，能够使荷载更均匀地分布到基础上去。所以，对于承受轴心荷载的基础，应设计成对称形式；而对于承受偏心荷载的基础，应设计成不对称的形式。

（3）基础材料

用以建造基础的材料，应该具有很好地抵抗潮湿和地下水的性能，尤其是在地下水具有侵蚀性的情况下，更应注意材料的选择。

2. 基础的埋置深度

外墙和外柱的基础在天然地基上的埋置深度，必须考虑下述几个因素：

（1）建筑场地的水文地质情况

例如能够作为天然地基的土层深度、地下水位的高低和有无侵蚀性等。

（2）土壤的冻结深度

大块碎石类、砾石或粗砂类土壤的计算冻结深度，是在地面以下当冬季温度降到0℃时的深度。该深度可根据对扫除积雪后的地面进行多年观测所得的最大值的平均值来确定。对于砂类土壤和黏土类土壤，其计算冻结深度可规定在冬季土壤温度为−10℃的土层深度。因为这时土壤的膨胀现象只在比0℃更低的情况下才会发生。

（3）作用于基础上的荷载大小和性质

静荷载、动荷载以及冲击荷载等以不同的形式作用于基础，这些力的大小也各有不同，因此对基础的影响也各不相同。在决定天然地基上的外墙和外柱的基础埋置深度时，必须按具体情况分别对待。

（4）建筑物或构筑物的构造特征

建筑物或构筑物的构造特点，特别是它们的地下部分，对基础的埋置深度有很大影响。地下室、地下设备、工程管网、相邻房屋的基础和设备基础都在不同程度上影响到基础的埋置深度。

内墙基础的埋置深度，与土壤的冻结深度和地下水位无关，但与设备基础、地下管道、沟和槽等有关，还要视外墙的埋深与选用的天然地基土层情况而定。

3. 基础类型

（1）按外形和材料分类

按基础的构造和型式，可分为单独基础：柱式，如图5-16（a），（b）所示；条形基础，如图5-16（c），（d），（e）所示和整片式基础，如图5-16（f）所示。在软弱的地基上，还可用打桩的方法设置桩基础等。按基础的材料，又可分为灰土基础、砖石基础、混凝土基础和钢筋混凝土基础等。基础的断面形状有矩形、阶梯形和梯形等。断面形状和底边尺寸应根据厂房传给基础荷载的大小、地基的抗压强度和基础材料等条件，经计算后确定。

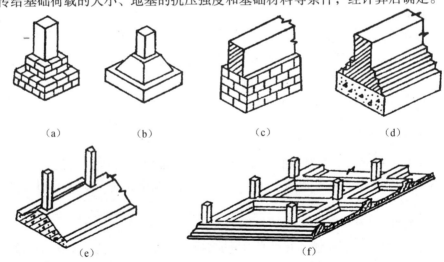

（a）	（b）	（c）	（d）

（e）	（f）

图5-16　基础的类型

（a）台阶形柱式毛石基础；（b）梯形柱式混凝土基础；（c）矩形条状毛石基础；

（d）台阶形条状灰土垫层的砖基础；（e）梯形条状钢筋混凝土基础；（f）筏形整片钢筋混凝土基础

（2）按承压对象分类

基础按承压对象不同可分为承重墙基础、柱基础和设备基础三种。

1）承重墙基础

承重墙基础可由砖、块石、灰土、毛石混凝土和钢筋混凝土等材料构成。选用的基础材料强度一般要大于上部墙体材料的强度，并要根据荷载情况和地质条件等来正确选用。除钢筋混凝土外，上述材料均可就地取材，选择性大，施工简单，造价也较低廉。但是这些材料的抗拉强度较低，稍有弯曲变形就产生裂缝，甚至使基础失去作用。因此，由这些材料做成的基础必须保证其整体刚性才能发挥作用，故称为"刚性基础"。当荷载较大，需要较大的基础支承面积，如果仍采用刚性基础，势必要加厚基础，加大埋深。这时可以采用能承受很大弯曲应力的钢筋混凝土柔性基础。

2）柱基础

砖柱的基础可以采用砖、块石、毛石混凝土、混凝土或钢筋混凝土做成。基础的支承面积按上部荷载情况和地基容许承载力来确定，可以做成刚性基础，也可采用柔性的钢筋混凝土基础。钢筋混凝土柱一般多采用钢筋混凝土基础，可以做成矩形、方形、梯形的单独基础。紧邻的柱子可做成联合基础。柱子较多时，也可做成基础梁式的条形基础或筏式的整片基础。

3）设备基础

设备基础要注意做到既保证机械设备本身的正常运转，又能使基础振动所产生的振动波能量通过土壤的传播对邻近的人员、仪器、设备和建筑物不产生有害的影响。它基本上应满足以下三点要求：

①在动、静力荷重下有足够的强度和刚度；

②振动时的振幅要有限制，以免引起机器的运转不正常或妨碍附近的建筑物。振幅的许可值随设备而定，一般在 $0.02 \sim 1 mm$ 之间，并且不允许发生共振现象；

③地基的沉陷不能大，尤其是要防止不均匀的沉陷，以免因动力作用变化而增大机器的磨损。

设备基础的埋深对地基刚度和阻尼有一定的影响，为了充分估计可能出现共振的情况，当设备基础的自振频率高于机器的工作频率时，可以少考虑基础的埋深作用，但是当设备基础的自振频率低于机器的工作频率时，则应充分考虑其埋深作用。设计设备基础时，一般是尽可能使其自振频率和机器正常工作时的扰力频率相差 25% 左右，以免设备基础在共振区内工作。由于基础自重越大、土壤越坚实，基础的振动就越小，在确定设备基础的底面积时，土壤的容许抗压强度可定为静荷载计算值的 50% ~ 80%。保护结构物不受振动的最可靠方法是加大基础体积，选用适当外形和提高土壤的抗压强度，为了减少机器的振动对邻近建筑物的影响，应将设备基础和邻近的结构物隔离，可在其四周留置空隙，填以弹性材料，如沥青或砂等。

4. 相邻基础关系

相邻两基础（或地坑）当基础埋置深度不同时，不仅要考虑留出基础（或地坑）的位置，还要考虑基础（或地坑）底面之间高差的要求，基础（或地坑）之间互相应保持一定距离，其数值应根据荷载大小及地基情况而定。图 5-17 表示相邻基础的关系，一般 $l = （1 \sim 2）\Delta H$。

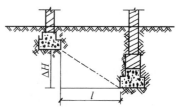

图 5-17　相邻基础的关系

（八）门和其他构件

1. 大门

在工业建筑中，大门是供电瓶车、手推车、汽车和火车等交通工具通行及搬运设备时用。在山墙和纵面墙上都可设置大门。大门的数目和位置根据厂内的生产要求和防火安全疏散距离来决定。大门的尺寸由通过它的运输工具大小和性质决定。大门的宽度应比满载货物的运输工具加宽600～1000mm，加高400～500mm，大门的宽度和高度均以300mm为模数，其规格尺寸见表5-1。

表5-1　大门的一般规格尺寸

大门尺寸（宽×高，mm）	通行的交通工具
1500×2100（2700）	行人及手推车
2100×2400（2700）	电瓶车及自动搬运车
2400×3000	小尺寸运货汽车
3300×3600*	大尺寸运货汽车
3600×3600*	中型载重汽车
3900×4200*	大型载重汽车
4200×5100	火　车

* 建筑物与大路的距离小于15m时，由于受车辆回转半径所限，大门应适当加宽。

大门按开启方式可分平开门、推拉门、折叠门和升降门等，大门下不应设有高于地面的门槛，而要由室外做成平缓的斜坡。最简单、最常用的还是平开门。平开门有内开和外开两种。内开门能防止门扇被风雨侵蚀，但占用室内面积。外开门的缺点是大门外的积雪和冰冻使大门难以启闭。推拉门开关方便，不占车间内面积，但当门扇过大，开关受室内空间限制时，可将大门扇做成许多狭长的小门扇，互相以铰链连接在一起，称之为折叠门。由于开关时门扇折叠，故占用空间小，使用方便。

2. 隔墙

在工业建筑中，隔墙用来分隔车间管理、贮放或特殊生产条件的场所。由于工业建筑的厂房高度通常很大，因此隔墙一般没有必要一直做到顶，并且要便于拆卸和安装，所以工业建筑的隔墙多做成装配式的。隔墙可用砖、木、钢或钢筋混凝土制作，高度2～3m，当必须防止有害物体扩散或隔绝噪声时，可在隔墙上边用钢筋混凝土板、钢板、木胶合板或纤维板铺砌做成顶棚。

3. 梯

（1）楼梯

楼梯是供各层联络出入之用，设在四周用墙围起来的楼梯间内。楼梯间的构造材料须符合该建筑物耐火等级的规定，通常是用混凝土浇筑。楼梯一般应靠近外墙布置，按需要也可布置在车间内部。

（2）电梯

工厂的电梯以载货为主，也可乘客、载货两用。位置一般设在楼梯附近，电梯井道是电梯运行的通道，除电梯及出入口外，还安装有导轨、平衡重及缓冲器等。电梯门套应与电梯厅的装修统一考虑，一般用水泥砂浆抹灰、水磨石或木板装修，电梯门一般为双扇推拉门，宽900～1300mm。电梯房较多设在电梯井道的顶部，也有少数设在底层井道旁边的。为了便于安装和修理，机房的楼板应按机器设备要求的部位预留孔洞。

（3）梯子

梯子是作为地面和工作台或个别房间联系之用，位于车间内部。一般采用开放式的布置方法，宽度600～800mm，坡度为45°～59°。也可做成60°～72°的斜梯，必要时采用90°的竖梯，最好有扶手或防护栏。梯子一般用金属做成，也有木制的。

（4）消防梯

根据防火要求，屋顶为燃烧材料的厂房，从地面到屋檐或女儿墙顶部高度6m或以上时，应设室外消防梯，供消防人员到达屋顶或天窗之用。

（九）工业建筑标准化与统一化

1. 工业建筑标准化的意义

为了使厂房走向定型化与标准化，首先要保证厂房的构件和建筑制品的定型化和统一化，同时也应该相应地规定出工业厂房的平面柱网布置、空间处理、构件与定位轴线关系等。

为了在设计和施工上走向统一化和定型化，必须统一遵守基本单位尺寸模数制（即建筑统一模数）。

根据我国建筑模数统一标准，以100mm为基数。作为房屋与构筑物的空间单元建筑中的基本尺寸，是采用模数制的基数的倍数或扩大模数，如200mm，1m，3m等。在工业厂房中，一般按规定的模数来划分的有：定位轴线距离、层高、门窗口的高和宽，由地板面到吊车轨顶面的距离以及由地板到屋架下弦的距离，等等。

工业建筑的标准化、定型化，可以大大加速设计过程和施工进度。建筑构件及制品可以工厂化生产，在进行厂房设计时，可以根据建筑构件和制品的产品目录进行设计，工厂的建筑实际上将变成建筑构件及制品的装配过程，这对节省人力、物力和施工机械化具有很大意义。

2. 厂房结构统一化的基本规则

为了使整个厂房定型化，在设计工业厂房时，应该遵守有关厂房平面布置和结构方案统一化的各项要求。下面是一些基本规则：

（1）平面布置及空间处理的统一化

平面布置的定位轴线是根据封闭结合原理来规定的，要求如下：

1）厂房平面形状应最简单，在可能情况下应采用长方形的，并尽可能避免纵横跨交接。

2）应符合平面柱网统一化的规定。

当厂房跨度 $L < 18m$ 时，扩大模数取 3m。当 $L > 18m$ 时，扩大模数取 6m。柱距的扩大模数取 6m，如图 5-18 所示。

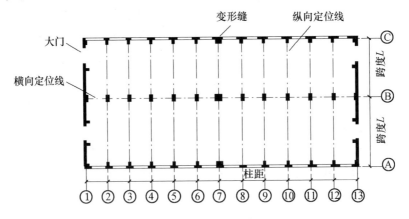

图 5-18 厂房柱网示意图

多层厂房柱网的主要类型如图 5-19 所示。

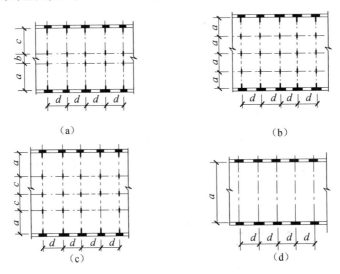

图 5-19 多层厂房柱网示意图

（a）内廊式；（b）等跨式；（c）对称不等跨式；（d）大跨度式

①内廊式：常用柱距 d 为 6.0m。房间进深 a 和 c 有 6.0m，6.6m 和 6.9m。走道宽度 b 多为 2.4 ~ 2.7m。

②等跨式：柱距 d 为 6.0m。跨度 a 有 6.0m，7.0m，7.5m，9.0m 和 12.0m 等。

③对称不等跨式：常用柱网尺寸有 （5.8 + 6.2 + 6.2 + 5.8）×6.0m，（1.4 + 30 + 6.0 + 1.4）×6.0m，（7.5 + 7.5 + 12.0 + 7.5 + 7.5）×6.0m 和（8.0 + 12.0 + 8.0）×6.0m 等。

④大跨度式：由于取消了中间柱子，为生产工艺变革提供更大的适应性。因为扩大了跨度，楼层常采用桁架结构。

3）多跨单层厂房：在同一方向跨间的高度差不大于 1m 时，应避免有高度差。如高

224

度差不大于 2m，而低跨间的面积不超过车间总面积的 40% ~ 50% 时，也不宜设置高度差。

（2）定位轴线的规定

①横向定位轴线一般与柱中心线相重合，且通过屋架中心线和屋面板横向接缝。在横向伸缩缝处一般采用双柱单轴线，缝的中心线与横向定位轴线相重合，伸缩缝两侧的柱中心线距轴线 500mm，如图 5-20 所示。当需要设置横向防震缝时，常采用双柱双轴线，其间插入距 A 为所需防震缝宽度 C，如图 5-21 所示。

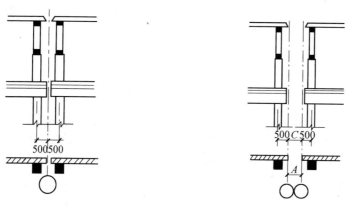

图 5-20　横向伸缩缝处的定位轴线　　　图 5-21　横向伸缩缝兼作防震缝时的定位轴线

②非承重山墙与横向定位轴线相重合，端部排架柱中心线自定位轴线向内移 500mm，这是为了让出抗风柱上柱的位置所必需的，如图 5-22 所示。承重山墙与横向定位轴线的距离 C 为半砖或半砖的倍数。屋面板直接伸入墙内，并与钢筋混凝土梁垫连接，如图 5-23 所示。

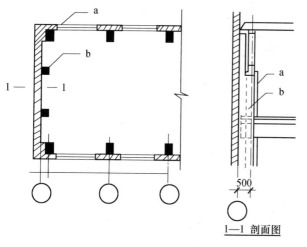

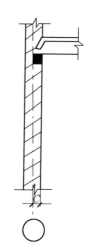

图 5-22　非承重山墙与横向定位轴线的联系　　　图 5-23　承重山墙与横向定位
　　　　　　a—端部柱；b—抗风柱　　　　　　　　　　　　　　　轴线的联系

③无吊车或只有悬挂式吊车的厂房，带承重壁柱的外墙内缘与纵向定位轴线相重合，如图 5-24（a）所示，或与纵向定位轴线的距离 C 为半砖或半砖的倍数，如图 5-24（b）

所示。

④吊车起重量等于或小于20t、柱距为6m的厂房，吊车轨道中心至纵向定位轴线间的距离e小于750mm。边柱外缘和墙内缘应与纵向定位线相重合，如图5-25（a）所示。这种情况下，采用标准屋面板可以铺满屋面，不需另设补充构件，故称为"封闭结合"。

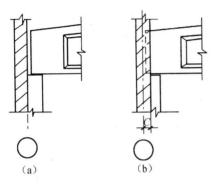 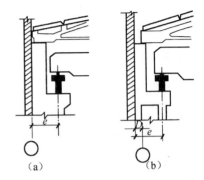

图5-24　带承重壁柱的外墙与纵向定位轴线的联系　　图5-25　有吊车的厂房外墙边柱与纵向定位轴线的联系

当吊车吨位增大或柱距加大时，e大于750mm，不能保证吊车正常运行所需的净空要求。因此边柱外缘与定位轴线间要加设联系尺寸D，如图5-25（b）所示。这时屋面板只能铺至纵向定位轴线处，在屋架端部与外墙间出现空隙，需加设补充构件，故称为"非封闭结合"。吊车为30t或50t、柱距为6m时，D值为150mm。吊车起重量大于或等于50t、柱距12m时，D值可采用250mm或500mm。

⑤等高跨单柱的中心线应与纵向定位轴线相重合，如图5-26（a）所示。在纵向伸缩缝处一般采用单柱单轴线，柱的中心线仍与纵向定位轴线重合。伸缩缝一侧的屋架或屋面梁搁置在活动支座上，如图5-26（b）所示。

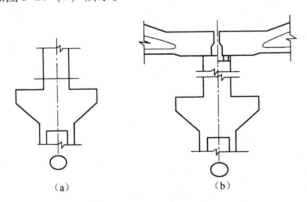

图5-26　等高跨单柱与纵向定位轴线的联系
（a）无伸缩缝处；（b）有纵向伸缩缝处

⑥当两相邻的不等高跨都采用封闭结合时，高跨上柱外缘、封墙内缘和低跨屋架或屋面梁端部应与纵向定位轴线相重合，如图5-27（a）所示。当高跨为非封闭结合时，应采用两条定位轴线，轴线间的插入距A值等于联系尺寸D，如图5-27（b）所示。

不等高跨厂房需设置纵向伸缩缝时，一般设在高低跨处，并尽可能采用单柱处理。将低跨屋架或屋面梁搁置在活动支座上。此柱同时存在两条定位轴线，两轴线间设插入距 A。当相邻跨均为封闭结合时，A 等于伸缩缝宽 C。当高跨为非封闭结合时，$A = C + D$，如图 5-28 所示。

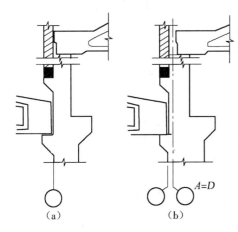

图 5-27　高低跨处单柱与纵向
定位轴线的联系

（a）一条定位轴线；（b）两条定位轴线

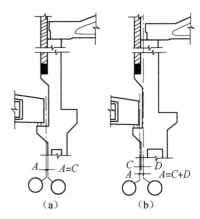

图 5-28　高低跨纵向伸缩缝处单柱与纵向
定位轴线的联系

（a）未设联系尺寸 D；（b）设联系尺寸 D

⑦当不等高跨的高差或吊车起重量差异较大时，其间的伸缩缝需采用双柱处理。当相邻两跨都为封闭结合时，$A = B + C$；当高跨采用非封闭结合时，$A = B + C + D$，其中 B 为封墙宽度，如图 5-29 所示。

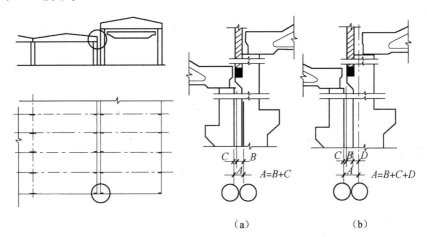

图 5-29　高低跨纵向伸缩缝处双柱与纵向定位轴线的联系

（a）未设联系尺寸 D；（b）设联系尺寸 D

⑧在有纵横跨的厂房中，纵横跨相交处要设置变形缝，使纵横跨在结构上各自独立。因此，必须采用双柱，并有各自的定位轴线。当横跨采用封闭结合时，两轴线间的插入距 $A = B + C$；当横跨采用非封闭结合时，$A = B + C + D$，如图 5-30 所示。

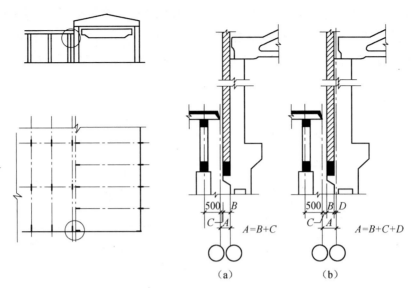

图 5-30　纵横跨处柱与纵向定位轴线的联系

（a）未设联系尺寸 D；（b）设联系尺寸 D

（3）厂房高度的规定

①无吊车的厂房（或有悬挂吊车），自地面至屋架下弦的高度应为 300mm 的倍数，如图 5-31（a）所示。

②有吊车的厂房，自地面至支承吊车梁的牛腿面的高度应为 300mm 的倍数。自地面至吊车轨顶的标志标高应为 600mm 的倍数，如图 5-31（b）所示，但与轨顶的实际构造标高允许有 ±200mm 的误差。

③吊车顶面与柱顶（或下撑式屋架下弦底面）的净空尺寸不应小于 220mm，如图 5-32 所示。

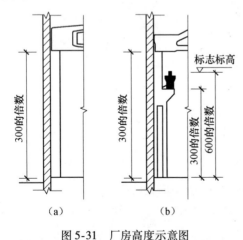

图 5-31　厂房高度示意图

（a）无吊车梁时；（b）有吊车梁时

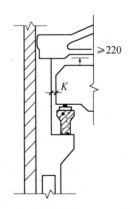

图 5-32　吊车外缘与厂房的净空尺寸

吊车端部外缘至上柱内缘间的安全距离 K，随吊车起重量的大小而变。吊车起重量大于或等于 75t 时，$K \geqslant 100mm$；吊车起重量小于或等于 50t 时，$K \geqslant 80mm$。

第三节　电　气

在进行电气工程设计以前，除了要收集建厂地区有关的气象、地理、电源、电压和相邻工厂的电气资料外，还必须了解各专业对电气工程设计的要求。因此，各有关专业应该提供工厂总平面图、车间工艺布置图、建筑物和构筑物的建筑图、车间工作制度、设备所需的动力、设备利用率等技术资料，还应对控制、联锁和车间照明、通讯等方面提出具体要求。只有结合供电要求、生产特点和建厂地区条件，因地制宜地编制先进的设计方案，才能更好地完成工厂的电气工程设计任务。

一、供、配电

（一）电源

根据用电设备对供电可靠性的要求，工厂的电力负荷可分为三级。当突然停电会造成人身伤亡、设备重大损坏且难以修复或给国民经济带来重大损失时，采用一级负荷；当突然停电会产生大量废品，大批原料、材料报废，大量减产或发生设备重大损坏事故，但采取适当措施能够避免时采用二级负荷；所有不属于一级和二级负荷的用电设备，采用三级负荷。

回转窑水泥厂的电力负荷，大部分属二级负荷，少部分属三级负荷和一级负荷。立窑厂一般为二级和三级负荷。

回转窑水泥厂属于一级负荷的设备主要有：回转窑的辅助传动装置或无辅助传动装置的回转窑主传动装置；立波尔窑加热机、篦式冷却机。磨机等设备的轴承冷却水的冷却水泵；回转窑减速机、窑废气排风机、磨机等设备的供油泵；吹送煤粉用的风机；篦式冷却机一室风机，窑废气排放闸板；预热室、预分解窑窑尾预热器用于载人的电梯；中央控制室；用油作燃料的水泥厂中的油库消防水泵；工厂没有高水位水塔时的消防水泵；上述一级负荷所属车间的事故照明装置、暂时继续工作用的事故照明装置。

水泥厂属于二级负荷的车间，都是三班连续生产的主要车间。三级负荷所属车间一般是一班或两班生产的车间。

鉴于回转窑厂有一部分一级负荷，故在确定供电方案时，必须考虑设计两个独立电源供电，供电方案一般有下列三种：

1. 电力系统提供双电源，当一电源发生故障或停止供电时，另一电源满足工厂一级负荷的供电，维持工厂生产；

2. 电力系统提供双电源，其中一为主电源，一为备用电源。当主电源发生故障或停止供电时，备用电源供给一级负荷，或供给窑生产或窑不熄火的负荷；

3. 电力系统不能解决备用电源，只提供主电源满足工厂生产的需要时，工厂自备柴油发电机作保安电源，以便停电时供给一级负荷。

立窑厂由于没有一级负荷的用电设备，大都为单电源供电。

陶瓷厂一般情况不一定要求一级负荷供电，属于二级负荷用电的设备有隧道窑、辊道窑及其辅助设备，干燥、烧成、烤花等主要生产车间，水泵房、变电所、锅炉房、煤气站和油库的消防水泵等，因为这些部门停电会影响产品的产品质量。其他的用电设备均属三级负荷。由于陶瓷厂有一部分设备要求二级负荷，因此根据建厂规模、投资、生产成本和电力系统的供电情况，往往采用一个主电源、一个保安电源的供电方案。主电源取自电力系统，保安电源取自工厂自备小型发电机。主电源满足工厂正常生产的需要，保安电源主要供应二级负荷的设备。如果条件许可，最好由电力系统供给一个主电源、一个备用电源，这样就可避免由工厂自己安装小型发电机。具体方案要通过技术经济比较后确定。

玻璃厂的电力负荷，按车间划分，属于一类负荷的有：熔制车间、锡槽、退火窑、自动切装线（浮法厂）、氮氢站（浮法厂）、废热锅炉房、空气压缩机站、油泵房、配气站（烧天然气厂）、煤气站（烧煤厂）；按设备划分，属一类负荷的有：熔窑冷却风机、熔窑助燃风机、熔制窑头配合料输送设备*、熔制窑头仪表室自动控制设备电源*、废热锅炉房引风机、锡槽、退火窑、自动切装线设备和仪表、氮氢站制氮空气分馏系统设备、水电解制氢装置系统设备、保护气体输送、配气设备、引上机、切割机*、真空泵*、原片输送设备、汽油汽化设备*、熔窑供油系统、空气压缩机、冷煤气加压机等。

注：有*号的设备，按其负荷性质分类应属二类负荷，为简化馈电系统常将这一部分负荷由同一回路馈电。

我国目前供电的电压等级有 10kV，35kV，110kV，220kV 和 330kV。工厂常用的供电电压为 10kV，35kV 和 110kV 三种。供电电压主要取决于供电系统的条件、供电线路的长短和工厂负荷的大小。供电距离较远或规模较大的工厂（如水泥厂），多采用 35kV 或 110kV 送电。距离较近或规模较小的工厂，常采用 10kV 送电。工厂自备的保安电源因容量较小，多采用 400V 低压直接向用电点送电，以减少变电设备的投资和损耗。

（二）电力负荷的计算

在作电气设计方案时，须先确定工厂的用电负荷，作为选择变压器、开关设备和供电线路的依据，同时计算出工厂的耗电量作为工厂设计的重要技术经济指标。在工艺专业尚未能提供全厂的用电设备等资料前，可以按各用电系统的经验值估算全厂的用电负荷，作电气设计方案比较之用。

最大有功负荷 P（kW）的估算公式：

$$P = \frac{1}{T_{max}}(q_1 G_1 + q_2 G_2 + \cdots) \tag{5-1}$$

式中　q_1，$q_2 \cdots$——各类产品的单位耗电量（kW·h/t）；

　　　G_1，$G_2 \cdots$——各类产品的年产量（t/a）；

　　　T_{max}——年最大负荷利用小时数（h）。

最大视在负荷 S（kW）的估算公式：

$$S = \frac{1}{\cos\varphi}P \tag{5-2}$$

式中　$\cos\varphi$——功率因数，一般取 0.9；

　　　P——最大有功负荷（kW）。

功率因数主要与大型电动机的选型有关。当采用同步电动机时，全厂自然功率因数在 0.9 以上。当采用绕线型电动机时，全厂自然功率因数在 0.75~0.85 之间，必须加静电电容器进行补偿，使其达到 0.9 以上。

在工艺专业进行了工艺设计，提供全厂用电设备资料后，电气专业便可作供电设计。首先详细计算用电负荷，工厂一般采用需用系数法，这种方法的计算结果与工厂实际情况相近。

采用需用系数计算用电负荷时，通常按车间变电所低压配电系统的每一回路为一组，选取系数进行计算。容量较大的电动机则逐个进行计算。计算公式如下：

$$P = K_x P_e \tag{5-3}$$

式中　P——最大有功负荷（kW）；

　　　P_e——设备额定容量（kW）；

　　　K_x——需用系数，与设备情况、生产操作和调度有关而与生产方法关系不大。

按需用系数法，用上式也可估算全厂有功负荷。式（5-3）中，P_e 代表全厂用电设备的总容量，包括照明负荷。K_x 代表全厂需用系数，一般为 0.55～0.65。P 即为全厂的有功负荷。

照明负荷一般按建筑面积及受照道路长度的单位照明容量（W/m^2，W/m）进行计算。单位照明容量可参考下列数值：

烧成车间的仪表控制室、成型车间的化验室和变电所等取 $12W/m^2$，其他车间 $8～10W/m^2$，工厂办公室 $10W/m^2$，家属宿舍 $5W/m^2$，单身宿舍 $6W/m^2$ 和室外道路 $3～4W/m$。

（三）配电系统

工厂的配电系统可根据负荷的特点进行选择。较多采用的是放射式，即由高压开关站引出单独的馈电线路向各车间变电所的变压器供电。如果厂区分散而容量不大，也可采用树干式，即由高压开关站引出的馈电线路向各个车间变电所供电。其他混合式或环形供电方式很少采用。线路结构可采用电缆也可采用架空线路。

车间变电所的数量及分布由很多因素确定，例如企业规模和用电量、负荷等级、工作电压、用电设备的平面布置、厂房轮廓尺寸及纵深、工艺流程、火灾与爆炸危险性及建筑要求等。原则是车间变电所应合理分布，尽可能接近负荷，以达到节约材料和用电，降低投资金额。为此应作多方案的技术经济比较，并考虑以下各点：

1. 根据建厂地区气象条件选用合理形式并求简单一致；

2. 要考虑发展的可能，但应尽量不增加基建投资；

3. 尽量靠近负荷中心，同时考虑进出线方便，通风良好，具有运输变压器的条件，不在厕所、浴室和其他积水场所的下方等；

4. 一般采取附建式变电所，在情况适宜时也可采用户外型变电所，此时变压器宜采用密封型；

5. 露天或半露天变电所的变压器四周应设固定围栏。变压器外廓与围栏或建筑物外墙的净距不小于 0.8m，变压器底部距地面不小于 0.3m，相邻变压器外廓之间的净距不应小于 1.5m。

二、电动机的选择

电动机是工厂的动力设备，也是工厂最重要的电气设备之一。电动机按电流性质，可分为直流电动机和交流电动机两种。工厂中用的大部分是交流电动机。交流电动机又分为同步电动机和异步电动机两类。工厂多采用三相异步电动机。三相异步电动机按转子的构造又分为鼠笼式和绕线式两种。电动机按外壳结构型式，有开启式、防护式、封闭式和防爆式等几种，应根据电动机工作环境的不同选择合适的结构。

选择电动机时应满足下列要求：

1. 满足机械设备在工艺上的要求，如恒速或变速等；
2. 满足机械设备对转矩的要求；
3. 满足机械设备所需的功率；
4. 选择适当电压；
5. 选择适当的转速；
6. 根据生产厂房的工作环境，选择电动机的结构型式等。

工厂中不要求调速的机械设备一般都采用鼠笼式异步电动机。不要求均匀调速的机械设备多采用三相多速异步电动机。要求在一定范围均匀调速的机械设备，常采用绕线式电动机；若机械设备要求在较大范围内均匀调速，则采用直流电动机。

封闭式电动机的防尘性较好，故在工厂中用得比较广泛。当采用防护式或开启式的电动机时，为了改善电动机的工作环境，宜将电动机布置在专门的电机室内或采取其他措施，如外壳加罩。防爆式电动机适用于在空气中含有易燃物质的场所，但在工厂中用的不多。

我国交流电动机的额定电压有220V，380V，3000V，6000V和10000V等几种。一般来说，低压电动机造价便宜，现在多采用380V电压。高压电动机可直接使用3kV，6kV，10kV的配电线路，无须再将电压降低。容量相同而转速较高的电动机具有转矩小、体型小、自重轻的特点，价格比较便宜，故机械设备对转速无特别要求时，多选用高速电动机。若电动机转速与机械设备的转速相同，就可省去减速装置而用直接联动。若机械设备的转速低而选用高速电动机时，则使减速装置复杂化，可选用低速电动机。

三、集中控制与联锁

工厂生产工序多，所需厂房面积大，且设备安装分散。在一些老厂中，往往将电器开关设备布置在电动机旁边或附近。需要岗位操作工人较多，且开机或停机比较费时费事。因此，在设计新厂时，应该考虑尽量将电气控制设备集中在车间的一处或几处，实行远距离集中控制。在连续生产流程中，当任何一个设备出现故障或发生事故，如果来料方的设备不及时停机，必将造成物料堵塞。因此在设计控制线路时，必须考虑生产流程的联锁。即一台设备因事故停机时，来料方向的设备必须停止运转，其他设备则继续运转直至物料运完。同理，开机时必须逆生产流程的次序操作，而停机时则必须顺生产流程的次序操作。

采用集中控制与联锁，可以减少操作工人，提高劳动生产率，改善劳动条件，提高生产管理和技术水平，并有利于向生产自动化方向发展。集中控制有全厂集中控制、车间集中控制和生产岗位集中控制等几种，应该根据实际情况来确定集中控制与联锁的范围和方法，以期达到预期的效果。

目前，国内大型厂的集中控制和联锁已趋向于采用程序控制器和微型计算机。如果采用继电器实行控制和联锁，由于接触点多，彼此互相关联，加上粉尘和震动的影响，发生故障的机会较多。有时触点断开或闭合不一定使电动机停转或运转，所以联锁并不能完全避免物料的堵塞。为了避免或减少因电气控制设备的故障而影响车间的继续生产，应考虑适当简化联锁关系，限制联锁范围，使控制线路简单可靠。有条件的最好采用无触点元件。另一方面，在很多情况下，机械设备的故障，如螺旋输送机断轴、提升机断链、皮带脱落、运输胶带打滑和撕裂等，并不能从电气方面反映出来，因而未能起到联锁作用，也就不能避免物料堵塞，这就要采用其他措施予以解决。

在确定集中控制与联锁时，可从下列几方面考虑：

1. 在连续生产流程中设有中间仓或储库时，设备的联锁往往以中间仓或储库为界，其前后的设备分别放在不同的联锁组中，不经常停开的设备可以不参加联锁。通常，一个车间可设一个或几个集中控制点。如果采用全车间的联锁控制，则控制设备应集中，以便操作和维修。或者根据操作岗位的特点和需要，将相同岗位或同一层厂房的电动机的控制设备加以集中。若需要在两个以上的地点操作，则可安装两地或多地控制按钮。

2. 在发生事故时，不能由于联锁而扩大事故范围。故车间内的某些辅助生产系统，例如收尘系统，可以不与主要系统联锁，以免辅助生产系统发生故障而影响主要生产系统。

3. 主机的辅助设备是两台互为备用时，当运行的辅助设备发生事故停机，则另一台辅助设备应自动启动。

4. 有些生产环节如果发生堵塞将会导致较长时间的生产停顿，应采取适当的联锁。例如，破碎机故障停机时，喂料设备应停转。为了保证大型破碎机空载启动，运料端设备与喂料设备联锁，而不与破碎机联锁。当运料端设备故障停机时，喂料设备停转，而破碎机继续运转，直到破碎机内物料破碎完毕后再停机。

5. 为保证设备本身安全运转以及预防由于误操作而发生事故，应尽量采用联锁。例如，磨机和破碎机的轴承润滑系统与主机的联锁，绕线式异步电动机启动变阻器与电源开关联锁等。

6. 在电动机起动以前，必须发出一个启动音响信号，并延续一定时间后，电动机方能启动，以便让工人离开机械设备，保证开机安全。在被控制的生产流程中任何一处发生故障时，必须发出报警信号，并指出故障的位置，以便值班人员及时排除。

7. 必须考虑在试生产和检修时电动机能够在机旁原地操作，而正常生产时能集中控制，故需装设集中控制与原地操作的转换开关，并应设立安全开关，以便在检修设备时按下该开关，防止检修时突然开机，以确保安全。在特殊情况下，某些机械设备不宜固定联锁时，应装设联锁与解锁的转换开关，以达到操作的灵活性。

8. 当发生人身事故或设备事故时，岗位工人能够在机旁紧急停机，以便将被控制的设备迅速停转。为此，可在车间适当地区装设紧急停机按钮。该按钮要防止操作人员或参观者触及，以免引起误动作。

四、照明和通讯

（一）车间照明

车间照明主要是满足操作人员对生产设备的运行、维护和检修的需要。多采用一般照明与局部照明相结合的混合照明，或者采用分区照明。在工厂中，除了有精密仪器、仪表的化验室和控制室等以外，一般对照度的要求不高，照度标准可参考表 5-2。由于厂房有粉尘聚集降低了照度，要考虑减光补偿系数，见表 5-3。

表5-2 照度标准参考表

序号	车间或地点名称	最低照度（lx）	序号	车间或地点名称	最低照度（lx）
1	天平室、化学分析室	75	7	粉料仓、下料坑、汽车库	10
2	工艺实验室、仪表控制室	40	8	原料库、成品库、通道、楼梯间	5
3	车间办公室、休息室	30	9	视觉要求较高的站台、码头和堆场	3
4	成型车间、变电所	25	10	一般站台、主要道路	0.5
5	烧成车间、匣钵车间、包装车间	20	11	非机械化露天堆场、次要道路	0.2
6	原料破碎、粉碎车间	15			

表5-3 照度补偿系数

环境污染特征	生产车间和工作场所	补偿系数		照明器擦洗次数（次/月）
		白炽灯、荧光灯和高压汞灯	卤钨灯	
清洁	中心控制室、化验室	1.3	1.2	1
一般	机电修理车间	1.4	1.3	1
污染严重	生产车间	1.5	1.4	2
室外		1.4	1.3	1

（二）通讯

在工厂管理部门与外单位及生产车间之间、车间与车间之间、车间与生产岗位之间、岗位与岗位之间，经常有工作上的联系，要求快速通讯而不受其他通讯的影响。为此，根据工厂的规模不同可设置不同用途的电话。在大中型工厂中，一般设置行政电话作为管理部门与外单位及车间的事务联系，设置调度电话作为生产调度之用，设置直通电话作为生产岗位之间的联系。对于中型工厂，可用行政电话兼作调度之用。而对小型工厂，则有行政电话一般已能满足要求。

工厂为了搞好四防工作，必要时还应装置火警信号、报警信号及事故信号等，以便在发生事故时可以直接与有关单位报警联系。

第四节 给水排水

一、给水

工厂用水可分为生产、生活与消防三类。

（一）给水要求

生产用水：工厂生产中的用水量与工厂规模及生产方法有关，具体数据可根据手册或类似工厂估算。对水压的要求不高，一般有 0.20~0.25MPa 即可，对要求水压较高的用水点可采用局部加压的措施。在水质上有一定的要求，尤其是陶瓷厂注浆法成型，更需严格控制水质。一般要求水的硬度小于15度（德国度），pH 值为 6.5~8.3；再如设备冷却用水要求：硬度（$CaCO_3$）$<$（1.4~1.5）$\times 10^{-4}$，pH 值 7.1，浊度（SiO_2）$<1 \times 10^{-4}$（但不溶

于水中），残渣 $<2 \times 10^{-4}$，水温夏天不超过30℃，冬天不低于0℃。

（二）给水系统

给水系统的任务是从水源取水，根据要求进行水质处理，然后用水泵和管道输送至用水点。

1. 取水

（1）水源

水源有地下水和地表水两大类。地下水包括潜水（非承压地下水）、自流水（承压地下水）和泉水等。地表水包括江、河、湖、海和水库等。

地下水埋藏于地下，经地层渗透过滤，受地面气候和其他污染因素影响较小，因此一般水质澄清，无色无味，水温稳定，但硬度较高，通常可不经净化处理而直接供给无特殊要求的生产、生活和消防用水。基建投资和管理费用都较节省，可优先考虑选作水源。但有些地下水矿物质很多，硬度较高，甚至含有大量的氯化物、硫化物、氟化物和重金属离子等，则不宜用作水源。

地表水一般流量大，水量较充沛，矿物质少，硬度低，但受气候影响变化幅度较大，洪水期和枯水期的水量和水位有时相差很大。地表水易受污染，泥砂、有机物和细菌等的含量都较高，一般必须进行水质处理后方可用作水源。因此，在选择水源时，必须综合考虑水量、水质、农业水利的综合利用、取水、输水、处理设施、安全经济以及施工、管理和维护方便等各种因素。一般情况下，工厂应优先选用地下水源。

（2）取水

地下水的取水构筑物，一般采用管井、大口井、辐射井和渗渠等。选择时应根据水文地质条件及技术经济指标经过比较确定。地表水取水构筑物宜选在水深岸陡、河床稳定、取水深度足够处。

取水构筑物主要有固定式和移动式两种，每一种还可分为若干类，应根据水量、水质、河床地形、地质、河床冲淤、水深、水位变幅、冰冻、航运和施工等条件，在保证安全可靠的前提下，通过技术经济比较后确定采用何种型式的取水构筑物。

2. 给水处理

给水处理除去水中的悬浮物质、胶体物质、溶解物质、细菌及其他有害成分，使水质符合生产和生活用水的需要。给水处理一般包括混凝沉淀、澄清、过滤、消毒、软化等。混凝是在水中加入混凝剂，如硫酸铝、明矾、硫酸亚铁、三氯化铁、碱式氯化铝等，使水中所含各种细小的胶体颗粒失去稳定而与混凝剂水解胶体凝聚成较大的绒体。这种绒体具有吸附能力，不但能吸附悬浮颗粒，还能吸附一部分细菌和溶解物质。绒体在混凝过程中颗粒逐渐增大，在一定的沉淀条件下即能从水中分离，沉降下来，使水由浊变清。澄清是利用原水和池中积聚的活性泥渣相互接触、吸附、分离，使原水较快地得到澄清。消毒的目的是杀死水中的细菌和微生物。一般采用液氯、漂白粉、氯铵进行消毒。有特殊要求时亦可采用紫外线、超声波、臭氧等进行消毒。软化是指用化学方法降低或除去水中的钙、镁离子，降低水的硬度。软化通常采用药剂软化法和离子交换软化法两种。药剂软化法是在水中投入药剂后，使溶解于水中的钙、镁盐类转变为溶解度很小的化合物从水中析出，以达到软化水的目的。离子交换法主要利用阳离子交换剂中的 Na^+、H^+、NH_4^+ 等离子置换水中的 Ca^{2+}、Mg^{2+} 等离子，达到软化的目的。

3. 给水系统的选择

给水系统应在保证生产、生活与消防用水的水量、水压、水质与水温要求的前提下，通过技术经济比较，选用建设投资少、维修管理方便和供水成本低的方案。

生产给水系统主要分为直流给水系统和循环给水系统两种。

直流给水系统的方式为：

$\boxed{水塔} \rightarrow \boxed{厂区供水管网} \rightarrow \boxed{各生产车间及辅助车间} \rightarrow \boxed{厂区排水管网} \rightarrow \boxed{水体}$

循环给水系统的方式为：

$\boxed{水塔} \rightarrow \boxed{水处理设施} \rightarrow \boxed{各生产车间及轴助车间} \rightarrow \boxed{循环过程中部分流入下水管网}$

当水源水量充足，取水构筑物比较集中，水质好无需处理，厂区不设置加压泵站及事故储水构筑物时，可采用直流供水系统。一般情况下，应尽可能采用循环系统。尤其当水源不甚丰富、水源距厂区较远，标高差较大或水源虽丰富，但须进行复杂的水质处理时，应采用循环供水系统。

当车间内有不能断水的设备时，输水管道应敷设两条。

二、排水

1. 排水性质

工厂要排除的水质有生产、生活和雨水三种。由于来源不同，性质也不同。

（1）生产废水

工厂的生产废水有的含有大量泥浆，如陶瓷厂原料车间、成型车间等废水中含泥量较多，需要经过沉淀。煤气发生站排出的污水中含有酚、苯等有毒物质，必须经过处理才能排放。多数车间废水一般杂质含量不高，可以直接排出，无需处理。

（2）生活污水

生活污水含有大量易于腐化发臭的有机物和大量的致病细菌。有机物作为培养基，更助长细菌的繁殖，在排除之前必须经过处理，以免恶化水体。

（3）雨水

雨水在降雨初期污染程度较大，不次于生活污水。但在一段时间以后，污染程度便大大减轻，且降雨时间毕竟有限，而单位时间流量又比生活污水大得多，因此，雨水一般可以不经处理直接排入水体。

2. 污水处理

雨水可不经处理排入水体，而生产废水及生活污水必须处理方可排除。生活污水的处理有天然净化法和人工净化法两种。

（1）天然净化法

天然净化法是借助于水体的稀释、生化以及土壤的过滤、吸收等作用而达到自净。污水进入水体后，污染物质受到稀释，随着稀释程度增加，感觉不出臭味和颜色。有机物在水中溶解和好氧菌的作用下，转变为无机物。在无机化过程中，细菌在初期增多，但以后随氧的减少而逐渐减少，直至消亡。当污水分布到土地表面上，在渗透过程中，悬浮物及胶体残留在土壤颗粒表面，被生物黏膜所吸附，在氧气作用下，使之无机化。

（2）人工净化法

人工净化法是用截留、沉淀和过滤等机械方法使污水中易沉降的非溶解悬浮物和液体分开而被排除。同时加强空气的供应，在好氧菌的作用下，将污水的胶体和溶解的有机物无机化，使水质净化。

一般情况下，工厂的生产废水和生活污水经局部处理，例如经隔油池、化粪池后，合流排入城市下水道。如要直接排入河流、沟渠，在局部处理后还需进一步处理和消毒，达到排放标准才能排出。

3. 排水系统的选择

排水系统有分流制和合流制两种。生产废水、生活污水和雨水用两个或两个以上的排水管道系统排除，称为分流制排水系统。如用一个排水管道系统就称为合流制排水系统。

选择排水系统的原则是考虑卫生的必要性、技术的可能性和经济的合理性。

第五节　采暖通风

采暖通风的任务在于维持室内空气环境卫生条件，建立工作地区适宜的大气条件，包括厂房内空气的温度、湿度、流速和必需的纯洁度，以保护人体健康，保证生产安全和提高劳动生产率。

一、国家有关采暖与通风的规定

车间内作业地带空气的温度与湿度应符合表5-4的规定。

表5-4　车间内作业地带空气的温度和湿度标准

车间和作业的特征		冬　季		夏　季	
		温度（℃）	相对湿度（%）	温度（℃）	相对湿度（%）
主要放、散、对流热的车间					
1. 散热量不大的：	轻作业	14~20	不规定	不超过室外温度3	不规定
	中等作业	12~17	不规定	不超过室外温度3	不规定
	重作业	10~15	不规定	不超过室外温度3	不规定
2. 散热量大的：	轻作业	16~25	不规定	不超过室外温度5	不规定
	中等作业	13~22	不规定	不超过室外温度5	不规定
	重作业	10~20	不规定	不超过室外温度5	不规定
3. 需要人工调节温度和相对湿度的：					
	轻作业	20~23	不大于75~80	31	不大于70
	中等作业	22~25	65~70	32	60~70
	重作业	24~27	55~60	33	55~60
放、散大量辐射热和对流热的车间 [作业地带辐射强度大于2512kJ/ $(m^2 \cdot h)$]		8~15	不规定	不超过室外温度5	不规定

车间和作业的特征		冬 季		夏 季	
		温度（℃）	相对湿度（%）	温度（℃）	相对湿度（%）
放、散大量湿气的车间					
1. 散热量不大的：	轻作业	16～20	不大于80	不超过室外温度3	不规定
	中等作业	13～17	不大于80	不超过室外温度3	不规定
	重作业	10～15	不大于80	不超过室外温度3	不规定
2. 散热量大的：	轻作业	18～23	不大于80	不超过室外温度5	不规定
	中等作业	17～21	不大于80	不超过室外温度5	不规定
	重作业	16～19	不大于80	不超过室外温度5	不规定

注：1. 作业地带系指工作地点所在地面上 2m 以内的空间。

2. 轻作业系指劳动强度较小的作业（热量消耗在 628kJ/h 以内）；中等作业系指劳动强度中等的作业（热消耗为 1047kJ/h）。

二、采暖

采暖的任务是使室内达到恒定和均匀的空气温度，以满足人体生理和生产技术的要求，采暖设备不应成为有害气体、尘埃和臭味等污染气体的来源。采暖系统通常有三个组成部分，即热发生器、供热管道和散热器。采暖系统基本上可分成两类；一类是局部采暖系统，特点是三个部分组成一体，如火炉、煤气炉和电炉等；另一类是中枢暖气系统，特点是一个热发生器可向一个车间、一个建筑物或全厂供应暖气。根据热媒的性质，采暖系统还可分为热水、蒸汽和热风采暖系统。

热水采暖系统以热水为传热介质，水在锅炉内加热后，沿热水管道流到采暖地区的散热器内。热水采暖系统的优点是能够保持均匀的室内温度，散热器表面温度不高，能够满足卫生要求，在使用时也不发出噪声。其缺点是封炉后，如重新生火，需要较长的时间才能达到要求的温度。蒸汽采暖系统是以水蒸气为传热介质，水在锅炉内加热汽化而变为蒸汽。由于锅炉内蒸汽压力大于散热器内空气压力，因此锅炉中的蒸汽便沿着供汽管道进入散热器。蒸汽采暖系统按蒸汽压力分为真空式（低于大气压力）、低压蒸汽式（小于 0.07MPa）和高压蒸汽式（大于 0.07MPa）。蒸汽采暖的优点是传热迅速，缺点是温度不能调节，室内温度不均，散热器表面温度高，容易烫伤，且使用时产生噪声。

热风采暖系统是以热空气为传热介质。通风机吸入的空气，经加热器加热后，送入采暖房间。冷却后的空气再从排风管道返回加热器。如果需要不断送进新鲜空气，则热风采暖同时又起通风的作用，这种系统在体积大的厂房中被广泛采用。

三、通风

通风是将新鲜空气送入厂房，并将污浊的含有有害物质的空气从厂房中排出。在工厂中，各生产厂房均有不同程度的热量、湿气和粉尘等有害物体的散发。这些有害物如不及时排除，将会影响操作人员的身体健康和产品质量，并可能发生火灾、爆炸等事故。

通风方法按其动力可分为自然通风和机械通风。

1. 自然通风

自然通风又可分为无组织的自然通风和有组织的自然通风两种。无组织的自然通风是利用建筑物的门、窗及缝隙进行自然换气，其风量无法控制，气流也很混乱。有组织的自然通风是利用温压和风压的作用而形成气流交换。

温压是由室内外温度差而造成的。当车间有余热时，室内空气温度高故重度小，室外空气温度低故重度大，这样，室外冷而重的空气就自下部窗口流入，室内热而轻的空气就自上部窗口排出，形成了自然通风。

风压是由风速的影响造成的。由于风在大气中的速度不同，在建筑物表面上形成的压力亦不同。同时，由于风在通过障碍物时的速度和气流的变化不同，风在建筑物的四面所形成的压力也不同。当风正面吹向建筑物时，在迎风面上，风速降低了，则风压增加，故在迎风面上形成了正压。而在房顶两侧及背面，由于气流宽度变窄，风速增加，形成了负压。如果在正压力区的建筑物外墙上开设窗孔或门，则空气将从背面负压区的开放口排出，形成空气的自然对流。

自然通风的优点是设备简单，比较经济，在高温车间通风效果尤为良好。其缺点是由于受外界自然条件的限制和影响，不能使车间得到满意的气象条件。

2. 机械通风

利用通风机的压力沿着通风管网输送空气的方法，称为机械通风。它可以保证室内的空气温度、湿度符合卫生要求，并使空气中所含的灰尘、有害气体和水蒸气减少到最低限度。

机械通风可分为全面机械通风和局部机械通风。

（1）全面机械通风

指在厂房内全面进行空气交换。有进风系统和排风系统两部分，前者把新鲜空气均匀地送入车间，后者则从车间各部分排出由粉尘和有害气体污染过的空气。

（2）局部机械通风

当全面通风达不到卫生要求或不经济时，可采用局部机械通风。局部机械通风是在有害物产生地点，用专设的通风设备把它们收集起来，直接排除出去。或者将处理过合乎卫生要求的空气，送到工作地点。常用的局部通风降温措施有风扇、空气淋浴器和局部排风机等方式。

在辐射强度小、空气温度不太高的车间，经常采用各种风扇来增加工作地区的风速以帮助人体散热。风扇的特点是构造简单、便宜、使用方便。喷雾风扇有加湿和降温的作用，常用于高温车间的局部通风降温。其特点是设备简单、使用灵活、降温效果好。

空气淋浴器是一种送入式的局部通风设备。它是将经过集中处理的空气按一定的速度直接送向工作人员长期停留或比较集中的地区。为了防止热辐射对人体的危害，还可对热源采取隔热措施，使其表面温度不超过 60℃，最好在 40℃ 以下。隔热方法有采用水套、水幕、空气隔热层、隔热材料等设施，以防止或减少放、散的热量。

第六节　环境保护

水泥、陶瓷、玻璃工厂在生产过程中要完成物料的粉碎、高温加工及物料的开采、堆放、储存、运输以及成品的包装发运。在这一系列过程中，往往产生粉尘的飞扬、有害气体、噪声、污水及热辐射等，造成对环境的污染，其中以粉尘最为严重。

粉尘的飞扬会危及工人及厂周围居民的身体健康；加速机器设备的磨损，缩短使用寿命；危及周围的树木及农作物等。

实践证明，烟尘的污染问题，只要有正确的收尘系统的设计，选择性能良好的收尘器，有高水平的操作加上严格的管理即可得到解决。

一、生产中的主要污染源

（一）空气污染

有两类污染物：一种是粉尘状污染物，一般产生于原料加工、粉碎、陶瓷泥坯料制备和施釉、成型、釉料制备、高温加工等生产过程；另一种是气体状的污染物，产生于干燥和烧成，来自燃料的本身或来自焙烧物。其他如在陶瓷釉料和粉料中加有毒性元素的地方，也会有微粒和气体状态的铅、硒、镉等挥发出来。总之，随着原料、燃料的种类以及工艺方法和产品的不同，可产生如下的空气污染：粉尘、烟尘、CO_2、CO、SO_3、SO_2、H_2S、NO_x、含氟化合物、碳氢化合物、铅蒸气及其他毒性化合物。

（二）污水污染

如在生产过程中的设备冷却用水，常混入油污；煤气站洗涤塔和水封排水含有煤粉、酚和氰等有害物，造成对水体的污染。

（三）噪声污染

生产过程中，往往有噪声产生，如破碎机、球磨机、风机等运行均产生噪声。

二、设计中采用的标准

环保设计中应严格执行国家有关标准及技术规程，如：

TJ 36—79《工业企业设计卫生标准》；GB 16225—1996《车间空气中呼吸性矽尘卫生标准》；GB 8978—1996《污水综合排放标准》；GB 16297—1996《大气污染物综合排放标准》；GB 9078—1996《工业窑炉大气污染物排放标准》；GB 4915—2005《水泥厂大气污染物排放标准》；GB 16911—1997《水泥生产防尘技术规程》；GB 13691—1992《陶瓷生产防尘技术规程》等。

1. 车间空气中粉尘最高容许浓度见表5-5。

表5-5　车间空气中粉尘最高容许浓度

序　号	粉尘种类	最高容许浓度（mg/m^3）
1	含有10%~50%游离二氧化硅的粉尘	1
2	含有50%~80%游离二氧化硅的粉尘	0.5
3	含有80%以上游离二氧化硅的粉尘	0.3
4	含有10%以上游离二氧化硅的粉尘	10
5	含有10%以下游离二氧化硅的水泥粉尘	6
6	含有10%以上游离二氧化硅的煤尘	10
7	含有10%以下游离二氧化硅的滑石粉尘	4
8	石棉粉尘及含有10%以上石棉的粉尘	2
9	铝、氧化铝、铝合金粉尘	4

注：摘自 TJ 36—79《工业企业设计卫生标准》，GB 16225—1996《车间空气中呼吸性矽尘卫生标准》。

2. 车间空气中有害物质的最高容许浓度见表5-6。

表5-6　车间空气中有害物质的最高容许浓度

序　号	物质名称	最高容许浓度（mg/m³）
1	三氧化铬、铬酸盐、重铬酸盐（换算成 CrO_3）	0.05
2	锆及其化合物	5
3	锰及其化合物（换算成 MnO_2）	0.2
4	氧化锌	5
5	氧化镉	0.1
6	铅及其化合物：铅烟	0.03
	铅尘	0.05
7	铍及其化合物	0.001

3. 工业企业噪声卫生标准见表5-7。

表5-7　工业企业噪声卫生标准

每个工作日接触噪声时间（h）	新建、扩建、改建企业的允许噪声级（dB）	现有企业暂时达不到标准时的允许噪声级（dB）
8	85	90
4	88	93
2	91	96
1	94	99
最高分贝不得超过115（dB）		

4. 工业"废水"中有害物质最高容许排放浓度。

工业"废水"中有害物质最高容许排放浓度分为两类：

第一类，能在环境或动物体内蓄积，对人体健康产生长远影响的有害物质。含此类有害物质"废水"的排放，应符合表5-8的规定，但不得用稀释的方法代替必要的处理。

表5-8　工业"废水"中有害物质最高容许排放浓度（一）

序　号	有害物质名称	最高容许浓度（mg/m³）
1	汞及其无机化合物	0.05（以 Hg 计）
2	镉及其无机化合物	0.1（以 Cd 计）
3	六价铬化合物	0.5（以 Cr^{6+} 计）
4	砷及其无机化合物	0.5（以 As 计）
5	铅及其化合物	1.0（以 Pb 计）

第二类，其长远影响小于第一类的有害物质，在工厂排出口的水质应符合表5-9的规定。

表 5-9 工业"废水"中有害物质最高容许排放浓度（二）

序 号	有害物质名称	最高容许浓度
1	pH 值	6 ~ 9
2	悬浮物（水力排灰、洗煤水、水力冲渣、尾矿水）	500mg/L
3	硫化物	1mg/L
4	挥发性酚	0.5mg/L
5	氰化物（以游离氰计）	0.5mg/L
6	氟的无机化合物	10mg/L（以 F 计）
7	锌及其化合物	5mg/L（以 Zn 计）

三、污染的防治及工业卫生设计

（一）烟尘防治

工厂上空大气中的烟尘主要由各种窑炉、锅炉中燃料的燃烧、物料随气体的运动所生产。解决这一污染的基本措施是消烟除尘，具体办法如下：

1. 改进燃烧设备和燃烧方法

烟尘中包括由不完全燃烧而形成的炭粒（$0.05 ~ 1\mu m$）和烟气中夹带出的未燃尽的煤粒和飞灰（$5 ~ 10\mu m$）。前者，由于颗粒太小，靠一般除尘器不能除去，主要通过改进燃烧装置及进行合理的燃烧调节来消除。在高温氧化条件下，还会产生有害的 NO_x 气体（如水泥回转窑），也需由减少燃料的高温燃烧量及采取一定的工艺措施加以解决。

2. 改进燃料构成

对燃料进行选择和处理，是减少污染物产生的有效措施。各种燃料中灰分数量有很大的差别。煤的灰分量为 5% ~ 35%，石油为 0.2%，天然气中灰分量则更少，所以要尽可能地选用灰分量少的燃料。

3. 采用除尘装置

生产中窑炉运行会产生大量粉尘，经烟囱排出的粉尘含量可达 $100g/m^3$ 以上，必须采用适当的除尘装置进行处理，才能符合排放标准要求。

4. 采用高烟囱

离地越高，风速越大。风速大，烟尘扩散快，因而烟囱越高，烟气越容易扩散。地面污染浓度与排烟高度的平方成反比，所以通过提高烟囱的有效高度，使排烟得到最大的稀释。当排烟速度低于 10m/s 时，烟囱最低高度应高出 200m 半径范围内的最高房屋 30m；当排烟速度为 10 ~ 20m/s 时，烟囱最低高度则应高出最高房屋 15m 以上。

（二）工业粉尘的防治

工业粉尘直径大于 $10\mu m$ 者称为落尘，小于 $10\mu m$ 者称为飘尘。落尘的颗粒较大，能较快地落到污染区附近的地面上，飘尘的颗粒小，它的运动受空气的流动支配，可以几小时甚至几年飘浮在大气中，如与二氧化硫等气体混合，还能在城市上空形成很厚的烟雾，它可以飞得很远甚至可随气流环绕全球，因此，飘尘在全部粉尘中所占质量百分比虽然很小，可是它在空中分布广、影响大。粒径 $5\mu m$ 以下的硅尘对人危害大，使人产生矽肺、尘肺及皮炎等疾病。为了防止粉尘的危害，设计中应贯彻以防为主，防、治结合的原则；同时要全面了解含尘气体的性质（如含尘浓度、气体温度、露点、粉尘的磨蚀性等），选择适宜的收尘器。

1. 工厂防尘设计要求

（1）在进行工厂的总体设计时，应遵照总图布置的原则。如将发散粉尘的车间布置在不发散粉尘的车间、厂前区和生活区的下风向等。同时进行合理绿化，以减少沉积在厂区内的粉尘二次飞扬。

（2）工艺设计中，防尘的根本措施是改进工艺过程及设备，尽量使生产机械化、自动化、连续化。加强设备的密闭，减少直接操作，并简化生产，缩短工艺流程，尤其要尽量减少粉状物料的转运，缩短运输距离，降低落差，以减少车间内的扬尘点。除尘系统和加湿装置的启动如果与工艺设计联锁时，应注意在生产设备启动前，先开启除尘系统或加湿装置，而在停车后，再关闭除尘系统或加湿装置。在生产设备停车或空转时能够自动关闭加湿装置等。

（3）对产生工序尽量设置隔墙，过道设有弹簧门，运输走道与厂房用门或墙隔开，各种穿孔均应密封等，避免粉尘污染。

（4）在进行车间设备布置时，应尽量使进入厂房的清洁空气首先经过工作地点的操作人员。

（5）在土建设计时，产尘车间的地面必须清洁光滑并有适当的排水坡度便于冲洗，同时必须设置有盖的排水阴沟，产尘车间的窗框应与墙内表面平齐，一般不设窗台。地板及顶面等要十分平整，没有凹凸面。所有建筑阴角均应做成圆角。

2. 工厂除尘的主要措施

（1）采用湿法工艺

目前我国许多陶瓷厂在工艺条件允许的情况下，已将干法改为湿法工艺，采用湿式轮碾机碾碎陶瓷原料以及把干原料变成泥浆，再用机械方法经过管道使泥浆进入琢磨的方法，以减少粉尘的产生。

（2）潮湿环境、水力除尘

潮湿环境，用水湿润物料或者用水雾化粉尘，起到加湿、捕捉和抑制作用的措施均称水力除尘。在放散粉尘的生产中，当潮湿环境、水力除尘法不影响生产时，应采用水力除尘。如在原料堆场装卸处及中、细碎等工序场地加水喷淋，颚式破碎机入料口设水力除尘喷嘴，干式轮碾机密闭罩内设置雾化水或蒸汽加湿喷嘴，中碎石质原料喷入1%左右的水等均可有效地减少粉尘飞扬。水力除尘的用水量由工艺条件确定，水量和水压要求稳定。

（3）密闭抽尘

将产尘设备置于一密闭罩中，并用较少的风量从罩内抽出粉尘，罩内产生负压，含尘空气不外泄，使工作区达到卫生标准。密闭形式应根据设备的特点、生产要求以及便于操作、维护等，分别采取局部密闭、整体密闭和大容积密闭。例如齿辊式黏土破碎机，当黏土的含水量大于15%时可以不必密闭，当湿度小于14%时，在加料及出料口要加密封罩。对于颚式破碎机，当人工加料或机械加料的落差在0.5m以下时，进料口不必加罩，但出料口必须密封。干湿轮碾机、轮碾打粉机、干法球磨机、振动筛喂料器及斗式提升机底部均应设密封吸尘罩；胶带运输机视输送物料不同可采用局部密闭或单层密闭罩，并在下料口、转运点等处设置吸尘罩。

（4）外部抽尘

有些工艺过程，如陶瓷厂修坯、半干压成型、素检和施釉线等不能采用密闭罩时，可采用外部抽尘（排毒）方法，如伞形罩、侧吸罩、吹吸式排风罩和通风柜等。

（5）采用除尘装置

除尘器的种类很多，按作用原理大致分为机械除尘器、湿式洗涤除尘器、袋式滤尘器和电收尘器等。它们的性能不同，各有优缺点，要根据实际需要恰当地加以选择或配合使用。各类除尘器的性能工作原理和优缺点列于表5-10中。

表5-10　各类除尘器性能比较

类型	集尘范围/粒径（μm）	除尘效率（%）	基本原理	优点	缺点
机械除尘器 沉降室 百叶式 旋风式	50~100 50~100	40~60 50~70 50~80 10~40	利用机械力（重力、离心力），将尘粒从气流中分离出来，加以收集	价廉、结构简单、操作维修简便，不需运转费，可处理高湿气体，占地少	不能处理飘尘，除尘效率低，不适用于有水或黏着性气体
湿式洗涤式 填料塔 文丘里式	5以上 1以下 1以上	90 80~90 99	用水洗涤含尘气体，利用液滴或液膜捕集尘粒	除尘效率较高，占地少，设备费用较便宜，不受气体温度、湿度影响	压力损耗大，需大量洗涤水，有污水处理问题，含尘浓度高时易堵塞
电收尘器	与粒径几乎无关，最小可达0.05	>99	让含尘气体通过高压静电电场，尘粒荷电后被阴极吸附收集	除尘效率高，耐高温，气流阻力小	设备费用高，占地大，粉尘的电学性质对工作影响大
袋式滤尘器	与粒径几乎无关，最小可达0.1	99.5	使用棉布、毛织物、合成纤维、玻璃纤维做成袋子过滤含尘气体	除尘效率高，操作简便	占地多，维修费、设备费高，不耐高温、高湿气流

除尘系统中的管道干线最好垂直安装，倾斜时也不应小于45°，管道越短越好。管道直径不得小于80mm。三通管的角度应小于30°，最好在5°~20°之间，这样可以避免灰尘在转弯处冲刷管壁。除尘系统的布置应力求简单。

除尘系统排风量宜按其全部吸风点同时工作计算。除尘管道宜明设，一般采用圆断面铁皮风道。当采用地下风道时，宜用混凝土或砖砌筑，其内表面应光滑。

除尘系统的划分同粉尘的种类及扬尘点的数量和相互距离有关，粉尘种类不同的扬尘点不宜合设一个系统。同一生产流程，同时工作的扬尘点，相距不大时宜合设一个系统。一个除尘系统的排风点不宜超过3~5个。

除尘设备的选择应技术经济合理，要根据空气中含尘的浓度、分散度以及物理、化学性质选取适宜的收尘器，保证净化后排入大气的含尘浓度满足国家规定的排放标准。

工厂设计建设中，环保设备应严格执行"三同时"的原则，即同时设计、同时安装、同时投产运行。

（三）污水的处理

生产车间、锅炉房、机修车间等的排水，不含有毒物质，只需将悬浮在其中的泥沙等在澄清池里采用硫酸铝等沉淀剂，或用简单的沉降方法进行沉淀处理后即可直接排入排水管网。煤气站的废水可采用三级处理封闭循环方案。煤气洗涤污水首先进入沉淀池沉淀，即第一级处理。处理后的污水用泵送入冷却型塔式生物滤池，经降温、脱去氰、酚等有害物质即第二级生化处理。再流入澄清池进一步混凝沉淀即第三级处理。污水经处理后，用泵回送至煤气洗涤塔、水封循环使用。小型煤气站可采用封闭循环系统，平时不允许直接排放，待运转一段时间，例如一年左右，一次处理排放，这样可以降低成本。

（四）噪声的防治

应尽量选用低噪声的工艺和设备，从声源上降低噪声。对噪声较高的设备，可采用隔声、吸声、消声、隔振、阻尼等控制措施。还应合理布置产生噪声的工序和设备，从传播途径上降低噪声的具体措施如下：

1. 粗碎硬质料仓不应采用金属料仓，否则必须采取有效消声措施。

2. 球磨机可采用橡胶内衬。球磨机应单独设立厂房，并采用空间吸声体以降低厂房内噪声。

3. 各类风机在楼层布置时，应设置可靠的隔振措施。除尘系统所配风机转速应尽量低于3000r/min。如噪声超过标准，可将风机置于室外，并采用隔振措施。喷雾干燥塔所配高压风机应设置隔声罩等，罗茨风机的进出风口安装消声器。

4. 空气压缩机应有单独的空压机房，并在建筑方面采取吸声措施。机房与值班室隔开，观察窗采用双层玻璃隔断。空气压缩机进气口上安装消声器。

5. 真空泵的排气口应有降低噪声的措施。

6. 植树造林合理配置绿化带来隔声是减轻噪声干扰的经济有效措施。

第七节　技术经济

技术经济是设计中的一个重要组成部分，也是初步设计总的论证和评价。技术经济就是科学技术要为经济服务，要符合经济原则。讲经济就是要以最小的耗费取得最大的效果。对于基本建设，要求投资少、速度快、效果大；对于工业生产要求物质资料和劳动力的消耗少，产品质量高，成本低。任何技术的社会实践都必须消耗人力、物力和财力，不能脱离经济，这就是技术和经济之间互相依赖和互相统一的关系。但是由于各方面因素的影响，技术和经济之间也常常存在互相对立、互相矛盾和互相限制的一面，如某种技术从费用消耗来说也许是最节省的，但是技术上不可靠，或不符合当地的条件，或是从技术本身来说是比较先进的，但在当时和当地的经济条件和技术条件下，它们的经济效果不一定好，因而不能广泛使用。这就是经济和技术之间相互矛盾的关系，设计中技术经济工作的基本任务就是对各种技术方案、措施及工艺路线的经济效果进行计算、评价和分析比较，寻求一条经济上最合理，对国民经济最有利的技术方案。

技术经济工作内容比较广泛，本章仅介绍工厂设计中的技术经济工作，主要是编制总概算、核算产品成本、劳动定员编制、技术经济指际及经济效果评价。

一、总概算的编制

建设项目概算包括总概算、综合概算（如建筑工程概算和设计概算等）、单位工程概算及其他工程和费用概算。

总概算指基本建设项目从筹建到竣工验收交付使用过程的全部建设费用，是初步设计的重要组成部分，为了便于考核建设项目是否经济合理，正确估计投资，设计部门在提交初步设计的同时应提出总概算，在审批初步设计时也应连同总概算一并审批，以便在审批初步设计时进行经济比较，作为控制建设投资的最高限额和修正国家基本建设计划投资的依据，这一工作十分复杂。编制设计和概算，一般由专门的设计机构来完成。

（一）总概算的编制依据

总概算应根据建设项目的设计任务书、可行性研究报告或初步设计，以及现行的各种概预算指标、定额、材料、设备预算价格及地区差价调整系数、间接费用定额和各项费用定额进行编制。间接费用是指单位工程概算中，不能直接记入各个工程项目的费用，其中包括施工管理费和临时设施费等。

各项定额依据为：

1. 一般通用的建筑工程概算定额、民用建筑造价指标和间接费用定额，应按各省、市、自治区现行规定执行。专业通用建筑工程概算定额、设备安装概算定额和间接费用定额，应按国家各有关部门现行规定执行。

2. 地区材料预算价格，应按工程所在省、市、自治区规定执行。

3. 设备预算价格，标准设备价格按生产厂的现行产品出厂价格计算，非标准设备价格可按各主管部和各省、市、自治区的订价办法计算。设备预算价格的运杂费，应按有关部和各省、市、自治区规定执行。

4. 各项费用定额，如土地征用费、建筑场地原有各种建筑物、构筑物及坟墓迁移补偿费、青苗补偿费、办公及生活用具购置费、冬雨季施工费等，应按工程所在省、市、自治区规定执行。建设单位管理费、联合试运转费、生产职工培训费、工器具及生产用具购置费等，应按国务院有关部门规定执行。施工单位转移费和"不可预见费"等，按国务院和省、市、自治区有关规定，在其所属范围内执行。大型临时设施费，原则上应按省、市、自治区规定执行，如专业部有特殊要求时，可作补充规定。

此外，还应注意当地特有的费用项目和取费标准：如技术准备费、材料管理费、材料定额差价费等，这些费用名称及取费标准随地区不同而不同，可向当地建委及施工单位调查了解，按实际情况综合考虑。

（二）总概算的组成和编制方法

总概算可以分成两部分：第一部分为工程费用，第二部分为其他费用。

1. 工程费用

包括以下各项：

（1）建筑工程费

建筑工程费用包括各种厂房、仓库、住宅、宿舍等建筑物，和矿井、铁路、公路、码头、水塔、油罐等构筑物的建筑工程费；各种管道、电力和电信导线的敷设工程、设备基础费；各种工业炉砌筑费；金属结构工程费；水利工程费；场地准备费；建设场地完工后的清理费；夜间施工增加费；道路养护费等。

建筑工程费应按初步设计和概算定额进行编制。对占总投资比重较小的或比较简单的工程项目，可按概算指标或参照类似工程的预算或决算进行编制。主要生产车间和一般民用建筑项目概算，应按初步设计和概算定额进行编制。

设备基础费用是指为承载设备的砖石、混凝土、钢筋混凝土基础以及二次浇注等土建工程费用。

（2）设备购置费

指一切需要安装与不需要安装的设备购置费用，包括设备的出厂价格、设备运杂费和备品备件购置费。

①设备费

按设备清单，根据设备出厂价逐项进行计算即得设备原价总值。

②设备运杂费

设备及备件由交货地点至建设工地所需的运输费用和各种杂费，包括铁路、公路、水路的长途运费和市内运费、装卸费、保险费、包装费、仓储费、各种手续费和采购管理费等。

③备品备件购置费

指设计企业在开始生产运行期间，为保证正常运转而准备的设备易损备品及备件购置费用，可按设备原价总值的4%计算。

（3）设备安装费

设备安装工程费，包括各种需要安装的设备组装及安装和单机无负荷试车的费用，应根据设备安装概算定额编制。

（4）工器具及生产用具购置费

指车间为生产服务所应配备的各种工具、器具、仪器及生产用具的购置费。一般生产车间按设备总值的1%~2%计算。机修、化验按设备总值的5%~10%计算。

（5）其他。

2. 其他费用

包括以下项目：

（1）土地征购费

即根据总平面设计所需要的建设场地征购费用，可根据当地主管部门的规定计算。在可能条件下，最好按建设单位实际征购费用计算。

（2）各种补偿费用

指建设场地准备工作所发生的各种补偿费用，如砍伐树木、挖掘树根、青苗赔偿、坟墓迁移、居民迁移、房屋赔偿等，计算方法同前。

（3）建设单位管理费

包括全部筹建人员的工资、附加工资、办公、差旅、交通、邮电、低值易耗、固定资产修理、水电、税金、勘察设计、技术资料、图纸等费用。

（4）联合试运转费

指交工验收以前，进行无负荷和有负荷联合试运转所需的费用，按72h设计产量乘以产品成本计算。

（5）办公及生活用具购置费

指建设单位为生产、行政管理和生活需用购置的办公用具、宿舍用具和家具以及福利设施、子弟学校等的用具所需费用。其购置费按全厂设计总定员计算。

（6）生产职工培训费

指培养生产工人、技术人员、管理人员所需的费用，如工资、附加工资、差旅费和其他费用，包括在交工验收前到厂的生产职工的工资和相应的管理费用等。新建企业按全部设计定员计算，属于新产品、新工艺、扩建企业按增加定员计算。

（7）施工单位转移费

指施工单位在规定服务范围以外的地区承建新建、改扩建工程任务而发生施工机构迁移的费用，这项费用可按当地主管部门的规定办法及指标计算。

（8）大型临时设施费

指施工人员的临时宿舍、文化福利及公用事业房屋以及为施工服务的仓库、加工厂、车库、给水、照明、购置特殊的施工机具等费用。这项费用可单独计算，也可包括在间接费用定额内，不另计算。单独计算应按当地主管部门的规定进行。

（9）冬、雨季施工增加费

目前，多数地区已把本项费用包括在施工间接费定额内，不必另行计算，如果没有包括时，应按当地主管部门的规定办法进行计算。

（10）前期费用

指从项目建议书至建厂前期所发生的勘察费用、厂址选择、可行性研究报告、设计费用，以及试制试验费。勘察费用、设计费用按国家规定的收费标准列入概算。试制试验费可按实际情况计算。

（11）不可预见费用

在建设过程中，由于设计、施工、物资供应以及各方面原因需要增加的建设费用在符合中央或省、市、自治区有关规定的条件下在不可预见费用内开支，它包括：

①在施工图阶段出现初步设计中无法预计的补充工程以及在施工过程中，由于设计错漏而必须增加和修改的工程。

②在施工过程中，由于材料供应不符合设计要求，造成代用而发生的材料差价。

③施工完成时由于工资变动，设备材料预算价格与竣工结算价格发生差价所补充支出的费用。

④国家验收机构为检查工程质量而挖开和修复隐蔽工程所发生的费用，但隐蔽工程不符合设计引起的挖开和返工费用由施工单位负责。一般工业建设项目的不可预见费用，可按建筑工程及其他费用之和的5%计算，民用建设按3%计算。

（12）拆除工程的拆除费与回收价值

凡是改、扩建工程，遇有需要拆除的建筑物，均应计算拆除费用及回收价值。拆除费计入其他工程费用，而回收价值要在总投资内扣回。

拆除费和回收价值按不同结构类别计算：

①建筑物与构筑物拆除费

$$拆除费 = 建筑物或构筑物的新建价值 \times 拆除费率 \qquad (5-4)$$

上述拆除费已包括拆除后的搬运费和场地清理费以及施工管理费。

②金属结构、设备及管线拆除费

$$拆除费 = （安装直接费 - 材料费） \times 拆除费率 \qquad (5-5)$$

上式中的安装直接费，应按工程所在地现行的建筑、安装预算定额或单位估价表的相应项目计算。

3. 总投资

$$总投资 = 工程费用(第一部分) + 其他费用(第二部分) - 回收价值 \qquad (5-6)$$

（三）概算文件

由编制说明、总概算表、综合概算表、单位工程概算表、其他工程和费用概算表及有关附表所组成。编制说明应简明扼要地说明概预算编制的原则、依据、工程概况、取费标准、存在问题的处理及其他有关事项。总概算表式样见表 5-11。

表 5-11　总概算表

序号	工程和费用名称	单位	数量	建筑		公　用							工　艺		合计
				土建	构筑物	电力	照明	上下水	暖通	动力	变配电	仪表	设备及安装	筑炉	
1	2	3	4	5	6	7	8	9	10	11	12	13	14	15	16
	全厂总概算百分比（%）														
	第一部分　工程费用														
（一）	主要生产和辅助生产工程														
1.	原料库														
2.	原料车间														
3.	……														
（二）	公用设施工程														
1.	招待所														
2.	……														
（三）	生活、福利、文化、教育及服务性工程														
1.	俱乐部														
2.	……														
（四）	总体														
1.	运输道路														
2.	厂区防洪、上下排水														
	第一部分小计														

序号	工程和费用名称	单位	数量	建 筑		公 用							工 艺		合计
				土建	构筑物	电力	照明	上下水	暖通	动力	变配电	仪表	设备及安装	筑炉	
1	2	3	4	5	6	7	8	9	10	11	12	13	14	15	16
	全厂总概算百分比（%）														
一 二 三	第二部分　其他费用 土地征购费 试生产费 …… 　　　第二部分小计														
	第一、第二部分费用合计 不可预见费用 拆除工程的拆除费与回收价值 总投资														

二、产品成本的编制

工业企业在一定时期内为生产一定种类和数量的产品和销售产品所支出的各种生产费用的总额，就是产品成本。它是正确确定工业企业利润和产品价格的基础。在设计工作中，产品设计成本反映所设计企业在全面达到设计指标时的正常生产管理水平。它是反映设计方案或设计企业技术经济效果的一项综合数量指标，是评价设计经济合理性的主要指标之一，也是上级主管部门审批设计的重要依据，产品成本还反映企业全部生产经营活动的最终成果。企业产品产量的多少，质量的好坏，劳动生产率的高低，原料、材料和燃料等的耗费，设备利用程度，资金运用是否合理，费用的节约和浪费以及生产组织和劳动组织是否先进等，都最终反映在产品成本的水平上。因此，成本指标不仅是评价企业设计，也是评价企业工作好坏的一个重要的综合性质量指标。通过成本的核算和分析，可以发现设计中或是投产后管理上存在的问题，指出降低成本的途径，进而修改设计方案或改进经营管理，提高经济效益，为国家积累更多的资金。由此可见，工业企业产品成本，对国民经济的发展起着极其重要的作用。

（一）产品成本项目组成和分类

1. 产品成本项目组成

（1）原料及主要材料

指直接用于制造产品，构成产品主要实体的各种原料、材料，包括外购半成品，如石灰石原料、黏土原料、石英原料、长石原料、制釉原料等。

（2）辅助材料

指直接用于生产，有助于产品制造或便利生产的进行，但不构成产品实体的各种辅助性材料，如匣钵、石膏模等。

（3）工艺过程用燃料

指直接用于生产产品的各种燃料，如煤、重油或天然气等。

（4）工艺过程用动力

指直接用于生产产品的各种动力，如电力、蒸汽、压缩空气等。

（5）工艺过程用水

指直接用于生产的水，包括冷却用水。

（6）生产工人工资

指直接参加生产产品的生产工人的工资，包括基本工资和辅助工资。

（7）工资附加费

按生产工人工资数以规定的比例提成的劳保基金、医药卫生补助金、文教补助金、福利补助金以及由企业直接支付的劳动保护等费用。

（8）车间经费

指在车间范围内，为了管理和组织生产所需的各种管理费用。

（9）企业管理费

指企业管理部门为管理和组织生产属于全厂性的各项管理和业务费用。

（10）销售费用

指产品在销售过程中所需的各种费用，包括产品入库后出售时的包装费、运输费、广告费、代销手续费等。

2. 产品成本的分类

产品成本可分为车间成本、工厂成本及销售成本三类。上述（1）～（8）构成车间成本；（1）～（9）构成工厂成本；（1）～（10）构成销售成本。

（二）产品成本计算

由于工业企业的生产规模、产品品种和工艺技术等的不同，成本的计算方法也有所不同。基本计算方法大致有简单法、分步法、分批法、分类法、定额法五种。这里以陶瓷厂为例，介绍分步计算法，一般计算到工厂成本为止。

1. 首先分别计算各辅助生产车间如石膏、匣钵、供油、供电、供气、供水等的车间成本（简称小成本），然后按各主要车间的年需量分配到各主要车间的成本中去。

2. 为了便于方案比较和类似企业的分析对比，产品成本可按原料、成型、烧成等主要车间分别计算，然后综合成一个总的工厂成本。总成本见表5-12。

表5-12　总成本表

序号	成本项目	单位	单价	年生产费用		单位成本		类似企业单位成本	
				数量（件或 m^2）	合价（元）	数量（件或 m^2）	合价（元）	数量（件或 m^2）	合价（元）
1	原料、材料								
2	辅助材料								
	石膏模								
	匣钵								
3	工艺过程用燃料								

序号	成本项目	单位	单价	年生产费用		单位成本		类似企业单位成本	
				数量（件或 m^2）	合价（元）	数量（件或 m^2）	合价（元）	数量（件或 m^2）	合价（元）
	重油或煤								
4	工艺过程用动力								
	电力								
	蒸汽								
	压缩空气								
5	工艺过程用水								
6	生产工人工资								
7	工资附加费								
8	车间经费								
	技管人员工资及附加费								
	固定资产折旧大修								
	维修及其他								
9	企业管理费								
	技管人员工资及附加费								
	固定资产折旧大修								
	维修及其他								
	工厂成本								

3. 各种原料、材料、燃料、动力等分为直接用于产品的和用于辅助生产的两部分，其年耗量均由工艺工种及其他有关工种提出后汇总。直接用于产品的计入总的工厂成本，属于辅助生产的分别计入有关辅助车间计算小成本。

4. 各主要车间的直接生产工人和各辅助车间的工人定员数、级别和性别等均由各有关工种提出。直接用于产品的，计入总的工厂成本；属于辅助生产的，分别计入有关辅助车间计算小成本。

表 5-12 中有关项目的计算说明如下：

（1）原料、材料、燃料费用计算

生产用原料、材料、辅助材料和燃料的成本应以吨为单位，按进厂的全部费用计算，一般应包括原价、运输费、装卸费、保管费、手续费、亏损以及其他杂费。新建企业应会同建设单位在落实供应的基础上，对上述各项逐项调查和计算；改、扩建企业则可利用该企业已有原料到厂价格资料计算。如自设矿山采掘的原料，则应单独计算矿山采掘成本。

（2）工资和工资附加费的计算

工资包括基本工资和辅助工资。改扩建企业工人、技管人员的基本工资可按该企业原有平均值计算。新建企业的工人基本工资可按当地建材工业四级工工资标准计算。技管人员、勤杂和服务人员的基本工资可按当地建材企业现行工资标准计算。

辅助工资包括各种工资性质的津贴、夜餐费、高温补助等合理的补助费用。这项费用目前没有统一标准，应参照改、扩建企业实际标准平均取定。新建企业按当地主管部门规定计算，如无资料时工人可按基本工资的8%～10%、技管人员按基本工资7%计算。工资附加费应根据中央统一规定为工资总额的11%提成。

（3）车间经费计算

车间经费由下列三部分组成：

①工资及附加费

指本车间除直接生产工人以外的技管人员和勤杂、运输、修理等辅助工人的工资及附加费。人员的数量按劳动定员规定。

②固定资产折旧费

指本车间各项固定资产的基本折旧和大修理提成费用。固定资产在使用过程中逐渐磨损，价值不断降低，为偿还固定资产的磨损，每年从成本中提取的那部分费用，称为基本折旧费。为使固定资产处于良好状态，充分发挥其使用效能，延长使用期限所进行的大修理费用，称为大修理提成费。二者之和称为综合折旧费。国家对固定资产分专业和类别规定了不同的折旧年限，固定资产折旧费按固定资产原值、折旧年限及一定费率进行计算。粗略计算时，可按固定资产原值的4.5%～6%计算。大厂取下限，小厂取上限。

③维修费和其他费用

维修费用指本车间所使用的各项固定资产的中、小修理和维修费用。其他费用指本车间的办公、水电、消耗材料、低值易耗品摊销以及劳动保护、技改措施、试验、取暖等费用。本项费用各厂差异很大，因此，要在调查研究的基础上按经验指标选取。技术经济人员应该经常下厂调查并积累资料，以备类似规模和标准的设计企业应用。

（4）企业管理费的计算：

企业管理费由以下三部分组成：

①工资及附加费

厂级各科室、仓库、化验、警卫、消防、勤杂、通讯、检包等人员的工资及附加费。人员数按劳动定员规定。

②固定资产折旧大修

企业管理和福利部分的固定资产基本折旧和大修提成，如厂部办公、化验、检包、仓库、食堂、警卫、传达、围墙、大门、总体道路等，其费率如下：改、扩建厂按各厂规定费率计算，新建厂可按固定资产原值的4%～5%计算。

③维修及其他费用

维修指中、小维修费用。其他费用指低值易耗品摊销、仓库、化验、研究试验、劳动保护、办公差旅、水电、厂部运输、利息支出、各种税金（不包括产品税）、文体宣传、教育、取暖、检包材料以及其他杂费，计算办法同车间经费。

为了简化计算，改、扩建项目企业管理费的全部费用，可根据改、扩建企业的经验指标计算，如不增加厂部建设项目，不增加人员时，可利用该企业原有费用套算。

（5）固定资产基本折旧计算范围和其他费用分摊

①总概算第一部分工程费用中的固定资产应计算折旧费，其中主要生产车间固定资产按

各生产车间计算折旧费，列入车间经费；辅助车间、动力系统工程则按本车间计算折旧费，列入小成本后再转入有关车间、化验室、交通运输及通讯工程，生活福利工程按全厂性计算折旧费，列入企业管理费。

②总概算第二部分其他费用中，建设单位管理费、联合试运转费、冬雨季施工增加费，应计算折旧按车间比例分摊；场地准备、铁路专用线、厂内外道路、防洪工程、厂区围墙、大门、绿化等，按全厂计算折旧，列入企业管理费。其他均不考虑。

③如为合资企业，土地征购费、各种补偿费、建设单位管理费、联合试运转费、办公与生活用具购置费、生产职工培训费等项费用，应分摊在各车间内，如何分摊由董事会决定。

④固定资产中的备用项目、备用设备，原则上动用者计算折旧，不动用者不算。

三、劳动定员

劳动定员是设计企业在全面达到设计指标时，正常操作管理水平的反映。它是对设计方案或整体设计进行技术经济分析评价的重要指标，也是计算民用建筑、公共福利设施工程量的依据，此外，也可作为设计企业生产准备时培训人员和编制生产定员的参考。

（一）职工人员的分类

1. 生产人员

分生产工人和辅助生产工人。

2. 管理人员

指从事组织和管理生产的工作人员，如生产技术管理人员、经营管理人员、行政管理人员和政工人员。

3. 服务人员

指为生产或职工生活福利工作的人员，如食堂、浴室、卫生保健、警卫消防、托儿所、住宅管理和房屋维修及其他工作人员。

管理人员和服务人员又称为非生产人员。非生产人员的定员应根据生产规模、机械化水平、组织机构的设置和产品种类按国家或地方有关规定指标确定。一般来说，生产规模小、机械化水平低的企业，非生产人员的比例要大一些。目前，国内工厂非生产人员一般占全厂职工的比例为15%~21%。其中管理人员和服务人员约各占一半。

（二）劳动定员的编制

劳动定员的编制与工厂的生产规模、技术装备、机械化和自动化水平以及所采用的工艺流程等因素有关。定员指标应力求先进，要充分考虑到先进技术的采用，操作方法的改进以及劳动组织改善后的潜力。设计中劳动定员的编制，首先确定车间或部门工作人员，最后汇总，见表5-13、表5-14。

表 5-13　车间（部门）定员明细表

序号	车间（部门）名称	工种或职务	人员类别	定员人数					合计	备注
				日班	早班	中班	晚班	轮休		

表5-14　全厂定员及构成明细表

序号	部门	职务	人数				
			工人	工程技术人员	管理人员	服务人员	合计

四、技术经济指标

技术经济指标是表明国民经济各部门、各企业对设备、原料、材料、劳动力等资源的利用情况及结果的指标，如工程项目的投资、产品成本、劳动生产率、净产值等。为了得出所设计工厂或个别车间生产能力的完整概念，以便与同类企业、车间进行比较，从而评价本设计的经济合理性，必须采用技术经济指标。但是评价一个工厂或一个技术方案，一项指标往往不能反映全面的状况，必须借助指标体系。

技术经济指标体系指一系列相互关联的技术经济指标有机体。它在一定程度上表征出整个企业或车间的"静态"经济性能，如面积、设备、固定资金等，以及"动态"经济性能，如产量、流动资金、产品成本等。对主要技术经济指标进行综合和分析，是设计中技术经济工作的重要内容之一。

五、经济效果评价

任何设计、任何经济活动，都有效用和费用比较问题。一切设计方案和经济活动的决策都要取决于经济效果的评价。所以，正确评价工业生产的经济效果有着重要的意义。

设计方案的经济效果评价，要在详细的技术经济计算的基础上，通过能反映设计方案特点和全貌的技术经济指标体系，并同国内类似企业的平均指标及先进指标进行综合分析比较，权衡利弊，做出评价，论证设计在经济上的合理性。

初步设计经济效果评价，常用的指标和方法如下：

（一）投资指标

投资是指以货币表现的项目建设的总费用。它包括基本建设投资和流动资金两部分。基本建设投资是项目基本建设期间所付出的全部资金，由总概算而得。流动资金包括原料、材料、燃料、动力、半成品、在制品、协作件及工资基金等，为保证企业在储备、生产和销售三个过程中所必需的货币资金。

投资指标是影响基本建设经济效果的主要指标之一。为提高基本建设的经济效果，必须千方百计地降低投资。

（二）劳动生产率

（三）原料、材料、燃料及动力消耗

（四）产品成本

（五）利润和税金

销售收入扣除销售成本就是盈利，盈利再扣除税金就是利润。

$$利润 = 年销售收入 - 上缴税金 - 年经营费(销售成本) \tag{5-7}$$

（六）投资回收率

投资回收率是工程项目投产后所得年净收入与总投资之比，并以百分数表示：

$$投资回收率 = \frac{年净收入}{总投资} \times 100\% \tag{5-8}$$

式中的总投资包括总固定投资和流动资金。

在我国，计算工程项目投资回收率时，根据出发点不同可以采取不同的计算方法。从国家角度出发，年净收入为企业利润、折旧费和税金之和。从企业的角度出发，年净收入只包括企业利润和折旧费。按我国惯例，折旧费的一部分要上缴，另一部分则由企业留作设备更新的改造资金，并不像国外仅用以保证投资的回收。因此，在我国常采用两个与投资回收率相类似的指标来估计经济效果：

（1）从国家角度出发的衡量指标：

$$投资利税率 = \frac{企业利润 + 税金}{总投资} \times 100\% \tag{5-9}$$

（2）从企业角度出发的衡量指标：

$$投资利税率 = \frac{企业利润}{总投资} \times 100\% \tag{5-10}$$

（七）投资回收期及贷款偿还期

投资回收期是指一个工程项目从开始投产到每年净收益，将初始投资全部回收时所需要的时间，通常用"年"表示。

$$投资回收期 = \frac{总投资}{年净收入} \tag{5-11}$$

年净收入的计算方法与计算投资回收率一样，从国家角度出发为：利润 + 折旧费 + 税金；从企业角度出发净收入中不包括税金。国内贷款的偿还应全部视为国家投资所取得的利润，而不是国家投资本金的撤出。此外，从开始贷款起，就要偿还当年的贷款利息。

$$贷款偿还期 = \frac{贷款的本金 + 利息}{利润}（精确到月） \tag{5-12}$$

（八）内部收益率

建设项目在整个经营期间内所发生的现金流入量的现值累计数和现金流出量的现值累计数相等的贴现率，即为项目的内部收益率。设项目的内部收益率为 i_r，则有：

$$\sum_{n=0}^{N} R_n \frac{1}{(1 + i_r)^n} = \sum_{n=0}^{N} D_n \frac{1}{(1 + i_r)^n} \tag{5-13}$$

式中 R_n——第 n 年的现金流入量；

D_n——第 n 年的现金流出量；

N——建设项目经营年限。

用内部收益率评价项目的经济效果的方法，称为内部收益率法。一个工程项目的内部收益率越高，说明这个项目的经济性越好。

（九）盈亏平衡分析

盈亏平衡分析是根据投资项目的销售价格、固定成本和可变单位成本三者之间的关系，决定该项目的收支平衡点。在该点上，销售收入等于生产成本，盈亏恰好平衡。高于该点时，销售收入大于生产成本，项目盈利；低于该点时，销售收入小于生产成本，项目亏损。

年销售收入：$Y = pX$ (5-14)

年生产成本：$Y = vX + f$ (5-15)

式中　X——产品年销售量或年产量；

　　　Y——年生产成本或年销售收入；

　　　p——产品单价；

　　　v——单位产品的可变生产成本；

　　　f——年固定生产成本。

当盈亏平衡时，年生产成本等于年销售收入，即

$$pX = vX + f \qquad (5\text{-}16)$$

因此，盈亏平衡点的基本公式为：

$$X = \frac{f}{p - v} \qquad (5\text{-}17)$$

也可用盈亏平衡图解法求得平衡点，如图 5-33 所示。

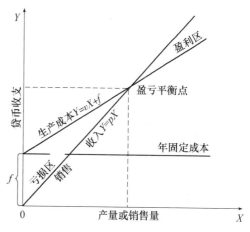

图 5-33　盈亏平衡图解法

（十）敏感性分析

敏感性分析是为了说明投资项目的盈利率（或投资效果系数）如何随销售价格、生产量（销售量）和生产成本等因素的变化而变化的情况，在项目规划阶段使用的生产（销售）量、销售价格和生产成本基本上是估算的。这些因素可能在项目建设和生产时期发生变化，从而不可避免地要影响项目预期的投资效果。为了使投资项目能建立在可靠的基础上，尽量减少由于不确定性因素产生的风险，有必要进行敏感性分析。如果某一因素，如生产成本、生产（销售）量、价格、项目服务年限等的变化引起项目盈利率较大幅度的变化，说明项目盈利率对这个因素敏感性大；反之，如果某个因素的变化引起项目盈利率的变化幅度较小，说明项目对这个因素不敏感或敏感性小。对敏感性较大的因素，在项目规划和设计阶段就应该进行深入的调查研究和分析，减少其不确定性的程度，并设法加以调节控制，不致因为这个因素波动而引起投资项目经济效果的明显变化。

敏感性分析不仅对投资决策分析很重要，而且为项目投产后的经营决策，也提供了重要的信息。

主要参考资料

［1］金容容．水泥厂工艺设计概论［M］．武汉：武汉工业大学出版社出版，1992．

［2］吴晓东．陶瓷厂工艺设计概论［M］．武汉：武汉工业大学出版社出版，1992．

［3］杨保泉．玻璃厂工艺设计概论［M］．武汉：武汉工业大学出版社出版，1989．

［4］中国硅酸盐学会陶瓷分会建筑卫生陶瓷专业委员会．现代建筑卫生陶瓷工程师手册［M］．北京：中国建材工业出版社，1998．